HISTOIRE NATURELLE
DES
ILES CANARIES.

PARIS. — IMPRIMERIE DE BÉTHUNE ET PLON,
rue de Vaugirard, 36.

HISTOIRE NATURELLE
DES
ILES CANARIES,

PAR

MM. P. BARKER-WEBB ET SABIN BERTHELOT,
Membres de plusieurs Académies et Sociétés savantes;

OUVRAGE PUBLIÉ SOUS LES AUSPICES

De M. Guizot, Ministre de l'Instruction publique.

TOME PREMIER.

Deuxième partie.

CONTENANT LES MISCELLANÉES CANARIENNES.

RELATIONS DE VOYAGE, EXCURSIONS, CHASSES, NAVIGATIONS, CARAVANES, NOTICES, ÉPISODES, DESCRIPTIONS, REMARQUES ET OBSERVATIONS DIVERSES.

PARIS,
BÉTHUNE, ÉDITEUR, RUE DE VAUGIRARD, 36.

MDCCCXXXIX.

MISCELLANÉES
CANARIENNES.

L'isole di Fortuna ora vedete
Di cui gran fama a voi, ma incerta giunge.
Tasso, *Gerusal.*, Canto xv.

MISCELLANÉES
CANARIENNES.

RELATIONS DE VOYAGE, EXCURSIONS, CHASSES, NAVIGATIONS, CARAVANES,
NOTICES, ÉPISODES, DESCRIPTIONS, REMARQUES ET OBSERVATIONS.

AVANT-PROPOS.

Nous allons résumer dans cette seconde partie de nos *Miscellanées canariennes* tous les événemens qui se sont succédé pendant dix années d'une vie aventureuse. Ce canevas de notes et d'observations a été en grande partie rédigé sur place, au milieu de circonstances particulières. Placés maintenant dans d'autres conditions d'existence, en présence d'objets différens, occupés de travaux plus sérieux, menant en un mot un tout autre genre de vie, notre disposition d'esprit n'est plus la même, et ce serait trop hasarder sans doute que de vouloir aujourd'hui juger à froid et narrer avec méthode les scènes variées dans lesquelles nous fûmes acteurs et témoins. Ces descriptions rédigées dans le silence du cabinet, ces pages prétentieusement écrites, et dont l'imagination fait souvent tous les frais, n'ont plus ce ton local et cette originalité qu'on aime à retrouver dans les récits des voyageurs. Nous voulons faire partager aux autres les sensations que nous éprouvâmes, sans leur en imposer de nouvelles, et pour cela les souvenirs consignés dans nos carnets doivent nous suffire. Mais ces esquisses, tracées à la hâte et sous l'impression du moment, ont besoin d'être retouchées : nous y ajouterons quelques annotations nécessaires et les coordonnerons de manière à former un ensemble plus régulier et moins incorrect, sans les dépouiller toutefois de leur caractère primitif. Nos *Mis-*

cellanées composeront une série d'articles détachés : des titres spéciaux donneront une idée sommaire des divers sujets que nous traiterons.

Cependant, bien que fixés depuis long-temps sur le plan que nous nous proposons de suivre, une considération est venue nous arrêter dès notre début. Il s'agissait d'établir le mode de narration dans un ouvrage rédigé conjointement, et de décrire un pays que j'habitais depuis huit années lorsque M. Webb y aborda. On concevra qu'en voulant présenter les faits dans un ordre chronologique, nous ne pouvions parler collectivement de ceux qui m'étaient personnels. C'est en vertu de cette priorité que M. Webb m'a cédé la rédaction de nos *Miscellanées canariennes*; mais avant tout je ne dois pas laisser ignorer la part qui lui est due dans ce travail. Grâce à son heureuse rencontre, j'ai pu explorer avec lui plusieurs îles qui m'étaient inconnues auparavant et agrandir ainsi le cercle de nos recherches. Les notes qu'il m'a fournies m'ont été d'un puissant secours, et jetteront, je l'espère, le plus grand intérêt dans cette relation.

PREMIÈRE MISCELLANÉE.

NAVIGATION.

> De ce beau pélerinage
> Que j'aime à m'entretenir!
> Sur ma carte de voyage
> Tout point est un souvenir.
> BARTHÉLEMY.

Il y avait trois ans que j'étais de retour d'Amérique lorsque, poussé de nouveau par l'amour des voyages, je quittai encore une fois ma patrie et m'embarquai sur un petit bâtiment qui devait me conduire aux îles Fortunées. C'était en 1819, vers la fin de décembre : l'hiver, cette année, fut des plus rudes, même dans le midi de la France, où le climat est ordinairement si doux. Marseille avait changé d'aspect : des vapeurs glacées obscurcissaient son ciel d'azur, et nous mettions à peine sous voile qu'un coup de vent nous lança sur une mer orageuse. L'appareillage d'un bâtiment provençal n'a rien de ce calme imposant qu'on observe à bord des navires du Nord, où la voix du capitaine domine seule et règne absolue comme la loi, où chaque mouvement, étant combiné avec ensemble, permet de faire beaucoup avec peu de monde et moins d'efforts. Sur la bombarde où j'avais pris passage, bien que l'équipage fût nombreux, on se donnait beaucoup de peine pour rien, tout était confusion et tumulte, chacun raisonnait sur la manœuvre et voulait donner son avis; on courait en se heurtant, le capitaine s'égosillait, les matelots juraient comme des démons et tout le monde criait à la fois. Prophète de malheur, le contre-maître, le nez au vent, ne prévoyait que sinistres; déjà nous entendions gronder la bourrasque, et cependant le pont restait encombré de cordages, les ancres pendaient encore aux bossoirs, lorsque le pilote nous quitta en nous recommandant à la Vierge. Enfin on parvint à s'entendre, et la bombarde s'orienta tant bien que mal.

La traversée du golfe de Lyon fut pénible : mais, à mesure que nous gagnions le large, le froid devenait moins sensible et l'hiver semblait fuir derrière nous. Le surlendemain on était en vue des Baléares. Majorque, aux bosquets d'orangers, se dessinait à l'horizon et les émanations de la terre nous arrivaient chargées de parfums. Cependant nous dépassions à peine l'île d'Ivice que le vent tourna à l'ouest ; à minuit de fortes rafales firent craquer le grand mât, on mit à la cape, et, durant trois jours consécutifs, nous nous soutînmes sous cette voilure à la hauteur de Fromentera.

Après ce contre-temps, nous éprouvâmes quelques heures de calme ; puis, les brises de terre nous permirent de suivre la côte d'Espagne. Alicante, Palos, Carthagène et les hautes crêtes de la *Sierra-Nevada* fuyaient à notre droite, tandis que nous filions vers le détroit. Nous venions de doubler le cap de Gates et commencions à nous rapprocher de Gibraltar. Le rocher fortifié qui domine la ville élevait dans les airs ses formidables redoutes ; sur la bande d'Afrique nous apercevions Mont-aux-Singes, cet autre cippe où finissait le monde des anciens. Favorisée par le vent d'est, la bombarde pénétrait dans le passage, et je jouissais de nouveau d'un spectacle que j'avais déjà admiré plusieurs fois. D'une part la pittoresque Andalousie, et de l'autre les côtes de la Mauritanie ; ici Algésiras, Tarifa, et plus loin Trafalgar au douloureux souvenir ! Là, Ceuta, Tanger et le cap Spartel qui termine la rive africaine ; ensuite devant nous l'Océan et son immense horizon.

Nous franchissions rapidement le détroit, sous l'action d'une *brise carabinée*, comme disent les marins, et en effet il la fallait telle pour lutter contre la force du courant. Ce phénomène du passage d'une mer dans l'autre a quelque chose de mystérieux dont il n'est pas facile de se rendre compte. Les eaux de l'Océan, en pénétrant dans la Méditerranée, semblent entraînées vers un gouffre ; le flot, qui roule sur lui-même, bouillonne et murmure comme l'onde d'un fleuve en courroux, et pourtant cette mer qui le reçoit l'assujettit à son empire.

Le vieil Océan s'endort dans les bras de sa fille : par cette expression mythologique, les Grecs ont donné une idée juste du phénomène qui les frappa lorsqu'ils franchirent pour la première fois les colonnes d'Hercule. L'Océan, soumis à de puissantes influences, a ses vents réguliers, ses marées, ses lois immuables, fixes, déterminées; en lui tout est grand et sublime, la tempête prend un caractère d'effrayante majesté; le calme est imposant et sinistre; les vagues, largement ondulées, élèvent les vaisseaux sur leurs crêtes et les replongent dans des abîmes. Pris dans son ensemble, ce tableau offre l'image de l'immensité : à son aspect, l'âme s'exalte et ressent des émotions que la parole ne saurait décrire. Cependant, à la longue, le spectacle de l'Océan finit toujours par devenir monotone; l'homme isolé dans les solitudes de la haute mer promène des regards inquiets autour d'un horizon sans limites; livré à lui-même, au milieu du silence qui l'environne, mille pensées viennent l'assaillir, et son cœur soupire après cette terre qu'il appelle de tous ses vœux. Sur la Méditerranée, au contraire, la scène change à chaque instant; le coup-d'œil est moins grandiose, mais les effets sont plus pittoresques. Le flot, agité par un vent capricieux, tourmente les flancs du navire; le mouvement du flux et du reflux se fait à peine sentir; de toute part des terres classiques, des caps fameux, des villes renommées, des noms poétiques qui rappellent d'immortels souvenirs, *tot oppidûm cadavera!*..... Puis, le long de ces plages bordées d'algue verte, des golfes abrités et partout des ports de refuge. Aussi, le génie de Napoléon comprit bien les avantages de ce vaste bassin; il aimait cette mer qui l'avait vu naître et grandir : *J'en ferai un lac français!* disait-il. La Méditerranée n'eût pas trompé son espoir; trois fois elle lui avait été favorable, tandis que l'Océan devait le trahir. Toulon, Malte, les rives de l'Italie et celles de l'antique Égypte! que de titres de gloire; que de triomphes! La Corse et l'île d'Elbe! quelle bizarre destinée entre ces deux points de départ, d'Ajaccio au trône de France, de Porto-Ferrajo à Sainte-Hélène!.....

Je copie ici des réflexions que j'ai retrouvées dans mes notes et que j'écrivis au sortir du détroit, alors que nous entrions dans l'Océan.

Le capitaine profita de la bonne brise pour s'éloigner de la terre ; avant le coucher du soleil, l'Europe et l'Afrique avaient disparu, et, sur le vaste espace dont nous occupions le centre, un seul point fixait notre attention : c'était une frégate de guerre qui, fière de sa haute mâture, semblait la reine de la mer. Elle cinglait vers nous à pleine voile et nous dépassa en quelques instans pour disparaître dans les vapeurs de l'horizon. Alors plus de distractions au dehors : notre isolement nous obligea de ramener nos pensées sur nous-mêmes. La petite bombarde que j'avais vu appareiller en désordre, et qui m'avait fait une si fâcheuse impression au début du voyage, grandit à mes yeux lorsqu'à loisir je pus observer sa marche et me familiariser à ses allures. Ce n'était plus une machine cédant à la simple impulsion d'une force physique, mais un athlète luttant bravement contre les flots, un bon compagnon solidaire de ma destinée, spécialement chargé de me conduire et dont je devais patienter les caprices en faveur des services qu'il me rendait. Ceux qui ont couru les mers auront éprouvé les mêmes sympathies : pour moi, je dois l'avouer, un bâtiment à la voile a toujours parlé à mon imagination, lorsque j'ai partagé sa fortune. Je ne connais rien de plus merveilleux que cette lutte audacieuse d'une chétive barque contre un élément doué de toute la puissance de la nature. C'est la nuit surtout que ce spectacle fascine les yeux, lorsqu'on fixe le remou de la vague et l'onde écumante sous la proue. Alors, les deux forces qui s'entrechoquent, déploient tous leurs moyens de résistance : la mer rugit de fureur contre la masse flottante qui brave son courroux, les craquemens de la membrure se confondent avec le refoulement des flots, une large nappe d'écume, qu'illuminent mille lueurs phosphorescentes, bouillonne autour de la guibre, l'Océan vaincu cède à l'impulsion, et le navire s'avance en triomphe.

Bien des gens ont traversé l'Atlantique sans rien voir de ce que je viens de décrire; transportés d'un point à un autre, débarqués à la Chine ou au Japon, à Calais ou à Douvres; pour eux, la traversée a été la même; blottis dans leur cabine, on les a vus apparaître aux heures des repas, ils ont navigué en poste et sont arrivés à leur destination sans s'en douter. Il est aussi d'autres voyageurs peu impressionnables, et chez lesquels le spectacle de la mer ne produit pas de fortes émotions. Ceux-là méprisent les grandes scènes de la nature pour ne s'occuper que des détails : ils prennent la température des eaux, jugent de la force des courans, calculent la hauteur des vagues ou bien s'amusent à pêcher des fucus. Préoccupés de leurs recherches, ou renfermés dans leur coquille, ils s'embarrassent peu de tout ce qui se passe hors du cercle de leur observation. Ces enfans de la science vivent dans un monde à part, sphère d'intelligence que le vulgaire ne conçoit pas. J'ai toujours vénéré leur savoir et fait grand cas de leurs découvertes, mais dans la carrière où je me suis lancé, j'ai préféré suivre une autre route. La nature est comme la liberté, chacun l'entend à sa manière : j'ai voulu l'admirer dans ses plus beaux effets : à bord j'ai cherché des émotions au milieu des scènes variées de la mer, à terre j'ai étudié la nature physique sous le rapport de ses influences, j'ai tâché de saisir quelques traits de ses caractères dans les différens climats que j'ai parcourus; et bien que je me sois extasié comme un autre devant les mille merveilles de la création, les hommes m'ont toujours plus intéressé que les choses. J'ai rédigé peu de mémoires, mais la plupart de mes remarques ont été écrites sur les lieux qui me les dictaient. Qu'on me pardonne cette digression, j'avais besoin de formuler mon système. Je reviens maintenant à ma bombarde.

Il est peu de voyages nautiques où le narrateur n'ait à raconter quelque bourrasque ou mieux encore une de ces tempêtes *au ciel noir, aux vents déchaînés.* Toutefois ces incidens, malheureusement trop communs, ne sont rien dans le nombre des mauvaises chances que les marins ont à redouter, et nous l'éprouvâmes bientôt. La brise, qui avait soufflé toute la nuit, se soutint le jour suivant; vers le soir nous longions l'île de Madère à peu de distance de la côte, et nos matelots saluèrent par un houra la terre du vin généreux. Dans la vélocité de notre marche, nous avions peine à saisir tous les détails du panorama qui faisait passer devant nos yeux un littoral hérissé de rochers et bordé d'escarpemens; de riches cultures disposées en gradins sur les pentes des mornes; des pics nuageux couverts de végétation et d'autres encore qui s'élevaient dans les airs comme de gigantesques ruines. Cette succession rapide de sites divers est restée dans mon esprit comme le souvenir d'un beau rêve. Il y avait quelque chose de fantastique dans cette vision à vol d'oiseau; nous ne filions pas moins de neuf milles à l'heure : à chaque instant l'île changeait d'aspect; mais à mesure que nous nous éloignions, les accidens de terrain se montraient plus agglomérés, les montagnes prenaient une teinte vaporeuse, et leurs crêtes se dessinaient sur un fond d'azur. Nous commencions à nous approcher du terme de notre voyage : le vent continuait à nous servir, et le capitaine, s'abandonnant à sa bonne fortune, fit porter sur l'île de Lancerotte, où il voulait prendre langue avant d'aborder Ténériffe. Cette détermination faillit nous coûter cher. Dans la nuit la brise mollit, puis cessa tout-à-fait, et nous éprouvâmes ce qu'on appelle *un calme plat*. Le pilote désappointé interrogeait vainement sa boussole, la bombarde ne gouvernait plus, et répondait à l'appel du timonier par un roulis massacrant; à chaque secousse, les voiles pendantes et affaissées venaient se froisser contre la mâture. Le lendemain, même stagnation dans l'atmosphère, même tranquillité sur les eaux; nos matelots se dorlotaient le long des bastingages en fumant leur pipe; quelques-uns s'étaient groupés autour de maître Tatillon, l'orateur du gaillard d'avant, et d'autres, moins flâneurs, avaient armé leurs lignes pour mettre le temps à profit. Le soir arriva sans que le moindre souffle d'air parvînt jusqu'à bord, et nous eûmes encore une nuit de calme. Mais qui eût pu le prévoir! Le jour commençait à peine qu'un cri sinistre vint réveiller tout le monde en sursaut. Les courans que nous n'avions pu maîtriser depuis plus de trente-six heures nous avaient fait dériver sur la côte d'Afrique; nous nous trouvions à demi-mille de terre, en face du grand désert, et la houle du ressac venait encore aggraver notre affreuse position. L'équipage consterné regardait avec effroi cette terre inhospitalière; le capitaine fit carguer toutes les voiles et mouiller une ancre, mais cette manœuvre, qui sembla d'abord neutraliser l'action des courans, ne réussit pas : l'ancre draguait le fond. Alors, en présence de deux dangers également redoutables, la consternation fut à son comble : d'une part, un naufrage presque certain; de l'autre, l'esclavage et ses affreuses conséquences. Les Maures, qui s'étaient aperçus de notre détresse, accouraient en foule sur le rivage; en moins d'un quart d'heure la plage en fut couverte. Nous perdions tout espoir de salut; le mouvement du flot nous portait sur la terre, et chaque instant diminuait l'intervalle qui nous en séparait. Les hurlemens des Africains nous parvenaient comme un glas de mort: animés d'une joie délirante, ils nous faisaient déjà pressentir le sort qu'ils nous réservaient par des gestes du plus dégoûtant cynisme. *Horresco referens!* La chaloupe avait été mise à la mer pour nous tirer au large, mais tous les efforts réunis de nos gens ne pouvaient rien contre le courant et la houle qui nous entraînaient (1). Encore quelques minutes et nous étions sur les roches, lorsqu'un souffle de vent vint faire fasayer nos voiles; en même temps le nord se chargea

---

(1) Les courans qui portent à la côte, tout le long du littoral de l'Afrique occidentale, ont déjà occasionné plus d'un naufrage. Quelques mois avant l'événement que je raconte ici, un brick anglais était venu échouer aux embouchures de la rivière de Suez, sur les extrêmes frontières du royaume de Maroc. L'horrible catastrophe de la frégate la *Méduse* dépendit en grande partie de la même cause, et vers la fin de l'année 1827, l'*Olympe*, du Hâvre, et un transport anglais éprouvèrent le même sort à l'entrée du golfe de Saint-Cyprien. Les équipages de ces deux navires furent sauvés par les pêcheurs canariens qui fréquentent cette côte. (Voy. à ce sujet la relation insérée dans la *France maritime*, t. II, pag. 275, et la note qui s'y rapporte.)

de vapeurs. A ce premier signe de brise, l'équipage sauta à bord et courut à la manœuvre; on pouvait lire alors sur la figure de nos marins l'anxiété qui tourmentait leur âme; les yeux fixés sur l'horizon, ils trépignaient d'impatience. Enfin la mer parut s'agiter autour de nous, et la bombarde sentit le vent. C'était la bonne brise : elle venait à notre aide et arrivait au pas de charge. *Largue tout, et fais porter!* A ce commandement notre barque, cédant à l'impulsion, fit un salut de courtoisie et prit sa bordée couverte de voiles. Il était temps, car nous n'étions plus qu'à quelques encâblures de cette plage maudite d'où partit un cri de rage et de malédiction. Les Maures voyaient échapper leur proie ; il y avait de la frénésie dans leurs mouvemens tumultueux : que d'imprécations ne devaient-ils pas vomir contre nous, et qu'elle était expansive dans cet instant la grosse joie de nos marins ; que d'originalité et d'énergie dans leurs expressions! Ils faisaient leurs adieux aux barbares : tout était permis alors ; nous étions sauvés !

En quelques heures on perdit la côte de vue. Le capitaine, redoutant d'être pris de nouveau par les calmes aux attérages de Lancerotte, changea de route et se dirigea sur Ténériffe. Le vent et la mer nous furent propices, et le lendemain de brillantes clartés nous annoncèrent un beau jour. L'orient se peignit de couleurs diaprées ; des rayons de feu perçaient déjà à travers les nuages, et bientôt le soleil, dissipant les vapeurs du matin, s'éleva radieux pour éclairer l'occident. Alors, le pic de Teyde apparut dans les airs comme un météore : sa blanche cime se détachait sur l'azur des cieux, tandis que sa base restait ensevelie dans l'épais brouillard qui nous voilait le restant de l'île. Aussitôt le cri de *terre!* retentit à bord : mais ce n'était plus ce cri sinistre, l'accent de la crainte et de la terreur ; l'Afrique et ses hordes sauvages n'étaient plus à redouter, nous avions devant nous la plus belle des *Fortunées*, Ténériffe l'hospitalière, le caravanserail des navigateurs. Oh, comme cette heureuse annonce fit tressaillir de cœurs ! Tous les yeux étaient fixés sur la montagne colossale ; la terre était là, en face de nous; et la terre pour le passager, c'est l'espoir qui le soutient contre les ennuis de la traversée, contre les calmes et les tempêtes, contre toutes les vicissitudes et les dégoûts de la mer. L'approche de la terre fait oublier en un instant tous les dangers et les fatigues du passé : l'on vit déjà dans l'avenir, car avant de la toucher on en respire le parfum, et mille pensées de bonheur viennent vous sourire. A son aspect le moral est changé, l'âme reprend son énergie, et l'on éprouve une joie intérieure qui a besoin de s'épancher au dehors. C'est surtout après un voyage de long cours, lorsque pendant des mois entiers la mer et le ciel ont seuls rempli le fond d'un tableau devenu chaque jour plus monotone, quand fatigué de soi-même et des autres, on ressent une inquiétude qui gagne le cœur, c'est alors, dis-je, que le cri de *terre!* parti d'une hune ou du sommet d'un mât, produit un effet magique. Il s'opère soudain une révolution à bord du navire; toutes les inimitiés s'apaisent, on se félicite, on s'embrasse, c'est une joie générale et chacun en prend sa part. Mais cette allégresse peut dégénérer en désappointement, lorsque le matelot en vigie a pris l'apparence pour la réalité. Les nuages amoncelés à l'horizon imitent parfois les ondulations des montagnes, et souvent le coup-d'œil le plus exercé s'y méprend. Les marins appellent cette fausse vision *une terre de beurre*, parce qu'elle se fond au soleil. Heureusement celle que nous venions d'apercevoir n'avait pas ce caractère; c'était bien le fameux pic; à mesure que nous avancions il se montrait plus grandiose, sa base s'élargissait comme une immense pyramide, et déjà nous pouvions distinguer plusieurs points de la côte de l'île.

La brise fraîchissait de plus en plus et la bombarde faisait merveille. A midi nous doublions le promontoire d'Anaga et pénétrions dans la baie qu'il protège contre les vents du nord. Les masses de rochers qui flanquent le littoral étaient parsemées de buissons d'euphorbe : au-dessus dominaient de hautes montagnes que voilait en partie un rideau de brume; des gorges anfractueuses découpaient les bords de la baie, et, dans le fond, la ville de Sainte-Croix s'étendait le long de la plage avec ses clochers en tourelles, ses maisons blanches et ses belvéders. Une heure après nous étions mouillés devant le môle, non loin de l'*Alameda*, où des femmes en mantilles se laissaient voir parmi les divers groupes de promeneurs.

DEUXIÈME MISCELLANÉE.

SAINTE-CROIX.

> El Puerto de Santa-Cruz compite con los mejores pueblos de las Canarias. El temperamento, aunque calido, es sano y apacible. Las calles rectas, el piso llano, el cielo puro.
> VIERA, *Noticias*, t. III, p. 502.

« Presque toutes les relations de voyages commencent par une description de Madère et de Ténériffe, et si l'histoire physique de ces îles offre encore un champ immense à exploiter, il faut convenir que la topographie des petites villes de Funchal et de Sainte-Croix laisse peu à désirer. » Je partage l'opinion de l'illustre voyageur qui s'est exprimé ainsi (1), et ne viens point, après tant d'autres, redire ce que chacun sait. Mais il en est d'une contrée qu'on veut décrire comme d'un paysage copié sur la nature, tout dépend du point de vue sous lequel on l'envisage, et dès-lors les effets de perspective ne sont plus les mêmes, la scène est changée, il ne reste que la couleur. Du reste, chaque peintre a sa manière et un style qu'il affectionne plus particulièrement. On ne saurait saisir en passant les traits caractéristiques de la physionomie d'un pays, car le premier coup-d'œil produit souvent une fausse impression. Il faut descendre dans les détails pour bien apprécier toutes les influences locales, et voir les choses sous leurs différens aspects afin de pouvoir porter un bon jugement. Ce que je dis ici peut s'appliquer à mes esquisses : une longue résidence m'a laissé le choix des motifs, et j'ai pu varier mes observations en suivant d'autres routes que celles tracées par mes devanciers. Je commence donc sans plus de préambule.

---

(1) M. de Humboldt.

I.

Il y avait un mois que j'habitais *Santa-Cruz*, nous n'étions encore qu'à la mi-février et déjà le soleil du tropique faisait sentir son approche. Ses chaudes influences vivifient tout dans ces heureux climats, et impriment une nouvelle énergie aux facultés de l'âme ; une commotion électrique semble enflammer l'imagination, les idées naissent plus riantes et viennent réjouir le cœur. L'homme savoure avec délices les faveurs d'un beau ciel et se laisse aller aux impressions qu'il en reçoit. Viera, l'auteur des *Noticias* et le chantre des *Mois*, a peint le caractère des saisons dans ces îles où il reçut le jour, et sa description est pleine de chaleur comme le sujet qui l'inspire.

« Le mois de mars commence à peine, dit-il, que déjà le printemps s'annonce dans toute sa beauté : nulle part cette saison est plus agréable ; une douce chaleur vient aussitôt ranimer la nature et rendre à la végétation toute son énergie. Il est vrai que c'est alors le temps de l'année où les vents alisés règnent avec plus de force et arrivent chargés de vapeurs ; l'air en est souvent obscurci. Ces brises, en variant du nord à l'ouest, sont l'origine des pluies, mais ces pluies assurent nos moissons, ces rafales déchargent nos arbres d'une surabondance de fleurs. Les changemens de l'atmosphère et les averses qui les suivent ne troublent que quelques instans le calme habituel de l'air et cette fraîcheur suave, caractères distinctifs de notre printemps. Alors le chant des oiseaux est plus mélodieux, les fleurs sont plus odorantes ; forêts, moissons, arbustes, plantes sauvages laissent exhaler leurs parfums, et ces émanations de la terre, en se répandant au loin, vont prévenir les navigateurs du voisinage des *Fortunées*.

» Notre été n'a pas moins de charme, le vent de mer en tempère l'ardeur, nos montagnes arrêtent les nuages, et la terrible canicule, ce fléau des vastes plaines, est presque inconnue sur nos côtes. Cependant, je dois l'avouer, il est en été et même au commencement de l'automne des journées accablantes, lorsque souffle l'*harmatan*. Ce vent du désert, le plus cruel ennemi de nos climats, et que la zone torride a sans doute enfanté, nous vient brûlant de l'Afrique, après avoir traversé les sables des Zaharas. Il serait intolérable si la mer qui nous sépare des régions d'Orient n'avait déjà diminué sa fatale influence. Nous le supportons pourtant sans nous plaindre quand il n'est pas accompagné de la sécheresse, de l'ouragan et des sauterelles affamées. Toutefois, si durant l'été ou l'automne nous redoutons le vent de sud-est, nos désagrémens sont compensés par d'immenses avantages. Des signes précurseurs de l'orage sillonnent la nue, le tonnerre retentit dans les gorges de la montagne, mais pour nous annoncer les bienfaits du ciel; les vapeurs amassées enveloppent toute l'île et retombent bientôt en pluie. Cependant ces météores, si communs dans les autres contrées, sont rares dans notre pays; les tempêtes de l'Océan ne nous apportent que des brouillards et d'abondantes rosées, rarement de gros nuages. Ce n'est que vers la fin de l'automne ou au commencement de l'hiver que les vents du nord peuvent troubler l'équilibre de notre atmosphère en réagissant sur les vapeurs qui se condensent sur les forêts, en électrisant leur masse pour produire les orages et les intempéries. En général, nos automnes sont douces comme les fruits qu'elles nous donnent, et nos hivers sont sans frimas.

» La neige qui couvre le pic de Teyde pourrait faire croire à un pays moins chaud; mais que de cette région élevée on descende dans les vallées où sont répandues nos habitations et nos cultures, le thermomètre alors parlera pour nous, et décèlera un climat privilégié. Là, sur un sol que la neige ne couvrit jamais, la gelée est inconnue. Et si les hauteurs moyennes jouissent de ces avantages, quelle sera donc l'aménité des saisons sur nos côtes? Après une pluie légère, l'atmosphère reprend aussitôt sa transparence, l'air sa pureté, le ciel son brillant azur et la vie toute sa plénitude. »

Rien de plus exact que la description de Viera; voilà bien ces îles Fortunées si justement vantées par les poètes :

> E qui gli Elisi campi, e le famose
> Stanze delle beate anime pose !
> *Ger. lib.*

Je ne pouvais assez jouir de cette douce température : fuyant les frimas de l'Europe, en moins de deux semaines j'avais vu l'hiver se changer en printemps. Mon voyage me paraissait un rêve. Après une journée superbe, j'étais sorti par un beau clair de lune pour respirer l'air du soir; la brise, qui régnait encore, répandait la fraîcheur dans la ville, et la mer, qu'on découvrait de la grande place, brillait comme un miroir. Le vif éclat répandu dans l'atmosphère rejaillissait sur tous les objets des alentours; la lune, au zénith, ne projetait aucune ombre, et Sainte-Croix semblait éclairée au gaz. Tout se réunissait dans cette belle nuit pour produire de magiques effets : les soirées du carnaval attiraient les joyeux quadrilles, et la Folie agitait ses grelots. De toute part des groupes de jolies femmes se dirigeaient vers le château de Saint-Christophe où le gouverneur donnait une fête, et le reflet de leurs riches parures attirait vers elles de galans cavaliers. On se saluait comme gens de connaissance, on invitait les danseuses; complimens, gracieux propos, désirs d'amour, coups-d'œil de flamme s'échangeaient au passage; on préludait au bal dans la rue : c'était charmant !

Tout s'animait dans la ville, ce n'était que fanfares et fandangos; les joueurs de guitares fredonnaient sous les balcons, et les accords du piano, en retentissant au dehors, faisaient appel aux mascarades. Une bande joyeuse débouchait dans cet instant par la rue du château; je n'avais jamais rien vu de plus grotesque : la troupe réunie des amateurs courait les salons pour représenter une comédie de notre Molière, *Amphitryon traduit en vers castillans par un poète du pays*; cela méritait d'être vu. Sainte-Croix n'a pas de théâtre, et ce n'est guère qu'à l'époque du carnaval, où dans les grandes solennités, que la jeunesse de la ville monte quelque drame bien tragique ou improvise un burlesque *saynète*. Dans ces occasions, chacun met la main à l'œuvre : on emprunte de vieux costumes, on en fabrique de nouveaux, on barbouille des décors sur des châssis portatifs ; les arbres des forêts sont mis à contribution pour figurer au besoin sur la scène, et, après quelques répétitions, la troupe se met en marche accompagnée d'un orchestre ambulant. Dans la même nuit la représentation a souvent lieu dans trois ou quatre maisons différentes. Les amateurs qui traversaient alors la grande place m'engagèrent à les suivre : comment résister lorsqu'Amphitryon lui-même me réitéra cette invitation ? Je venais de reconnaître sous ce travestissement le modeste traducteur, à la fois auteur et acteur, à l'exemple de son illustre patron. En dépit de Jupiter, j'offris mon bras à Alcmène, et pris rang parmi les dieux. Notre marche était digne de Molière : Mercure et la Nuit nous précédaient en folâtrant, ensuite venait notre groupe que renforçaient encore Sosie et Cléanthis ; les musiciens nous escortaient avec tout le dramatique attirail, les coulisses, la toile du fond et celle d'avant-scène que l'on portait en triomphe ; puis, venaient des valets chargés de rameaux verts et la foule des curieux qui grossissait sur notre passage. Pourtant tout cela n'était rien encore, et le spectacle devint bien autrement intéressant lorsque Mercure, que nous lançâmes en messager au milieu du salon du gouverneur, annonça l'arrivée de la mascarade. A la révolution qui s'opéra dans le bal, je compris qu'elle était attendue avec impatience : les danses cessèrent aussitôt ; il y eut un refoulement général dans une des moitiés de la salle, et l'autre partie, laissée libre aux acteurs, s'improvisa sur-le-champ en théâtre. Deux grenadiers de la garnison, postés chacun derrière une coulisse, maintenaient les perches qui supportaient le rideau ; le reste des décors fut confié de la même manière à la garde de soldats officieux, et, après une courte ouverture, la représentation commença. Je dois en convenir, cette parodie de Molière n'était pas sans esprit, et le traducteur avait fait merveille. Les belles de Sainte-Croix ne s'attendaient guère à tant de gentillesse de la part des divinités païennes ; il y avait dans toute cette amoureuse intrigue quelque chose qui parlait plus fort à leurs sens que les farces du *saynète*; dans l'ingénieuse fantasmagorie où Molière avait fait intervenir le Ciel, elles saisissaient les réalités de la terre ; ce franc-parler, cette audacieuse *bravoure* de style, comme disent les Espagnols, furent applaudis à tout rompre, et Sosie fit rire aux larmes. Que de physionomies ardentes et passionnées parmi ces jeunes filles qui rougissaient de pudeur et d'amour! Combien rêvèrent le maître des dieux !

Après la pièce, le bal recommença de plus belle, et chacun prit part à la fête. J'admirai quelques instans ces danses voluptueuses dans lesquelles les Canariennes déploient tant de grâce et d'abandon ; mais bientôt mes amis de la troupe comique appareillèrent avec leur théâtre, pour aller faire les délices d'une autre soirée et poursuivre le cours de leurs succès nocturnes.

II.

Je venais de me séparer d'Amphytrion et de sa bande, sur cette même place où avait eu lieu notre heureuse rencontre ; le bal du *Castillo* allait son train, mais les murs crénelés de la forteresse ne laissaient plus rien apercevoir de ce qui se passait au dedans; *Saint-Christophe* avait repris son air grave et la sentinelle veillait silencieuse auprès de ses vieux canons. C'est une singulière histoire que celle de ce château.

En 1493, les Guanches étaient encore maîtres de Ténériffe, lorsque, par une belle matinée d'avril, quinze caravelles de guerre envahirent la baie d'*Añaza* et débarquèrent mille fantassins et cent vingt cavaliers. Le chef de cette troupe guerrière s'avança sur la plage et planta dans le sable la grande croix de bois qu'il avait lui-même apportée (1). Cet homme pieux, armé de toutes pièces et qu'on vit alors prosterné si humblement aux pieds d'un dieu de paix, était don Alonzo de Lugo, l'Adelantado, le conquérant de Ténériffe. Il établit son camp autour de la croix sainte qui, plus tard, donna son nom à la ville, et sur l'autel rustique qu'il fit dresser sous sa tente, des moines belliqueux célébrèrent la première messe en invoquant l'assistance du Ciel pour s'emparer des biens de la terre.

Don Alonzo de Lugo, voulant se fortifier dans l'endroit où il venait de débarquer, fit construire une tour sur le bord du rivage; mais, après sa défaite à Acentejo, les Guanches d'Añaga, commandés par un chef intrépide, vinrent l'attaquer jusque dans ses retranchemens. Don Alonzo se défendit en désespéré: les insulaires ne purent pénétrer dans la redoute et perdirent cent soixante hommes, y compris leur vaillant capitaine qui s'était plusieurs fois élancé à l'assaut. Cependant l'Adelantado, craignant d'être forcé dans son dernier asile, repassa la mer avec les débris de son armée et se retira à la grande Canarie pour réparer son désastre. A peine avait-il levé son camp, que les assiégeans démolirent cette tour malencontreuse sur les ruines de laquelle devait s'élever un jour le château de Saint-Christophe.

Lugo revint au bout de quelques mois avec de nouvelles troupes, et fit reconstruire le bastion démantelé. Après la conquête de l'île on agrandit le système de défense du port de Sainte-Croix, mais ce ne fut qu'en 1579 que le gouverneur de Ténériffe, don Juan Alvarez de Fonseca, fit achever la forteresse dont on avait jeté les premiers fondemens sous le règne de Charles-Quint. En 1657, l'artillerie de Saint-

---

(1) « Qualquiera que huviese visto salir a tierra a nuestro general à la cabeza de sus tropas, con una » gran cruz de madera entre los brazos; y que a pocos pasos la fixaba en la arena, adorandola con la » mayor humilidad, y reverente devocion, no pensaria sino que aquel Angel de paz, venia à Tenerife » unicamente a predicar el evangelio y la mansedumbre Christiana : Pero se ingañaria. Alonzo de » Lugo era un conquistador! » (Viera, *Noticias*, tom. II, pag, 199.)

Christophe payait sa dette à la mère-patrie en protégeant ses trésors contre les tentatives des Anglais. La flotte du Mexique, richement chargée, venait de se réfugier dans la baie de Sainte-Croix : l'amiral Blake, ce marin audacieux qui soutint si vaillamment l'honneur du pavillon britannique durant la dictature de Cromwel, résolut de s'emparer des galions espagnols, et vint mouiller avec l'escadre républicaine en face de la flotte, à portée de canon du château. Le combat dura pendant trois heures avec le plus grand acharnement, et déjà les péniches anglaises abordaient les galions, lorsque le général don Diego de Egues ordonna d'y mettre le feu. Le trésor de l'État avait été débarqué quelques jours auparavant et mis en sûreté dans la forteresse, mais tout le patronage du ciel ne put sauver les navires : le *Santo-Christo*, le *Jesus-Maria*, le *Saint-Sacrement*, la *Conception*, le *Saint-Jean*, la *Vierge de la Solitude*, *Notre-Dame-de-Bon-Secours* (historique), et le reste de la flotte devinrent la proie des flammes. Blake perdit cinq cents matelots, et ne retira de sa téméraire entreprise que la gloire d'avoir bien combattu, et un diamant d'un grand prix que le Protecteur lui envoya comme marque de sa satisfaction. Pour une *tête ronde*, c'était presque agir en roi. Don Estevan de la Guerra, gouverneur de Saint-Christophe, fit bien son devoir pendant cette échauffourée, et sa courageuse épouse ne contribua pas moins à la défense du château. *Je ne serai pas inutile ici*, avait-elle répondu lorsqu'on voulait la faire retirer avant l'attaque, et durant le combat on la vit parcourir la plate-forme, préparer les gargousses et animer les canonniers. Certes, le branle dont la noble châtelaine faisait alors les honneurs valait bien le bal auquel je venais d'assister.

Il paraît même qu'on ne dansait pas encore au château vers la fin du xviie siècle, car le vieux Dampier, de relâche à Ténériffe lors de son voyage aux terres australes, décrivait ainsi le salon de réception du gouverneur : « Il me traita dans une grande salle basse et obscure qui ne recevait de jour que par une lucarne. On y voyait environ deux cents mousquets pendus aux murailles et quelques piques. D'ailleurs il n'y paraissait ni lambris, ni tapisserie, et tous les meubles consistaient en une méchante petite table, quelques vieilles chaises, et deux ou trois bancs assez longs qui servaient de siéges. »

En 1706, le château de Saint-Christophe maintenait les droits de Philippe V contre les prétentions du roi Charles. C'était à l'époque de la guerre de succession : les Anglais venaient de brûler les galions d'Amérique dans le port de Vigo, Gibraltar était tombé en leur pouvoir, Cadix avait failli devenir leur conquête, et leur armée de terre, qui avait pénétré dans la Castille, soutenait puissamment la cause de l'archiduc dans l'Aragon, la Catalogne et le royaume de Valence, lorsque l'amiral Genings entra de vive force dans la baie de Sainte-Croix. Le canon de Saint-Christophe répondit bravement aux douze vaisseaux de ligne qui s'embossèrent devant ses remparts. La salle basse du château dut présenter alors un coup-d'œil imposant : le corrégidor don Antonio de Ayala, qui présidait la junte de guerre en l'absence du capitaine-général, avait réuni autour de lui toute la noblesse en armes; l'amiral anglais, repoussé avec perte dans le débarquement qu'il venait de tenter, envoyait un parlementaire, et l'officier était introduit au milieu du conseil. Genings, se prévalant des succès obtenus en Espagne, se disait investi de pleins pouvoirs pour faire reconnaître la souveraineté du roi Charles : « *Philippe V aurait-il tout perdu dans la Péninsule, que ces îles lui resteraient fidèles.* » Telle fut la réponse d'Ayala, que l'artillerie du château vint encore appuyer. Le soir l'escadre ennemie gagnait le large.

Quatorze ans après cet événement, il se passait une scène d'un autre genre sur les remparts du fort Saint-Christophe. La populace, ameutée contre Juan de Cevallos, venait de massacrer ce malheureux intendant et traînait son corps dans les rues. A la première nouvelle de l'attentat, le capitaine-général don Juan de Mur se transporte sur les lieux, s'empare des coupables, et le lendemain douze cadavres, suspendus aux créneaux de la forteresse, jetaient l'épouvante dans la ville.

III.

Je n'avais pas quitté la grande place, bien que la nuit fût déjà avancée. Assis en face de l'obélisque de la Vierge, ce beau monument de marbre, qui décore l'entrée de Sainte-Croix, fixait alors mon attention. Il a été exécuté à Gênes en 1778 et transporté à grands frais jusqu'à sa destination. La Vierge de la Chandeleur, patrone de l'île de Ténériffe, figure au sommet de l'obélisque ; quatre statues sont placées à la base et représentent les rois de Guimar, de Daute, d'Abona et d'Icod, qui abandonnèrent la ligue des autres princes et devinrent les auxiliaires d'Alonzo de Lugo dans la guerre de la conquête. Vêtus de leur tunique de peau de chèvre, ils tiennent à la main le royal femur, signe de leur souveraineté, et regardent le ciel dans l'attitude de la contemplation.

Ainsi, le ciseau a immortalisé la mémoire de ceux qui abandonnèrent leurs frères et courbèrent leur front avili sous le joug des oppresseurs. C'était aux braves *Menceys*, qui soutinrent la cause de l'indépendance, qui ne transigèrent jamais avec l'honneur et prodiguèrent leur noble sang pour la défense de la patrie, c'était à ceux-là qu'il fallait élever un monument. A Benchomo surtout, au vainqueur d'Acentejo, au plus vaillant d'entre les Guanches, à Benchomo, triste et illustre victime de la barbarie des conquérans et qu'on chargea de fers au mépris des traités. Et ces quatre princes, dont la lâcheté entraîna la perte de tout un peuple, furent-ils mieux récompensés? Devenus esclaves d'une puissance étrangère, ils languirent dans l'ignominie ; on oublia qu'ils avaient régné sur la terre conquise, et, plus malheureux peut-être que ceux qu'ils avaient trahis, le marbre consacra leur opprobre! . . . .

Ces réflexions que je faisais sur l'obélisque furent interrompues par de bruyans éclats de voix : les officiers d'une frégate anglaise, arrivée de la veille, sortaient dans cet instant du château et retournaient à bord enchantés de la fête. Plus expansifs que de coutume, grâce au punch du gouverneur, ils s'entretenaient gaîment des plaisirs de la soirée, et chacun vantait la beauté qui l'avait séduit. *Delightful ball! Fine Women! What eyes!* C'était un chorus d'exclamations et d'éloges. *Capital punch!* balbutiait un vieux lieutenant qui louvoyait dans sa marche. Je laissai passer l'état-major britannique et me dirigeai ensuite vers l'*Alameda*, jardin de style mauresque que rafraîchit sans cesse le vent de mer; mais à cette heure les nymphes du soir avaient fait retraite et le Prado de Santa-Cruz n'attirait plus les promeneurs. En m'avançant vers la pointe du môle, je retrouvai les officiers anglais qui attendaient leur canot. Depuis notre entrevue sur la place la scène avait changé pour prendre un caractère plus sérieux : groupés autour du vieux lieutenant, ils l'écoutaient tous avec une grave attention, et lui, le front rafraîchi par la brise, je l'entendis prononcer le nom de *Nelson*; puis, montrant du doigt une des batteries qui défendent le fond de la baie, il ajouta : *The shot came from that bastion!* Le vieux loup de mer avait raison, ce fut bien du bastion de Saint-Pierre que partit le boulet qui mutila l'intrépide amiral. L'affaire que le lieutenant racontait alors avait eu lieu le 25 juillet 1797. C'était aussi aux galions d'Espagne que Nelson en voulait cette fois : décidé de faire rançonner la ville à tout prix, il se présenta hardiment dans la baie et commença par canonner les forts. Le château de Saint-Christophe répondit à son attaque, *San-Miguel* et *Paso-Alto* rivalisèrent d'ardeur, mais *San-Pedro* gagna le prix. Au plus fort du combat, l'amiral se dirigea en personne sur le môle, sans calculer les chances de sa tentative hasardeuse, et ce coup de tête lui coûta cher. Forcé de se rembarquer avec perte d'un bras et d'une partie de sa troupe, il eut encore à supporter le blâme de sa témérité. Moins sévère s'il eût réussi, l'amirauté d'Angleterre aurait peut-être récompensé son audace. Deux cents soldats de marine, qui avaient pris terre du côté du lazaret, n'eurent d'autre ressource que de se jeter dans le couvent de Saint-Dominique. Le général Gutières leur accorda une honorable capitulation.

Le vieux lieutenant venait d'achever son récit quand le grand canot de la frégate accosta les marches du débarcadère. Les Anglais descendirent en silence et chacun prit place selon son rang; puis j'entendis le coup de sifflet du patron et vis l'embarcation faire un premier mouvement; à un second coup de sifflet, tous les avirons s'agitèrent à la fois, et le canot s'éloigna rapidement en laissant derrière lui un long sillon de lumière. J'écoutai pendant quelque temps le bruit cadencé de la nage, mais il finit par se perdre dans le vague de l'air, et le plus profond silence régna seul autour de moi. Alors je quittai le môle : la lune avait disparu derrière les montagnes dont les flancs décharnés ferment l'enceinte de Sainte-Croix; tout était rentré dans l'ombre, et quatre heures venaient de sonner à l'horloge de la paroisse. En repassant dans la rue du château, je rencontrai Amphytrion et sa bande qui regagnaient leur gîte, fatigués d'un triple succès. Déjà l'aube commençait à poindre, et il était temps de rentrer chez soi.

Bonjour, la Nuit!
—Adieu, Mercure!

TROISIÈME MISCELLANÉE.

LA LAGUNA.

> « Vous montez de fort roides montagnes pour aller en la cité : je ne croy pas qu'il y en ait en tout le monde aucune autre de plus plaisante et de plus agréable température d'air. Elle est située quasi miraculeusement au milieu d'une plaine environnée de costaux d'une émerveillable hauteur, comme si la nature avait préparé cette place pour y bastir une ville. Là aussi s'élève continuellement une vapeur de la mer qui lui sert de grand rafraîchissement. » — Le Conseiller GALIEN DE BETHENCOURT, 1630.

Lorsqu'on sort de Sainte-Croix pour se rendre à la Laguna, on est tenté de rebrousser chemin dès les premiers pas. A travers une atmosphère embrasée, le voyageur ne découvre qu'une campagne sans verdure, des ravins escarpés et profonds, des rochers arides et nus. Étonné de ce qu'il voit, il se demande si un pays d'un aspect aussi sauvage est bien celui dont on a vanté les sites riants ; mais plus loin la scène change : derrière ces monts décharnés, sur les plateaux ombragés où flottent les nuages, au sein des bocages d'où jaillissent les eaux des torrens, il retrouve les îles Fortunées avec leur doux climat et leurs vallées pittoresques.

Il n'y a guère que pour une heure et demie de marche de Sainte-Croix à la Laguna : la route qu'il faut suivre d'abord est assez bien entretenue ; toutefois son nom de *Camino de los Coches*, chemin des voitures, n'est qu'un titre de prévision pour indiquer l'usage qu'on pourrait en faire. Les machines roulantes sont encore rares aux Canaries.

Après avoir dépassé le pont de *Zurita*, on commence à gravir une côte scabreuse que de classiques ingénieurs ont rendue presque inaccessible. L'axiome de la ligne droite leur a servi de guide, et les *Arrieros*, qui ignorent les vérités mathématiques, jurent contre les ingénieurs. Ces braves muletiers n'ont pas tout-à-fait tort : obligés de faire reposer leurs bêtes haletantes en arrivant sur la crête de la montagne, ils sont contraints eux-mêmes d'entrer à la *Venta* pour se rafraîchir. Le cabaretier, dont le bouchon est très-achalandé depuis les derniers travaux, rend grâce aux ingénieurs. Les *Arrieros* boivent et paient; le vin du pays leur calme la bile, ils oublient la chaussée maudite et reprennent leur route en chantant. En dépit de l'axiome, les piétons évitent le chemin neuf et préfèrent les détours afin d'arriver plus vite; mais la *Venta de la Cuesta* est toujours leur point de ralliement.

C'est surtout le matin, avant l'heure de la forte chaleur, que cette route est animée : on peut saisir alors les différentes allures des habitans du pays et varier ses observations. Les villageois descendent de leurs montagnes pour aller approvisionner les marchés, tandis que les *Arrieros* montent la Cuesta pour transporter dans l'intérieur de l'île les denrées et les marchandises du dehors. Ceux-ci vont vendre les produits de leurs fermes, des pommes de terre et du maïs, des herbages et des légumes de toute espèce, batates douces, ignames et bubangos (1). Les paysannes arrivent avec des paniers pleins de fruits : de noix, de pommes et de châtaignes, ou bien d'oranges, de bananes et de citrons, car tout croît dans cet heureux climat; la tomate et le melon de nos jardins, la fraise de nos montagnes, les cerises et les pêches de nos vergers; les dattes d'Afrique et les figues d'Inde, les papayes et les cannes à sucre. Ténériffe est une serre chaude où prospèrent tous les végétaux, et souvent la même vallée voit mûrir sur ses coteaux les fruits des deux hémisphères.

Continuons notre marche pour passer en revue les *Panaderas* de la Laguna, les laitières de los Valles et les charbonnières de l'Esperanza; les unes avec des corbeilles remplies de pains ronds, les autres avec du lait et des fromages, celles-là chassant devant elles des ânes agiles, infatigables, modèles de docilité et de patience, et bien différens en cela

---

(1) Espèce de potiron.

de notre baudet d'Europe toujours si entêté et si maussade. Voici les revendeuses du port qui vont débiter leurs pacotilles dans les bourgades de la banlieue. Les joyeuses filles s'inquiètent peu des chances de la vente, et comptent au besoin sur un commerce plus lucratif. Les muletiers les agacent par des propos grivois, auxquels elles ripostent de plus belle. C'est comme un défi de plaisanteries et de quolibets qu'on se lance et qu'on se renvoie. Tous ces gens-là cheminent par groupes bruyans, causent ensemble, s'appellent à grands cris et chantent par intervalles. Cependant au milieu du laisser-aller général, de cette familiarité exubérante qui dégénère en dévergondage, les rangs et les conditions ne sont jamais confondus, et la rencontre d'un citadin à pied ou à cheval est toujours accompagnée de salutations respectueuses: « *Vaya Usted con Dios, Caballero!... Vaya Usted con la Viergen!... Dios lo garde!... Vaya Usted muy en hora buena!...* » C'est à n'en plus finir quand il s'agit de répondre à tous ces souhaits qu'on vous jette au passage et qu'il faut saisir à la volée. L'étranger s'étonne de cette kyrielle de complimens, et n'acquiert qu'à la longue la volubilité de langue nécessaire dans ces occasions.

Mais un bruit de clochettes, tam-tam monotone qui se reproduit par saccades et continue sans se ralentir, annonce l'approche d'une caravane de chameaux. Attachés à la file les uns des autres, les animaux du désert s'avancent lentement pour gravir la montagne sous la conduite des chameliers: amenés d'Afrique à la fin du quinzième siècle par le conquérant Bethencourt, les pâturages des Canaries ont amélioré leur race. Pleins de force et de bon vouloir, ils portent chacun une charge de huit à neuf cents livres de poisson salé, ou bien soutiennent sur leurs brancards des caisses de sucre de la Havane, des ballots de cotonnades anglaises et d'autres fardeaux de grands poids. Les conducteurs viennent de leur accorder un instant de repos: affourchés sur leurs longues jambes, ils sont prêts à s'abattre au commandement.

Voyez-vous là-bas ces gens qui galoppent si bravement par des sentiers escarpés? Ce sont les Arrieros de l'Orotava. Huchés sur leurs barils de vin, rien n'arrête la fougue de ces hardis cavaliers; leurs mules ont le pied sûr : les précipices les plus dangereux, les crêtes les plus scabreuses ne sauraient les effrayer. Après eux trottent les *Neveros*, qui apportent la neige et la glace du pic : descendus d'une hauteur de plus de neuf mille pieds, ils ont relayé à *la Villa*, et en sont repartis dans la nuit afin d'arriver de bonne heure à Sainte-Croix. Ces hommes aux jambes de fer viennent de parcourir un trajet de plus de douze lieues; ils ont vécu sobrement, n'ont dormi que quelques heures, et pourtant ils suivent encore sans broncher l'amble accéléré de leurs mules. Grâce à eux les sorbets ne manqueront pas.

Quel est ce personnage noir et blanc monté sur sa haquenée? A son costume monacal je reconnais un révérend père de l'ordre des Dominicains : il salue d'un air protecteur et cause familièrement avec ses valets. Plus loin un frère de Saint-François chemine pédestrement et s'en va quêtant *pour l'amour de Dieu*. Ici, des dames assises en *balandillas*, sur des ânes caparaçonnés de housses, se dirigent vers la cité : des cavaliers les escortent au grand trot, et les *mozos*, chargés de lourdes besaces, suivent au pas de course. Là, des *Borriqueros*, armés de gaules, harcellent en jurant une cavalcade d'Anglais arrivés de la veille, et la font galoper par monts et par vaux. Déjà plus d'un Midshipman désarçonné a pris un échantillon du pays : demain l'Esculape du bord avec ses compresses, mais aujourd'hui du vin de Ténériffe et *rule Britannia!* Les gentlemans se sont remis en selle encore étourdis de leur chute : houra! houra!... les voilà repartis.

A chaque instant de nouvelles rencontres, des gens de toutes les conditions qui descendent à Sainte-Croix ou se rendent dans les différens quartiers de l'île. Aux scènes originales qui se succèdent, à cette étude de mœurs et d'usages divers, vient se joindre la variété des costumes et ses pittoresques attraits. Les Canaries ne sont pas encore arrivées à cette phase de civilisation qui nivèle toutes les coutumes et confond tous les rangs de la société : les hommes et les choses s'y montrent comme autrefois, sauf certaines réformes dépendantes de l'état actuel de la législation et des exigences du siècle. La mode n'a imposé ses incessantes variations qu'aux gens riches ou assez aisés pour supporter ses caprices : colportée d'Europe, elle a établi ses bazars dans les villes de la côte, sans pénétrer plus avant. Aussi les classes moyennes présentent-elles toujours dans leurs individualités des types caractéristiques; elles ont conservé les vieux usages et quelque peu de ces mœurs primitives qu'on aime tant à retrouver; les vêtemens, les habitations, les meubles sont restés les mêmes, et le voyageur en parcourant le pays n'a pas à redouter la monotonie d'une insipide uniformité.

Les hommes en général, villageois ou campagnards, sont affublés de la *manta*, espèce de couverture de laine qui leur drape tout le corps; ils portent un chapeau de paille ou de feutre, un gilet chamarré, des culottes courtes fendues depuis le jarret jusqu'à mi-cuisse, avec un caleçon de toile qu'ils laissent déborder en dessous; des bas de laine ou des guêtres de peau, des sandales ou des souliers à grandes boucles, aujourd'hui en argent, mais jadis en or du Mexique, et du poids de sept à huit onces. En route, ils se débarrassent souvent de leur veste et de leur culotte, et roulent leur large caleçon sur le haut de la cuisse afin de marcher avec plus d'aisance.

Les femmes de la même classe sont toutes coiffées du petit chapeau par-dessus la mantille de laine, qui varie de couleur suivant les districts. Le corset lacé par devant et les grosses jupes bariolées (*naguas de cordon*) distinguent les paysannes.

Robe à manches courtes d'indienne ou de guinée, mantille de mousseline blanche, chapeau rond en feuilles de palmier, petits souliers le plus souvent en pantoufles, jambes nues, air effronté, regards lascifs, taille fine et franches allures, tel est le signalement des revendeuses du port.

Les *Caballeros*, ou ceux qui prétendent à ce titre, sont vêtus à l'européenne : les dames, en toilette de ville, portent tous la gracieuse mantille de dentelle et la robe de soie à franges ou à falbalas. En voyage, au contraire, la mantille est prohibée, le costume espagnol serait ridicule, et la modeste capote de paille devient alors la coiffure obligée.

Mais faisons trève aux digressions pour arriver à la Laguna : nous venons de gravir la dernière montée; le chemin est plus uni, l'horizon commence à s'agrandir, de toute part l'on découvre la campagne : à droite, de verdoyantes vallées avec des champs échelonnés sur leurs berges; plus haut, des montagnes enveloppées de vapeurs et dont les cimes ombragées percent par instant dans les éclaircies de la brume; à gauche, un ravin rempli de cactus, d'aloës et de genêts d'Espagne; dans le fond, la chaîne de l'Esperanza, avec ses bois de pins, et sur le bord de la route la chapelle de *Santa-Maria de Gracia*, fondée par Alonzo de Lugo en mémoire de la victoire qu'il remporta sur les Guanches dans cette fatale journée où le prince Tinguaro perdit la vie après avoir si vaillamment combattu. Déjà les crêtes de *San-Roque* et son petit ermitage signalent l'ancienne capitale : une grande croix de pierre s'élève au milieu de l'avenue, à l'entrée du faubourg; des cochons, des jumens et des ânes paissent à l'aventure, tandis que des enfans guident à l'abreuvoir voisin un troupeau de vaches et de jeunes taureaux. Nous voilà à la Laguna, avançons : plusieurs groupes, parmi lesquels on distingue des prêtres vêtus à la Basile, des étudians en barrette et en manteau noir, et des moines de divers ordres, sont réunis sur l'esplanade. Laissons tout ce monde flaneur discourir sur notre arrivée, et pénétrons dans la docte cité par la rue de *los Herradores* pour visiter les vieux manoirs, les églises, les monastères et cette université de *San-Fernando* qui pourrait seule fournir matière à dix Miscellanées.

Ce qui frappe le plus en entrant dans la ville, c'est la verdure qui couvre les toits et les vieux murs : cette végétation spontanée, qu'entretiennent les bruines et l'incessante humidité de l'air, devance l'œuvre du temps et se développe sur les maisons les plus modernes. La mousse et les fougères croissent sur les antiques armoiries dont les familles nobiliaires décorèrent leurs demeures, et les joubarbes fleuries, qui poussent comme des arbres nains sur les tuiles, les corniches et les moindres saillies, rappellent ces jardins chinois où l'on se plaît à rabougrir la nature. On ne saurait se figurer le singulier effet de tous ces gothiques manoirs couronnés de plantes grasses : les nouvelles constructions qui les entourent leur impriment un caractère encore plus étrange; le style du seizième siècle se montre dans toute son originalité sur ces murailles massives où l'architecte semble avoir pris à tâche de laisser déborder d'énormes pierres pour preuve matérielle de solidité. L'arceau de la porte cochère est toujours surmonté d'une large fenêtre à colonnes grêles, et tout le reste de la façade est percé çà et là de quelques lucarnes; parfois seulement on a menagé un balcon en treillis dans l'angle du pignon qui soutient le lourd faîtage. Il est pourtant des habitations d'un meilleur goût : le comte de Salazar fait sa résidence dans un petit palais que dominent deux élégans pavillons; une colonnade de style mauresque s'élève dans la cour et supporte la galerie intérieure. Sur la place *del Adelantado*, les marquis de Nava ont affiché l'opulence de leur noble maison par une construction monumentale; mais en général le ciel nuageux de la Laguna jette de sombres reflets sur ces édifices : l'humidité, en pénétrant le basalte qu'on a employé pour la bâtisse, renforce sa teinte grisâtre et lui donne l'aspect du granit.

En 1497, un an après la reddition de Ténériffe, don Alonzo Fernandez de Lugo jeta les fondemens de la Laguna. Le terrain qu'il choisit pour l'emplacement de la ville favorisait ses projets : dès sa première invasion il avait remarqué le vaste plateau que bornent au nord des montagnes couvertes de bois. Ce fut dans cette enceinte fertile, à l'entrée d'un vallon resserré par de vertes collines et sur les bords d'un lac, qu'il traça le plan de la capitale de Ténériffe. Investi des pouvoirs civils et militaires, en sa qualité de gouverneur et haut justicier des îles conquises, il dicta des lois, nomma les magistrats et les principaux fonctionnaires, régla les revenus du fisc, procéda à la distribution des terres et fit bonne part aux moines qui l'avaient accompagné. Fatigués de combats, les soldats, devenus laboureurs, ensemencèrent les champs qui leur furent adjugés et oublièrent bientôt la vie aventureuse pour une existence plus paisible. Ce dut être un spectacle curieux, lorsque l'illustre chef, aidé de ses gens de guerre, fit abattre sur les monts des alentours les arbres séculaires destinés aux nouvelles constructions. Les vétérans de la forêt tombèrent alors comme les fils de Tinerfe sous la hache des vainqueurs, et le pieux conquérant commença par peupler la cité naissante d'églises et de monastères. D'abord s'éleva la paroisse de Notre-Dame de la Conception et la chapelle de *San-Miguel de las Victorias*, que l'Adelantado céda ensuite aux frères de Saint-François. En 1511, la Laguna avait déjà pris un certain développement : l'église paroissiale fut remplacée par un édifice plus solide, et les guerriers fondateurs ambitionnèrent la gloire d'en transporter eux-mêmes les matériaux. Quatre ans après, Lugo posait la première pierre de la paroisse de *los Remedios*, située au centre de la ville, et destinée plus tard à devenir la cathédrale de l'évêché. En peu de temps, des legs considérables et de grandes concessions de terres dans les meilleurs fonds ou sur les coteaux les plus productifs enrichirent les ordres religieux. On eût dit que les conquérans voulaient racheter par des prières et de dévotes œuvres tout le sang qu'ils avaient versé. Les disciples de Saint-François, les Augustins et les moines de Saint-Dominique eurent chacun leur couvent avec de belles dépendances. La Laguna ne comptait pas encore un quart de siècle de fondation et une population de douze cents âmes, qu'elle possédait déjà deux paroisses, trois monastères, quatre chapelles et plusieurs confréries. Mais ce chiffre devait s'accroître encore : trois couvens de nones et un de récollets déchaussés de l'ordre de Saint-François vinrent bientôt renforcer l'armée militante et cloîtrer la cité que le pieux don Alonzo avait consacrée à saint Christophe. Les récollets établis à *San-Diego del Monte* ne pouvaient choisir un site plus délicieux : plusieurs groupes d'arbres, restes des antiques forêts qui s'étendaient jadis jusqu'au bord du lac, couronnent la montagne; des murs de clôture entourent l'enceinte sacrée, et le couvent, qui en défend les approches, s'élève au pied du coteau. J'ai visité cette tranquille retraite, j'ai parcouru plusieurs fois ces sentiers que le thym et la lavande embaument de leur parfum, j'ai admiré ce bosquet solitaire où les lauriers, les viburnes et les bruyères des Canaries entrelacent leurs verts rameaux; et les possesseurs de San-Diego n'ont pu comprendre mes transports. Ce séjour enchanté, cette végétation luxuriante, ces points de vue pittoresques, rien ne semblait les émouvoir. Pourtant de la porte du cloître le coup-d'œil est ravissant : on découvre toute la ville et la plaine de la Laguna, les bois de *las Mercedes*, une campagne riante et de riches cultures; puis, au-dessus des nuages amoncelés sur les sommets de l'île, la blanche cime du Teyde et l'immense cône qui lui sert de base. Le fondateur de ce couvent, don Juan de Ayala, noble descendant des héros de la conquête, est représenté en marbre dans la chapelle où repose le bienheureux frère Jean de Jésus, mort en 1687. Depuis cette époque, les registres du monastère ne citent aucune béatification, et les successeurs de frère Jean ne sont guère en odeur de sainteté. Ces moines désœuvrés laissent dépérir les bosquets de San-Diego; mais par ce qui reste de ce beau site, on peut encore juger de ce qu'il fut.

Le couvent de *San-Francisco* est un autre vaste édifice situé sur la place du même nom, à la sortie de la ville vers le nord : les conquérans prirent soin de l'embellir, et, grâce à leurs largesses, son église rivalise de luxe avec les plus somptueuses de l'île. C'est toujours cependant le même système d'architecture et de décors : une voûte dont les solives sont artistement sculptées, des colonnes ou des pilastres qui supportent la charpente, une grande nef au centre et deux autres parallèles avec des chapelles contiguës. Le *Santissimo Christo* a été placé dans un des sanctuaires ; cette miraculeuse effigie, Palladium de la Laguna et revenant-bon du couvent, attire sans cesse de nouvelles offrandes et une affluence extraordinaire les jours de solennité. Alonzo de Lugo, qui se fit enterrer dans la chapelle de *San-Miguel de las Victorias*, légua de fortes sommes pour achever son mausolée, institua des fêtes et prit toutes ses mesures pour perpétuer la mémoire de ses hauts faits. A l'exemple du chef, les autres seigneurs contribuèrent aux frais de construction des chapelles latérales. Ce zèle religieux fit la fortune des moines ; les révérends pères acceptèrent ces puissans patronages et promirent des messes aux familles nobles qui aspiraient aux honneurs des tombes privilégiées. Mais aujourd'hui le temps a effacé les épitaphes, les Franciscains ont perdu le souvenir de leur origine, ils n'ont jamais lu l'histoire de la conquête et la plupart ignorent jusqu'aux noms des fondateurs ; leur existence est toute matérielle : nourrir le corps et dormir la sieste, telle est leur suprême loi. Aussi il faut voir comme ils sont repus ! Quelles faces rubicondes ! Comme ils s'arrondissent sous la bure qui les couvre ! Le père Vasconcelos, que je connus peu avant sa fatale indigestion, pesait, dit-on, plus de deux cents livres (poids brut). Ce fut pourtant en faveur de pareils êtres que Lugo et ses plus illustres compagnons firent tant de concessions et prodiguèrent leur fortune ! A la vue de ces pierres sépulcrales qui couvrent le néant des grandeurs, en présence de ces moines impassibles autour des autels funéraires consacrés à la mémoire des morts, je me suis rappelé les vers de Gresset et les ai récités à voix basse :

> O vous, défuntes seigneuries,
> Vous, preux barons à courts manteaux,
> Hauts justiciers, grands sénéchaux
> Des antiques chevaleries,

> Vieux châtelains, mânes dévots
> Dont j'aperçois les armoiries
> Sur les débris de ces tombeaux
> Où de gros moines en repos,
> Munis de vos chartres moisies,
> Broutent et boivent sur vos os,
> Sans prier pour vos effigies,
> Bons seigneurs, que vous étiez sots!

Les priviléges que les rois catholiques octroyèrent à la ville de la Laguna, dans les premières années de sa fondation, contribuèrent au rapide accroissement de cette capitale en y attirant des colons des îles voisines et de différens points de la mère-patrie. En 1531, la Laguna fut élevée au rang de bonne ville (*Ciudad*), et la nouvelle cité prit le titre de *noble* (1). Des faveurs spéciales, concédées par Charles-Quint, exemptèrent les habitans de tous droits pendant vingt-cinq ans, leur permirent de porter épée sans poignard ou poignard sans épée, d'armer en course, sans plus d'autorisation, contre les ennemis de la foi et de la couronne (2). Ces franchises garantissaient les propriétés contre les spoliations arbitraires du Saint-Office, et défendaient aux commissaires de la *Santa-Cruzada* d'excommunier ou d'interdire ceux qui n'achèteraient pas des bulles ou n'iraient pas entendre leurs sermons; elles accordaient licence de combat de taureaux durant les fêtes des confréries; enfin, la cour de Madrid fit contribuer le trésor public aux frais de construction des maisons capitulaires. C'était alors le bon temps: le drap du pays ne valait que six réaux, et une paire de souliers de bon cordoban que soixante maravédis; pour deux sous on avait une livre de viande, un chevreau ne coûtait qu'un réal, et le poisson frais un sou la livre; on achetait deux perdrix pour dix sous, et une poule ou un lapin pour le même prix (3).

L'accroissement de la population, en multipliant les besoins, dut

---

(1) Viera, *Noticias*, etc., tom. II, pag. 308.
(2) Id.   *Id.*   Id.   pag. 307.
(3) Id.   *Id.*   Id.   pag. 303.

nécessairement faire renchérir les denrées; mais les progrès de l'agriculture et l'excessive fécondité du sol, en fournissant d'abondantes ressources, contrebalancèrent presque cette augmentation. On vit encore à la Laguna confortablement et à bon marché; pendant l'été, la ville et ses alentours offrent un séjour très-agréable : le voisinage des forêts y répand la fraîcheur, et depuis que les défrichemens ont fertilisé les marécages, les habitations champêtres, éparses dans la vallée, présentent l'aspect le plus riant. Sauf quelques anciennes bâtisses, la Laguna ne ressemble plus à la vieille ville des conquérans; des maisons d'un meilleur style ont remplacé la plupart des manoirs, et la blancheur des murs commence à rivaliser d'éclat avec la verdure des environs. Aujourd'hui, la noble cité réunit dans son sein une population de près de 10,000 âmes, et pourrait en contenir deux fois plus : elle est divisée en rues spacieuses qui se coupent à angles droits. Quatre grandes places ont été ménagées au centre et aux extrémités de ce vaste parallélogramme : arrêtons-nous un instant sur celle *del Adelantado*, la plus remarquable de toutes par sa situation, ses édifices, et plus encore par les souvenirs qu'elle rappelle. Elle est bornée à l'orient par la montagne de Saint-Roch; la boucherie et les greniers publics sont bâtis de ce côté; en face s'élèvent plusieurs autres grandes constructions : un manoir seigneurial (1), un couvent de nonnes, et la maison capitulaire, résidence habituelle du corrégidor. C'était là que se réunissait le *Cabildo* au temps où cette assemblée de notables dictait ses lois souveraines; mais aujourd'hui la mère-patrie a centralisé les pouvoirs, les décrets et les ordonnances viennent d'outre-mer, et le corps municipal n'exerce plus qu'une suprématie nominale. Depuis que les rois d'Espagne règnent par leur bon vouloir, ils trouvent plus profitable d'administrer eux-mêmes leurs domaines; les fiers Aragonais leur disaient autrefois : « Nous qui valons autant que vous, et qui pouvons plus, nous vous

---

(1) L'hôtel des marquis de Villanueva del Prado.

» faisons nos seigneurs à condition que vous garderez nos libertés,
» sinon, non. » Mais les Canariens sont gens de meilleure pâte, et les *Magnates* de la Laguna, moins jaloux de leurs droits que les Aragonais, n'ont jamais osé tenir ce langage. Déchus de leurs priviléges, ils ont courbé leur front soumis devant l'*omnipotence* royale; la métropole leur a envoyé des magistrats porteurs de lois toutes faites, et, bon gré malgré, il a fallu obéir.

Mais n'oublions pas que nous sommes sur la grande place, devant la maison capitulaire: silence! le corrégidor Berris de Guzman est chargé de la haute police, et nos réflexions pourraient l'alarmer.

L'écusson de Charles-Quint figure sur la porte *del Ayuntamiento*. Deux autres armoiries décorent ce côté de la façade; d'abord celles de l'Adelantado: voilà bien la dextrochère, ce bras de fer armé de lance, avec la fameuse devise qui résume toute l'histoire de la conquête:

> Qui lance sait tenir
> A de quoi se nourrir (1).

Près de cet emblème chevaleresque figure l'écusson de Ténériffe, accordé en 1510 à la sollicitation de don Alonzo. Pour celui-là appelons à notre aide toutes les lumières de la science héraldique afin d'en *blasonner* l'explication: Saint-Michel Archange, avec lance, bannière et rondelle, debout sur la cime du pic de Teyde qui vomit des tourbillons de flammes; au pied de la montagne, les armes de Castille et de Léon; champ d'or portant orle à champ rouge, et pour cri de guerre: *Michael Archangele, veni in adjutorium populo Dei!*

Alonzo de Lugo eut toujours pour l'archange Michel une grande vénération; c'était à lui qu'il se recommandait dans les circonstances périlleuses. A la bataille d'*Acentejo* (1494), les Guanches victorieux ne

---

(1)   « Quien lanza sabe tener
» Ella le da de comer. »
(Viera, *Noticias*.)

faisaient point de quartier : les Castillans, cernés dans le fatal ravin, se défendaient en braves, mais leurs fortes épées ne pouvaient rien contre les rochers qui les écrasaient. Au milieu de cet affreux conflit, l'Adelantado ne vit de salut que dans la protection du ciel : il implora le secours de son ange gardien qui accourut des hautes régions pour le couvrir de son égide. Ce fut en mémoire de ce miracle que le pieux don Alonzo plaça Ténériffe sous la protection de saint Michel, et qu'il sollicita de Ferdinand V des armes symboliques pour l'île conquise. Le chanoine Viera, qui plaisantait souvent sur les choses que ses compatriotes prenaient au sérieux, s'est moqué de cet écusson. Nous traduisons librement de son poëme des *Vasconautes* les vers que voici :

> Sur ce sommet audacieux,
> Qui du fond des enfers s'élève jusqu'aux cieux,
> A toi, Michel, le double privilége
> D'administrer le soufre et de garder la neige (1).

Viera, dans ses *Noticias*, a pris soin de nous instruire de l'histoire de son pays : il aimait à se reporter vers le bon vieux temps pour en interroger les annales. Écoutons ce chroniqueur par excellence : il nous a transmis des renseignemens fort curieux sur les fêtes du seizième siècle.

« C'était en 1527 : la Laguna célébrait en grande pompe la naissance de Philippe second, et la scène se passait sur la place de l'Adelantado qu'on appelait alors de *San-Miguel de las Victorias*. Don Pedro de Lugo, fils du conquérant, et deuxième Adelantado de Ténériffe, siégeait sur une estrade entouré de ses chevaliers; les hommes d'armes maintenaient l'ordre dans l'enceinte, tandis que tout se préparait pour le carousel. Les nobles seuls étaient admis dans la lice, et montaient

---

(1)   « Miguel, angel Miguel, sobre esta altura
   » Te puso el rey Fernando y Tenerife,
   » Para ser del azufre y nieve pura,
   » Guardia, administrador y almojarife. »

des chevaux richement harnachés : les prix destinés aux vainqueurs consistaient en étoffes de soie damassées, et le vin, qui coulait à grands flots d'une fontaine provisoire, invitait les coureurs à se rafraîchir. Dix aunes de satin furent adjugées au premier cavalier qui atteignit le but, le second en gagna quatre et le troisième deux. Aux grandes courses en succédèrent d'autres : les chevaliers, la lance au poing, s'exercèrent à courir la bague en présence des juges du camp, et dix-huit aunes de damas récompensèrent les plus adroits. Vinrent ensuite les combats de taureaux, puis le jeu des bâtons, les luttes et feux de joie (1) ».

Pareille fête avait déjà eu lieu en 1519, à l'avénement de Charles-Quint. Ces solennités se répétèrent plus tard avec variantes de loterie publique à deux réaux le billet, courses d'oies, comédies, processions et mystères. Le révérend père Feuillée a décrit la cérémonie à laquelle il assista en 1724, à l'occasion du couronnement de Louis I. La place de l'Adelantado était ornée de rameaux verts : un habitant de la Laguna, chargé de représenter le nouveau monarque, trônait sur un chariot pompeusement décoré. Cette gracieuse majesté, en habit de gala, le sceptre en main et la couronne au front, conservait un sérieux imperturbable ; la reine était assise à ses côtés, d'autres acteurs figuraient les princes et les grands de la cour, et quatre paires de bœufs traînaient la royale mascarade qu'accompagnait une bande de musiciens et de chanteurs. Lorsque le char triomphal parvint au milieu de la place, le marquis de Valhermoso, gouverneur-général des Canaries, s'avança à la tête des milices, et fit prêter serment de fidélité aux acclamations de tout le peuple (2).

A ces réjouissances des temps passés vinrent se mêler des fêtes funèbres. Les plus mémorables se célébrèrent dans l'église de *los Reme-*

---

(1) Viera, *Noticias*, tom. IV, pag. 511.
(2) *Voyage aux îles Canaries*, par le R. P. Feuillée. (Voy. aux Manusc. de la Biblioth. roy.)

dios : à la mort de Ferdinand-le-Catholique (1516), toutes les communautés religieuses reçurent une once d'or en à-compte de messes pour le repos de l'âme du roi. La Laguna prit un aspect lugubre : les femmes n'obtinrent la permission d'assister à la cérémonie qu'en robes et toques noires, les membres de l'*Ayuntamiento* parurent en soutane de gros drap avec capuchon, et tous les habitants de la cité furent contraints d'endosser le noir manteau et le chapeau pointu. On prohiba la soie et les habillemens de couleurs peu décentes (*deshonestas*) (1); on défendit aux barbiers de raser, durant quinze jours, sous peine de cinq mille maravédis d'amende, de jouer d'aucun instrument pendant la durée du deuil ; les cas de désobéissance furent taxés à dix mille maravédis pour les nobles, et à trente jours de prison, avec exposition, pour les vilains.

En 1559, les échevins de la Laguna se montrèrent encore plus sévères dans leurs ordonnances : ils imposèrent soixante maravédis à tous ceux qui n'assisteraient pas aux royales obsèques de Charles-Quint ; ils prohibèrent les toques rouges sous peine de confiscation, imposèrent un deuil rigoureux à toutes les classes, et, durant huit jours, les cloches des églises, chapelles, couvents et monastères, ne cessèrent de sonner pour le roi défunt (2).

La cérémonie qui eut lieu à la mort de Philippe III mérite aussi d'être rapportée : une procession funèbre partit de la maison capitulaire et traversa la place de l'Adelantado en se dirigeant vers la paroisse. Le porte-étendard, précédé de deux massiers, marchait en avant avec un drapeau noir aux royales armes d'argent ; venait ensuite le jurat suivi de trente-cinq échevins (*regidores*), avec leurs laquais vêtus de deuil ; puis s'avançaient sur la même ligne les deux tabellions, le majordome et le procureur de la commune. Tout le

---

(1) Ces couleurs étaient *le vert, le rouge, le blanc, le jaune* et *l'orangé*. (Voy. Viera, tom. IV, pag. 506.)
(2) Viera, tom. IV, pag. 506 et 507.

corps municipal avait revêtu la soutane de laine noire à grande queue traînante, et deux cents moines accompagnaient ce lugubre cortége en psalmodiant le *requiem* (1).

La verve des poètes canariens s'inspira souvent au spectacle de ces grandes solennités, et l'élégie que le divin Cayrasco composa à la mémoire de Philippe second, n'a peut-être rien de comparable dans notre langue (2).

Depuis une cinquantaine d'années le zèle religieux, jadis si profitable à l'église et au cloître, s'est beaucoup refroidi : les progrès de la civilisation ont amené des réformes, et les puissances spirituelles ne peuvent plus exploiter aujourd'hui avec le même avantage la mine qui les enrichit autrefois. Les moines surtout ont éprouvé les premiers les conséquences de la révolution qui s'est opérée dans les mœurs et les institutions : parqués dans leurs monastères, ils subissent leur destinée sans se plaindre, car la plupart, ignorans par principe, ne s'aperçoivent pas même de leur nullité. Les esprits éclairés prévoient déjà leur fin prochaine; mais, pour eux, leur décadence ne saurait les émouvoir. Résignés par insouciance, plutôt méprisés que haïs, satisfaits du présent, s'inquiétant peu de l'avenir et fainéans par habitude, ils jouissent des biens acquis dans des temps plus prospères, disent les messes payées, reçoivent tout ce qu'on leur donne, et trafiquent de leur métier en louant de vieilles défroques pour enterrer les dévôts. Le

---

(1) Viera, *Noticias*, tom. IV, pag. 508.

(2)
    Canto la funeral pompe lugubre,
    Que en todo el orbe cubre
     De lamento
    Y el sacro monumento
     Suntuoso,
    Que en tono lacrimoso
     Y pena varia
    Levanto Gran-Canaria
     Al gran monarca,
    Felipo, que en la barca.
    . . . .

haut clergé, au contraire, plus jaloux de ses prérogatives, tâche de les conserver dans toute leur intégrité, et à la Laguna, plus encore que dans les autres parties de l'archipel canarien, il continue à exercer une grande influence. Cependant, malgré ses incessans efforts, l'église, en perdant aussi de son ancienne prépondérance, a vu diminuer ses revenus; on élude ses mandemens, et les dîmes ne se paient plus avec la même exactitude. Une injonction sévère du tribunal de la *Santa-Cruzada* est venue tout récemment rappeler l'observance de la loi qui adjuge au clergé le dixième des récoltes. L'ordonnance d'intimidation fut affichée dans toutes les paroisses : la pièce était fort curieuse, et je m'en procurai une copie, que je traduis ici d'après le texte original (1).

« Nous, juges apostoliques, subdélégués par le tribunal de la *Santa-Cruzada*, etc., faisons savoir à tous et à chacun que le Roi, notre seigneur (Dieu le garde), convaincu du

---

(1) Nos los jueces apostolicos subdelegados del tribunal de la Santa-Cruzada, etc....

Hacemos saber á todos y á cada uno de aquellos á quienes este nuestro edicto tocar pueda, que el Rey, N. S. (Dios le guarde) convencido de la poca delicadeza con que generalmente se diezma, á pesar de lo prevenido por las leyes des Reyno, se sirvio mandar se circulen de nuevo por toda la nacion, para que se logre su observancia; con encargo á las autoridades de que vigilen sobre su puntual cumplimiento á fin que nadie se excuse de pagar fiel y legalmente el diezmo.

En efecto la ley 2 del libro 1, titulo 6 de la Novisima Recopilation expresa : que siendo Dios el Señor universal del diezmo, y que á quien cumplidamente lo paga le da grande abundancia de los frutos de la tierra, y salud al alma; ordena que todas las personas del Reyno dén sus diezmos exactamente á Nuestro Señor, segun lo manda la Santa Madre Iglesia : y por lo tanto prohibe que ninguno se atreva á medir ni coger su monton de granos que tuviere en limpio en la era, sin que primero venga el cogedor á recaudar el diezmo : y que el que lo contrario hiciere, pague el diezmo doblado, á demas de la excomunion en que incurren los que cometen fraudes en la paga del diezmo.

La ley 6 del mismo titulo ordena : que ninguno de los obligados á pagar diezmo, se atreva á cometer la iniquidad de mezclar en el grano, que hubiere de dar á la Iglesia, paja, tamo, ni tierra, ni arena, ni piedra, ni neguilla, ni mezcla de otra cosa alguna ; ni lo den mojado, sino que lo pagen limpio, y enjuto : y el que lo contrario hiciere, ó mandare, ó consintiere hacer, pierda, en castigo, lo que asi diere, y lo pague otra vez con el siete tanto ; y que sea desterrado del lugar donde viviere por seis meses. Que asi misimo el que fuera causa de este engaño, pague, en pena, por cada fanega de grano, en lo que hiciere sesenta maravedis, haciendose ejecucion de sus bienes ; y que sino le hallaren bienes, sea preso ; y si dentro de tercero dia de estar preso no pagare, le hagan dar cinquenta azotes publicamente :

De donde se infiere con cuanto rigor obliga esta ley, y el empeño de S. M. manifiesta segun el Real ánimo de sus augustos antecesores, de que todos sus vasallos sean fieles y exactos en pagar el diezmo a Dios para que el Señor les acreciente los bienes temporales, y les conceda el divino auxilio á sus almas por esta fidelidad, etc., etc. Dado en nuestro tribunal de la Santa-Cruzada de la Laguna á 15 de noviembre de 1827. — Dr D. Pedro-Josef Bencomo. — Dr D. Francisco Martinez.

peu d'exactitude que l'on met généralement dans le paiement de la dîme, nous charge de rappeler et remettre en vigueur la loi 2, liv. 1, tit. 6, de la *Novisima recopilation*, ainsi formulée :

» Dieu, étant reconnu comme le souverain seigneur de la dîme, envoie d'abondantes récoltes et dispense le salut de l'âme à ceux qui la paient bien exactement. D'après ce principe, tout sujet doit donner au Seigneur le dixième de ses fruits, selon que l'ordonne notre sainte mère l'Église. Défense est faite, par conséquent, de mesurer ni d'enlever la récolte avant que le dîmeur n'en vienne prélever sa part, et en cas de contravention ou désobéissance, le coupable paiera la dîme double et sera excommunié comme fraudeur des droits sacrés.

» La loi dit encore expressément, que personne ne mêle dans le grain destiné à l'Église ni paille, ni rebuts, ni terre, ni sable, ni pierre, ni nielle, ni autre chose, et ne le rende ni mouillé ni humide, mais propre et bien sec. Celui qui le contraire fera perdra, en châtiment de sa méchanceté, le grain qu'il aura donné, paiera une autre fois et sept fois plus, et sera exilé du canton pour six mois. Le promoteur de la fraude sera repris par corps et paiera, dans le délai de trois jours, soixante maravédis pour chaque fanègue fraudée, sous peine de cinquante coups de fouet en cas de non-paiement.

» Il est donc bien reconnu, d'après la rigueur de la loi, et le désir de Sa Majesté de faire exécuter les volontés de ses augustes prédécesseurs, que tout vassal doit payer scrupuleusement la dîme à Dieu, afin que le Seigneur lui concède les biens temporels et le récompense de sa fidélité en lui accordant son divin secours pour le salut de son âme. Ainsi soit-il ! »

Et cet édit, publié l'an de grâce 1827, était signé par le docteur Bencomo, un des derniers descendans de ces princes indigènes qui faisaient au peuple la répartition des terres comprises dans leurs domaines, sans exiger aucun droit (1). Si l'on compare cette administration patriarcale des Menceys avec la législation établie par les rois catholiques, l'esprit de justice et de libéralité qui animait ces Guanches, que les historiens ont appelés des barbares, fera honte aux princes chrétiens. L'héritage des fils de Tinerfa passé en des mains étrangères; conquis par la force des armes, il a souffert toutes les conséquences de

---

(1) Viera, *Noticias*, tom. 1, pag. 155.

cette extorsion, et, depuis cette injuste victoire, l'autel et le trône ont fait cause commune pour avoir leur part du butin. J'ai entendu prêcher la dîme aux fidèles assemblés dans l'église de *los Remedios* : l'orateur la proclamait un droit sacré, en interprétant à sa guise le texte des Écritures et l'histoire des premiers temps.

« Abraham, disait-il, offrit au grand-prêtre Melchisédech la dîme sur les dépouilles des princes vaincus (1); Jacob, partant pour la Mésopotamie, promit à Dieu le dixième de ses conquêtes (2); Moïse établit plusieurs sortes de dîmes, et les premiers chrétiens donnèrent aux prélats une part de leurs récoltes. Suivez de si nobles exemples, mes très-chers frères, en payant à l'église le dixième des biens que le ciel vous envoie. » Mais le prédicateur ne disait pas que jusqu'au sixième siècle ces dons ne furent que volontaires, que les fidèles firent d'abord peu de cas des exhortations des conciles, et qu'il fallut plus tard le secours de l'autorité royale pour percevoir la dîme comme impôt. L'homme de Dieu, sans s'inquiéter des objections qu'on eût pu lui faire, se contenta d'achever son sermon par la lecture de l'édit du tribunal de la *Santa-Cruzada*; c'était plus concluant et surtout beaucoup plus explicite. Je vis des bacheliers de l'université sourire de pitié en entendant les dispositions de la loi. « Sous le régime inquisitorial, me dit l'un d'eux en sortant de l'église, on souffrait ces exactions; alors, chacun payait exactement la dîme, achetait la bulle d'indulgence et donnait au frère quêteur. Mais aujourd'hui nous sommes à la veille d'une réforme; la raison commence à parler plus haut que les préjugés, et bientôt nous aurons droit de réclamation. Votre Béranger l'a dit, et j'y compte :

L'œuf éclôra sous un rayon des cieux ! »

---

(1) *Genèse*, chap. xiv, vers. 10.
(2) *Genèse*, chap. xxviii, vers. 22.

QUATRIÈME MISCELLANÉE.

LES ÉCOLES, LES COLLÉGES, L'UNIVERSITÉ.

> « Otros hay que no saben nada, ni quieren saber nada,
> » ni creen que se sepa nada, y dicen de todos que no
> » saben nada, y todos dicen de ellos lo mismo, y nadie
> » miente. »
> Quevedo.

I.

L'instruction publique a fait peu de progrès aux îles Canaries : de sottes craintes l'ont souvent retardée dans sa marche, et aujourd'hui encore l'éducation élémentaire, confiée à des maîtres ignorans, se réduit aux rudimens de la grammaire et aux quatre premières règles de l'arithmétique. Dans les écoles qu'on appelle *de primeras letras*, le catéchisme forme une grande partie de l'enseignement ; à la fin de chaque classe l'instituteur récite le *Bendito* (1), que tous les élèves répètent en psalmodiant d'un ton criard, sans trop savoir ce qu'ils disent : il en est à peu près de même de toutes les prières qu'on leur fait chanter : on use leur mémoire sans jamais parler à leur intelligence.

Je logeais à la Laguna en face d'un magister où se réunissaient chaque jour une quarantaine de gamins de bonnes maisons : la tournure du pédant était éminemment classique ; de gros souliers à boucles d'argent, des culottes courtes, un justaucorps de serge noire, et la figure la plus hétéroclite que j'aie vue de ma vie. Les fenêtres de la salle d'étude, ouvertes à tous les vents, me permettaient d'observer tout ce qui se passait dans l'école, et j'assistais pour ainsi dire aux leçons en dépit des grimaces des bambins. Mon vieux Basile avait inventé l'enseignement mutuel sans s'en douter : pour apprendre à ses élèves

---

(1) *Bendito y alabado sea el santisimo sacramento del altar....*, etc., etc.

la table de Pythagore, il les divisait en deux bandes sous le nom de *Romains* et de *Carthaginois*. Un enfant de Rome commençait le combat en criant à tue-tête: *Deux fois deux?* — *Quatre!* répondaient à l'unisson tous ses adversaires, et ceux-ci, interpellant à leur tour la première bande, hurlaient d'un commun accord: *Deux fois trois?* puis ainsi de suite et alternativement jusqu'à ce qu'on eût épuisé le tableau numérique.

L'ingénieux magister, pour exciter l'émulation de ses jeunes gens, avait mis en usage une méthode analogue dans les leçons de grammaire. Si les *Romains* obtenaient l'avantage, un placard sur lequel on lisait ces mots: ROMA HA VENCIDO! *Rome a vaincu!* restait suspendu au mur de la salle jusqu'à ce que *Carthage* eût repris le dessus. Ces guerres puniques occasionnaient souvent de petites émeutes et venaient troubler la tranquillité du quartier. Il arrivait parfois qu'un *Carthaginois* rancuneux prenait sa revanche au sortir de la classe, et le droit du plus fort décidait alors la querelle, si maître Basile et sa large férule n'intervenaient assez tôt pour séparer les combattans.

Les écoles appelées *amigas* sont destinées aux jeunes filles et tenues par des institutrices qu'on désigne aussi sous la même dénomination. On y apprend à lire, à coudre, à broder; on y fait aussi réciter les prières et le catéchisme. Sous ce dernier rapport, il est certains préceptes de la doctrine qu'il vaudrait mieux laisser ignorer aux enfans, surtout dans un climat où l'imagination, guidée par une intelligence instinctive, devance l'âge, exalte les sens et trompe toutes les prévisions. Le sixième commandement, par exemple, est énoncé avec trop de liberté dans les livres de doctrine imprimés en espagnol: ce précepte de la loi divine y est rendu par ces mots: *No fornicar!* Je crois inutile d'en donner la traduction; on s'apercevra, à l'étymologie latine, qu'on a voulu désigner l'acte défendu par l'expression la plus technique. Lorsque l'*amiga* fait réciter le catéchisme aux jeunes filles rassemblées, il leur est enjoint de sous-entendre le sixième commandement et d'en remplacer l'énoncé par un *hm! hm!* bien qu'elles aient lu le précepte dans leur livre et que la plupart en aient compris le sens. L'intonation du *hm! hm!* équivaut à deux petits soupirs. Il y a plus que de l'espiéglerie dans cette réponse sous-entendue ; c'est de la mignardise dans sa plus gracieuse expression. La malignité des regards de ces jeunes filles, le sourire qui effleure leurs lèvres, le ton plaintif de leur voix trahissent leurs secrètes pensées et feraient croire qu'elles se doutent déjà de la valeur du *hm! hm!* Je me suis arrêté plusieurs fois devant les fenêtres basses de ces sortes d'écoles pour les écouter : le sérieux de l'*amiga* ajoutait encore au comique de la scène ; j'en suis certain, le *hm! hm!* provoquera toujours le rire de l'homme le plus grave, de la femme la plus prude qui l'entendront pour la première fois. Un musicien de mes amis l'a noté de cette manière pour en conserver le souvenir sans altération.

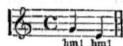

L'abandon dans lequel se trouvait l'éducation de la jeunesse en 1824 fit penser à l'établissement d'un lycée qui pût servir d'échelon intermédiaire, dans l'instruction publique, entre les écoles primaires et les cours scientifiques de l'université. Tous les vœux des pères de famille tendaient vers ce but, et l'on jeta les yeux sur un étranger pour organiser un plan d'étude élémentaire à l'instar de la France, et diriger le collége qu'on avait en vue. « L'instruction publique, leur dit l'étran-
» ger, est la base de la civilisation : elle a fleuri sous tous les gouverne-
» mens qui ont voulu le bonheur du peuple ; elle est inséparable de la
» saine morale, car c'est la sagesse en principe, comme la bienfaisance
» est la vertu en action. L'ignorance, au contraire, est l'origine de tous
» les maux, et, dans ce temps de révolution, les lumières de la science
» peuvent seules éclairer les hommes sur les suites funestes de ces
» grandes calamités sociales qui bouleversent les empires, soulèvent

» les passions et précipitent les peuples dans l'anarchie. Voyez l'Europe
» illustrée veiller sans cesse sur les écoles, protéger leurs travaux et
» applaudir à leurs progrès. Le rapide développement de l'intelligence
» et de l'industrie a presque enfanté des prodiges dans les sciences
» comme dans les arts; d'heureuses innovations, de grandes décou-
» vertes et d'utiles perfectionnemens ont enrichi les états en doublant
» la fortune publique. Dirigez donc l'enseignement vers un but d'uti-
» lité générale, si vous voulez aussi l'illustration de la patrie, la pros-
» périté de vos terres, l'amélioration de leurs produits, l'extension de
» votre commerce, et, avant tout, l'accomplissement des devoirs sacrés
» que vous imposent la religion et les lois. » Et ces vérités n'eurent pas
de peine à se faire comprendre dans la patrie des Cayrasco, des Abreu,
des Viera et des Yriarte. A cette époque, le gouvernement absolu
reprenait son empire, on venait d'abolir la constitution, et les autorités
royales manifestaient leur mauvais vouloir pour toute espèce d'inno-
vation. L'étranger philantrope, qui faisait le sacrifice de son indépendance pour fonder une œuvre d'utilité publique, se vit aussitôt en
butte aux plus ridicules appréhensions, et, malgré la confiance qu'on
lui témoignait généralement, il lui fallut, avant l'ouverture des
cours, se conformer à la loi de purification, c'est-à-dire, faire sa profession de foi religieuse et politique, prouver qu'il croyait aux saints
mystères et surtout qu'il n'était pas franc-maçon. Enfin, grâce à la
protection du corps municipal et des principaux propriétaires de *la
Villa*, le directeur du lycée de l'Orotava obtint une licence provisoire.
En quelques mois, les succès de l'établissement confié à ses soins lui
attirèrent des élèves de toutes les parties de l'archipel canarien; l'ap-
plication des jeunes gens secondait le zèle des professeurs, et tout faisait espérer les plus heureux résultats, lorsque la jalousie, l'intrigue et la
malveillance vinrent saper les fondemens d'un édifice à peine construit.
L'évêque Linares, malheureusement trop connu par ses opinions in-
tolérantes, résidait alors à Ténériffe : il ne vit dans le lycée de l'Orotava

qu'une école dangereuse; le directeur était un Français! et la ruine du lycée fut résolue. Monseigneur allait partir pour l'Espagne: au moment de s'embarquer, il reprocha au commandant-général d'avoir autorisé un établissement impie, et lui signifia qu'il ferait son rapport à la cour. Le vieux brigadier Uriarde craignit l'influence du prélat à une époque où le parti apostolique était tout-puissant, et fut assez faible pour signer l'information qu'on exigea de lui. Trois mois après, un huissier du roi faisait fermer les portes du lycée; les jeunes élèves se retirèrent en versant des larmes, et ne se séparèrent du directeur qu'après lui avoir donné les preuves les plus touchantes de leur attachement. Je fus témoin de cette scène, et depuis ce jour-là je désespérai du pays.

L'histoire de l'université de la Laguna se lie à celle des couvens. Parmi les religieux des différens ordres qu'Alonzo de Lugo avait amenés avec lui pour soumettre les Guanches à la foi chrétienne, se trouvaient deux moines Augustins qu'il installa d'abord dans un petit ermitage, et dont il assura l'avenir par ses dispositions testamentaires. Georges de Grimon, un des lieutenans de l'Adelantado, agrandit ensuite le domaine de ces pieux cénobites par une concession de terres et des secours en argent. En peu d'années le modeste ermitage devint un édifice somptueux et put loger une nombreuse communauté. Les compagnons du conquérant se passionnèrent pour les moines de Saint-Augustin comme pour ceux de Saint-François, et après avoir contribué par leurs aumônes aux frais de construction du couvent, ils firent ceux de l'église, et douze chapelles s'élevèrent de chaque côté de la nef. Ces monumens de dévotion servent encore de sépulture aux familles des fondateurs. La chapelle la plus ancienne est celle de Saint-Georges; elle date de l'an 1501 et porte le cachet de l'époque. C'est là que reposent en paix le seigneur de Grimon et sa noble dame; l'inscription suivante, qu'on lit sur leur tombeau, est remarquable par sa simplicité:

CIƆI
A qui yace Jorge Grimon
Y su muger;
Que en santa gloria sea,
Amen (1)!

Dès sa fondation, le cloître des Augustins prit le titre de collége du Saint-Esprit, et pendant les deux premiers siècles qui suivirent la conquête, les pères dirigèrent l'enseignement; mais les cours scolastiques, qu'on suivait dans leur couvent, avaient besoin de l'autorisation du saint-siége et de la sanction royale pour ouvrir une carrière aux jeunes étudians: les universités de la mère-patrie étant les seules qui pouvaient leur délivrer des diplômes pour les grades littéraires. Ce ne fut qu'après de longues et persévérantes sollicitations que l'on obtint de Clément XI la bulle *Pastoralis officii* pour jouir du privilége des universités. Cette faveur, accordée seulement en 1701, permit aux moines d'enseigner la logique, la philosophie et la théologie; ils pouvaient conférer les grades mineurs, c'est-à-dire ceux de bachelier et de licencié, mais ceux de docteur et maître ès-arts leur étaient interdits. Malgré ces restrictions, des prérogatives si éminentes et qui donnaient tant de prépondérance au couvent des Augustins sur les autres monastères, éveillèrent la jalousie des frères de Saint-Dominique. Ces moines intrigans firent agir les puissances de leur ordre pour étouffer dans son sein le foyer littéraire dont ils redoutaient la contagion. Toutefois, Philippe V eut la sagesse de maintenir le bref du pape Clément; Benoit XIV le confirma de nouveau, en 1744, par sa bulle *AEternæ sapientiæ consilio*, qui autorisait les dotations pour les chaires de mathématiques, de médecine et du droit civil et canonique. Mais sur ces entrefaites, la mort

---

(1)   1501
Ici repose Georges Grimon
Et sa femme;
Que la sainte gloire soit pour eux,
Ainsi soit-il!

vint enlever aux moines de Saint-Augustin leur plus zélé protecteur, le cardinal de Molina, et les Dominicains, qui avaient déjà attiré le haut clergé dans leur parti, finirent par triompher. Ferdinand VI, par son décret de Buen-Retiro (4 décembre 1747), suspendit les cours de l'université de la Laguna, et remplaça cet utile établissement par un séminaire que les chanoines de la grande Canarie réclamaient depuis long-temps.

Ainsi s'acheva l'édifice que les disciples de Saint-Augustin voulurent élever à la science : les Dominicains, qui avaient juré sa perte, le détruisirent alors qu'il commençait à porter des fruits. Dominés par un esprit machiavélique, ces suppôts de l'Inquisition mirent en œuvre l'intrigue et la calomnie pour retarder le développement de l'intelligence. Dominer à tout prix en laissant croupir le peuple dans la plus crasse ignorance, tel fut le système qu'ils suivirent en tous les temps. Lorsqu'en 1566 les jésuites arrivèrent aux Canaries, les Dominicains recommencèrent leurs perfides machinations. Toutefois, après plus d'un siècle de débats et de contrariétés, la docte Compagnie de Jésus parvint à fonder un collége à la Laguna, mais cet établissement ne dura guère qu'une cinquantaine d'années. Dans la nuit du 2 avril 1767, les fils de Loyola, réveillés brutalement par les soldats du corrégidor, furent contraints de repasser les mers, et le lendemain les cloches du couvent de Saint-Dominique sonnaient à double carillon pour annoncer aux habitans que le fameux décret d'expulsion venait d'obtenir force de loi.

Cependant les lumières du dix-neuvième siècle rejaillirent jusqu'aux Canaries ; les bons esprits s'éclairèrent, l'on se souvint de cette phrase de l'illustre Viera : « *En el orbe literario un Pueblo civilizado sin Universidad, es como un Pueblo religioso sin Templo,* » et l'on pensa, quoique un peu tard, à organiser l'instruction publique. Des hommes influens, émus d'un sentiment patriotique et dirigés par l'amour des lettres, prirent à cœur de combler un grand vide en élevant l'édifice universitaire sur de larges bases. Le marquis de Villanueva del Prado, patron général de l'ancien collége des Augustins, par son alliance avec la famille des Grimon, fut de ce nombre. Don Pedro Bencomo, un des membres les plus illustres du haut clergé, se chargea, avec le noble marquis, d'intéresser dans ce projet son frère don Christoval, archevêque d'Héraclée et confesseur de Ferdinand VII. Ce fut à sa sollicitude que la Laguna dut la fondation de l'université de San-Fernando, qu'on installa en 1817 dans le couvent des Augustins. Les moines cédèrent, dit-on, d'assez mauvaise grâce, une partie de leur cloître pour un établissement auquel ils restaient étrangers; car en vertu des pleins pouvoirs qui leur avaient été conférés, don Pedro Bencomo et le marquis de Villanueva appelèrent à la Laguna plusieurs docteurs gradués aux universités d'Espagne et divers professeurs émérites du collége de Canaria afin de pourvoir aux différentes chaires. On comptait dans ce corps scientifique des hommes accrédités par leurs talens : Domigo Saviñon, médecin philosophe et savant physicien; Joseph Martinon, un des ecclésiastiques les plus érudits; Rodriguez Botas, excellent jurisconsulte; Juan Bandini, bon agronome et naturaliste distingué. Un meilleur avenir s'offrit enfin à l'impatiente jeunesse, les cours ne tardèrent pas à s'ouvrir, et l'université, après sept années d'existence, allait accomplir son mandat, lorsque les événemens politiques de 1823 vinrent tout bouleverser. On se prévalut contre les étudians de l'enthousiasme qu'ils avaient montré sous le régime constitutionnel; on les accusa d'avoir soutenu des thèses en opposition flagrante avec les doctrines canoniques; leur logique avait froissé les opinions d'un parti intolérant, et l'on profita d'une époque où la délation était à l'ordre du jour pour signaler l'université de San-Fernando comme un foyer d'impiété et de rébellion. Il se trouva parmi les membres du conseil universitaire des hommes passionnés qui se rappelèrent ces disputes scolastiques dans lesquelles de jeunes bacheliers avaient osé argumenter contre eux sur des questions qu'ils n'avaient pu résoudre : ces défaites leur pesaient sur le cœur ; il fallait en tirer vengeance et sacrifier l'intérêt général à leur ressentiment. Une information en règle fut adressée à la cour ; les moines de Saint-Dominique l'appuyèrent de tout leur pouvoir, et l'on assure même que les Augustins cette fois firent cause commune. Les cours furent provisoirement suspendus, et quelques mois après, sur un ordre du roi, on fit fermer les portes de l'université réprouvée. Deux années se passèrent dans la plus cruelle alternative avant que les étudians pussent reprendre leurs inscriptions. Vers la fin de 1825, le ministère de Calomarde enfanta un nouveau plan d'étude, et l'université de la Laguna rouvrit ses cours sous le haut patronage de l'infant don Carlos et la *bénigne protection* de l'évêque Folgueras. Mieux eût valu la livrer tout d'un coup à la Sainte-Hermandad ! Ceux d'entre les professeurs qui étaient au niveau des connaissances de l'époque et applaudissaient aux progrès, dirigèrent à regret l'enseignement adopté par la métropole ; mais, forcés de se conformer au mauvais vouloir des mandataires d'alors, ils n'osèrent outrepasser dans leurs leçons les démarcations tracées par la vieille routine.

Les scènes originales dont j'ai été témoin et que je vais tâcher de décrire appartiennent à cette seconde phase de l'université ; toutefois, cet établissement a éprouvé depuis d'autres vicissitudes et subira encore bien des changemens avant d'en venir à une bonne organisation. Le plan d'étude de Calomarde n'eut guère que cinq ans de règne : en 1830, Ferdinand VII, d'un coup de plume, supprima l'enseignement universitaire dans tous ses domaines (1), et dédommagea le peuple espagnol en créant à la même époque une académie de *tauromachie* (2). La reine Christine vint ensuite réparer les fautes de son

---

(1) Quelques-unes seulement furent maintenues, mais celle de la Laguna n'était pas du nombre.
(2) Cette académie, digne des temps barbares et du caractère du prince qui l'institua, fut établie à Séville. Un grand d'Espagne en était directeur ; les professeurs *taureadores* recevaient de forts émolumens, et plusieurs bourses furent accordées à des jeunes gens de familles nobles pour apprendre à tuer le taureau avec grâce et d'après les règles de l'art. (Voy. la gazette du temps pour l'ordonnance de fondation.)

royal époux, et fit rouvrir les universités dès qu'elle eut en main le timon de l'état. Cet heureux avénement a été pour l'Espagne, comme pour les Canaries, l'aurore d'une ère nouvelle; quelques bonnes améliorations ont déjà eu lieu et l'on en médite d'autres plus profitables encore. Puissent-elles se réaliser!

II.

Le jeune bachelier que j'avais rencontré dans l'église de los Remedios, le jour qu'on y prêchait la dîme (1), venait souvent me voir pendant ma résidence à la Laguna et s'était constitué mon *cicerone*. Ce fut avec lui que je visitai l'université de San-Fernando, où il devait recevoir le grade de licencié. Il passait pour un des étudians les plus émérites et suppléait alors la chaire de philosophie; mais son intelligence, trop à l'étroit dans les limites de l'enseignement routinier, avait franchi les bancs de l'école pour puiser à meilleure source. Le petit bachelier s'était adonné à l'étude des langues; il parlait l'anglais et l'italien, s'exprimait couramment en français et traduisait l'allemand. Seul, dans son humble réduit, il méditait les ouvrages de nos grands écrivains, et lorsque fatigué de ses doctes veilles, il voulait charmer ses loisirs, les muses ne dédaignaient pas son taudis. Dans ce temps-là le petit bachelier n'avait encore que vingt ans et son érudition eût étonné les plus habiles, bien que sa tournure ne prévînt guère en sa faveur. Le pauvre jeune homme était pâle et blême; tout rabougri dans sa vieille soutane, il n'avait pour lui que son avenir et passait inaperçu. Mais lorsque lancé dans la discussion, il se drapait de son manteau pour se poser en orateur, ce n'était plus alors le même homme. Son regard s'animait, son teint basané prenait de l'éclat, sa parole était entraînante et l'esprit brillait dans ses yeux. C'est qu'il

---

(1) Voy. la troisième miscellanée, pag. 46.

était poète comme Cayrasco et qu'il parlait par inspiration. Le petit bachelier est aujourd'hui un avocat distingué : je l'ai revu à Paris ; il a voulu connaître cette France qui fut long-temps le sujet de nos entretiens. Un soir (il y aura bientôt deux ans), un petit homme entra chez moi comme une apparition : qu'on juge de ma surprise, c'était lui, le petit bachelier que j'embrassai de bien bon cœur. Son costume de fashionable n'avait rien changé à ses allures ; il était resté le même, toujours gai et spirituel, d'un caractère aimable et franc, toujours passionné pour les sciences et plein d'enthousiasme pour les beaux arts. Pendant trois mois nous fûmes inséparables, et notre heureuse rencontre vint réveiller bien des souvenirs (1) !

Mais n'anticipons pas sur les événemens : j'ai à raconter ma première visite à l'Université de San-Fernando, alors que le jeune avocat n'avait pas encore son diplôme. Reprenons le récit de plus haut. C'était en 1825 : le petit bachelier fut exact au rendez-vous qu'il m'avait donné la veille ; je le trouvai de bonne heure au Forum des étudians, sur la place de la cathédrale, et nous nous acheminâmes ensemble vers le couvent de Saint-Augustin. La porte était encore fermée lorsque nous arrivâmes devant le monastère ; mon guide appela le bedeau avec l'arrogance d'un docteur, et me fit introduire. « Les compagnons de la basoche sont en retard, dit-il en entrant, aussi tout est triste et lugubre sous ces doctes voûtes ; les moines chantent matines, tandis que la science dort... » En effet, les frères étaient au chœur : un murmure de voix, dont l'oreille exercée du bachelier avait

---

(1) Le personnage que j'introduis ici sur la scène n'est pas imaginaire ; des motifs de convenance m'empêchent de le nommer, mais au portrait que j'en fais, bien de mes amis, qui l'ont vu lors de son séjour à Paris, pourront le reconnaître. Il a visité depuis les principaux états de l'Europe, et partout son esprit, ses talens et la franchise de ses manières l'ont fait accueillir avec distinction. Du reste, en 1827, époque à laquelle il faut rapporter cette miscellanée, l'université de la Laguna comptait un bon nombre d'étudians fort instruits, et le petit bachelier m'a paru un bon type de cette ardente jeunesse qui avait franchi les bornes de l'enseignement scolastique pour s'élever au niveau d'un siècle dont elle comprenait les progrès.

de suite compris le motif, venait troubler par intervalle le silence du cloître. A peine avions-nous fait quelques pas dans le premier corridor, que mon cicerone s'arrêta pour me montrer une pierre sépulcrale sur laquelle je lus cette inscription :

Hæc est reliquiæ mea
1707.
Piadoso christiano, amigo,
Un pecador que aqui yace,
Te ruega por caridad
Digas, requiescat in pace (1).

« Vous voyez, reprit-il, la tombe de Nuñes de la Peña, chroni-
» queur général de Castille et historiographe des Canaries. Notre
» illustre Viera a été trop sévère envers lui : Nuñez commit des er-
» reurs sans doute, mais il fut bon patriote. Respect aux morts! »
A ces mots, le bachelier se découvrit pour passer outre, et nous pénétrâmes dans la grande salle de l'Université, où se tiennent les séances solennelles. Deux grands portraits en pied décorent la partie de l'enceinte réservée aux professeurs, et représentent Ferdinand VII et son frère don Carlos. Ces tableaux sont de Louis de la Cruz, peintre canarien, qui, sans autre guide que son instinct d'artiste, débuta dans son pays par des portraits vulgaires, mais d'une ressemblance étonnante. On dit que, dénué de tout, il fabriquait lui-même ses pinceaux et se créait des couleurs dont l'analyse eût désappointé le plus habile chimiste. Sa réputation parvint bientôt jusqu'à Madrid, et l'élève de la nature fut appelé à la cour. Louis de la Cruz, dirigé par de bons maîtres, apprit en peu de temps tout ce qui lui manquait. Les deux portraits que j'admirais ont été envoyés d'Espagne et sont dignes de la munificence royale : l'artiste savait qu'il travaillait pour ses compatriotes; aussi son talent n'a jamais brillé d'un plus vif éclat. Le goût le plus exquis a présidé à l'arrangement des draperies; les chairs

---

(1) Ami et pieux chrétien, un pêcheur qui gît ici te prie par charité de dire *Requiescat in pace.*

sont rendues avec une fermeté qui rappelle l'ancienne école, c'est de la vérité d'après nature. Toutefois, les broderies tranchent trop vivement sur l'étoffe et nuisent un peu à l'harmonie des couleurs.

Le bachelier, à la sortie de la grande salle, me conduisit dans la bibliothèque de l'Université : elle se compose d'environ deux mille volumes confiés à la garde d'un moine, et provient de plusieurs legs. L'évêque d'Astorga, l'archidiacre de Canaria (1) et le professeur Bandini figurent en première ligne parmi les donateurs. Mais le révérend père bibliothécaire ne laisse lire aux étudians que des livres de son choix, c'est-à-dire, les ouvrages de théologie où dominent les idées scolastiques du treizième siècle. Tout ce qui a rapport aux sciences physiques et naturelles, tout ce qui a trait à l'économie politique, à la littérature moderne et à l'histoire de ces derniers temps ; toutes les productions de l'éloquence et du génie en un mot, mises à l'index par le moine, restent sous le scellé. Condillac, Marmontel, Montesquieu, Filangieri sont des hérétiques ; pour Voltaire et Rousseau, gardez-vous d'en parler..... *Tantæne animis cœlestibus iræ!*

Le cabinet d'histoire naturelle fait partie de la bibliothèque : plusieurs monstruosités, des débris de roches, des oiseaux empaillés, quelques mauvaises coquilles, sont entassés pêle-mêle dans une armoire, et, au milieu de ce chaos, figurent les tristes restes d'un pauvre Guanche à demi rongé par les mites, et qu'on eût mieux fait de laisser dans la grotte où il reposait depuis mille ans.

Nous passâmes ensuite dans le cabinet de physique. Les instrumens qu'on y a réunis sont d'excellente construction ; ils ont été achetés à Paris, et ce fut le célèbre Haüy qui se chargea d'en faire le choix ; mais je m'aperçus qu'ils étaient en mauvais état faute de soin, et sur l'observation que j'en fis au bachelier : « Cela n'est pas étonnant, me répon-» dit-il, la physique expérimentale est exclue du nouveau plan d'é-

---

(1) Don Antonio de Lugo.

» tudes; ces instrumens sont ici en sequestre sous la surveillance d'un
» moine qui, n'en connaissant pas l'usage, ne s'inquiète guère de leur
» conservation. Voilà trois ans que la rouille et le vert-de-gris les dévo-
» rent : bientôt tout sera perdu. Ce cabinet fut monté à une époque
» où le système universitaire commençait à se réformer; l'enseignement
» était devenu plus libéral; les cours du docteur Saviñon, l'ami des étu-
» dians, attiraient la jeunesse de toutes les classes; alors, la pratique était
» permise, les instrumens faisaient merveille, et les expériences ve-
» naient confirmer les savantes théories des Lavoisier, des Fourcroy et
» des Davy; les extraits des ouvrages de Chaptal, de Haüy et de Biot,
» que le bon docteur faisait pour ses élèves, étaient copiés à la fin des
» leçons, et chaque jour de nouveaux disciples, avides de s'instruire,
» venaient prendre place sur les bancs. Mais aujourd'hui ce n'est plus
» ça : le réglement de Calomarde nous a arriérés d'un siècle en impo-
» sant à l'Université un enseignement indigeste et dont l'insuffisance
» est généralement sentie. Voici en peu de mots notre organisation ac-
» tuelle : l'établissement est doté de quatorze chaires, dont trois de
» latinité, belles-lettres et art oratoire, trois de philosophie, trois
» autres de théologie. Parmi celles de philosophie, la première est con-
» sacrée à la dialectique et aux mathématiques; la seconde, à la phy-
» sique expérimentale et à la cosmographie; la troisième, à la métaphy-
» sique et à la morale. Nous étudions les mathématiques d'après le
» vieux Vallejo : je ne connais rien de plus diffus que cet auteur; l'am-
» biguité de ses théorèmes et le galimathias de son raisonnement m'ont
» souvent désespéré. On a fait choix des œuvres de Guevara (1) pour les
» parties les plus transcendantes de l'enseignement, et celui-là est pire
» encore. Les idées incohérentes du prêtre de Guanajuato, ses absur-
» des définitions, ses comparaisons disparates nous servent de guide
» dans la science qui a pour but l'analyse de la pensée! Vouloir nous

---

(1) Voy. *Elementa Philosophiæ*, aut. F. Guevara, presbit. Guanaxatensi.

» ramener aux arguties scolastiques, c'est nous faire chercher la vérité
» au milieu des ténèbres. Quant à moi, je préfère un proverbe de
» Sancho à toutes les subtilités philosophiques de nos docteurs : *Menos*
» *palabras, y mas razon*. Pour la morale, on nous fait suivre le cours
» du père Jacquier : ainsi, de tous les côtés nous sommes à la ration. La
» théologie s'enseigne d'après saint Thomas d'Aquin (1). Les pauvres
» élèves n'y comprennent rien, et en ont fait l'aveu au docteur Pavot,
» qui leur a confessé lui-même que, *pour entendre saint Thomas, il fal-*
» *lait être éclairé par les lumières du Saint-Esprit*. Cette réponse in-
» génue a donné lieu à l'épigramme suivante qu'on a adressée au pro-
» fesseur :

>> Cuando enseñaba
>> La teologia
>> Pruebas dio claras
>> Que no sabia (2).

» Les étudians qui se destinent à la jurisprudence, poursuivit le bache-
» lier, sont condamnés à sept années de cours, pendant lesquelles le
» droit romain, le code espagnol (3), le droit canon, les digestes, la
» nouvelle récapitulation (4) et la pratique du barreau (5) leur servent
» de pâture; et je vous assure qu'il faut avoir bon appétit et une
» rude santé pour arriver au bout sans indigestion. Ajoutez à cela
» l'espèce de régime pénitentiaire auquel nous sommes assujettis du-
» rant ce temps de mortification; car nous avons un tribunal de cen-
» sure : les membres de ce saint-office sont pris parmi les docteurs des
» hautes facultés, et présidés par notre recteur. C'est une sorte d'inqui-
» sition modifiée : le tribunal nous fait surveiller par ses familiers;
» notre conduite, nos opinions, nos liaisons mêmes sont à la merci

---

(1) *Divi Thomæ Aquinatis summa theologiæ.*
(2) « Quand il enseignait la théologie, il fit bien voir qu'il n'y entendait rien. »
(3) *El derecho Español.*
(4) *La novisima recapitulacion.*
(5) *La practica Forense.*

» d'une police secrète; les délations sont entendues, mais les délateurs
» restent ignorés. Pourtant, ces accusations peuvent compromettre
» notre avenir, puisque nous sommes privés de la défense, et que
» l'arrêt qui nous condamne est sans appel. Nous voici heureusement
» à la veille des examens; j'espère recevoir bientôt mon diplôme, et me
» voir libre de la bande noire. Oh! ce jour-là, nous le fêterons ensem-
» ble; il y aura illumination et fandango; je ferai un feu de joie de ma
» vieille défroque, et nous sauterons par-dessus. » En disant ces mots,
le petit bachelier rejeta son manteau sur son épaule et m'invita à descendre dans la cour, où une grande rumeur annonçait l'arrivée des
étudians.

L'impatiente jeunesse inondait déjà les corridors du cloître : elle
était entrée en masse et attendait en trépignant l'arrivée des professeurs. La cohue croissait à vue d'œil : un bruit confus, mêlé de cris et
d'éclats de rire, avait succédé au silence; les groupes commençaient à
se former, et des discussions animées préparaient les esprits aux argu-
mentations de la chaire. Le jeu des physionomies, la mobilité des regards, la vivacité des gestes trahissaient ces allures méridionales qui
me rappelaient mon pays. Cette scène variée offrait alors dans ses détails
une excellente étude de mœurs et de caractères; mais le pittoresque
des poses, le laisser-aller du discours, l'originalité des expressions,
tout cela ne saurait se décrire, et ce fut à peine si j'eus le temps d'en
prendre un croquis. Un grave personnage parut tout-à-coup sur le
seuil de la grande porte; la foule s'écarta sur son passage, et lui, marchant à pas comptés, s'avança en se rengorgeant dans sa toge... c'était
le docteur Pavot!

Au même instant, on annonça l'ouverture des cours, les groupes
se dispersèrent, et je me séparai du bachelier.

III.

Depuis plus de huit jours je n'avais vu le bachelier, lorsque je me présentai chez lui au retour d'une excursion dans l'intérieur de l'île. Je le trouvai feuilletant ses bouquins; mais dès qu'il m'aperçut, il se leva et vint à moi d'un air empressé : « Enfin j'entre en licence, me
» dit-il, les examens ont commencé; j'ai subi la première épreuve, et
» nos docteurs m'ont jugé capable. Tenu au secret pendant vingt-qua-
» tre heures, j'ai composé une dissertation latine sur la proposition
» que le sort m'a réservée. Demain je défends ma thèse; les droits de
» réception sont acquittés : trois mille réaux (1) bien comptés, en belles
» et bonnes piastres fortes! Puisque c'est moi qui paie, je vous invite à
» la fête; venez-y, ce sera curieux. Maintenant, permettez-moi de
» repasser une dernière fois mon grimoire. Adieu donc, au revoir! »
Après cette allocution, le bachelier fut s'asseoir à sa table pour se remettre au travail.

Le jour suivant, je me rendis au couvent des Augustins, et fus prendre place dans la salle des réceptions, où siégeait déjà le corps universitaire. Les professeurs, en grand costume et coiffés du bonnet doctoral, se pavanaient sous leur camail; chacun étalait ses couleurs : les interprètes de la loi étaient chamarrés de rouge, le bleu de ciel signalait les maîtres ès-arts, on reconnaissait les théologiens à la blancheur de leur houppe, et le vert distinguait les défenseurs du droit canon. Je m'étais assis parmi les étudians, en face du docte aréopage, et cherchais des yeux le petit bachelier..... lorsqu'à un coup de sonnette du recteur, il parut dans la chaire et débuta par l'énoncé de la proposition qui devait faire le sujet de sa thèse :

---

(1) Environ 787 francs.

« *Le mariage contracté par les prêtres ordonnés* in sacris *ou par les moines est invalide, non-seulement en vertu de la même ordination ou du vœu solennel de chasteté, mais bien plus encore par la force de la loi que l'Eglise a établie et confirmée* (1). »

C'était s'engager dans une des questions les plus ardues des institutions ecclésiastiques; pourtant le petit bachelier développa sa doctrine avec un aplomb qui m'étonna. Mais il n'était pas au bout de sa peine : sa dissertation terminée, les objections commencèrent en forme syllogistique, et je craignis un instant que, dans ces débats, le pauvre jeune homme ne pût répondre *ex abrupto* à tous les argumens qu'on lui poserait, ou bien qu'il ne s'enferrât lui-même par trop de fougue, car sa proposition me semblait d'autant plus difficile à soutenir, que ses opposans avaient le champ entièrement libre pour la combattre. Toutefois, mes craintes se dissipèrent bientôt quand je le vis parer les bottes qu'on lui portait avec un admirable sang-froid, et toujours prêt à la riposte. Pendant une heure que dura cette discussion, ses adversaires ne purent le trouver en défaut; vaincus par la lucidité de son raisonnement et la force de sa logique, ils furent contraints d'avouer leur défaite. Le malin bachelier se retrancha dans la condition irritante de sa proposition, s'arma de son droit canon, cita les décrétales des papes et les décisions des conciles, fit sentir la différence du vœu solennel et du simple vœu, invoqua l'autorité des saints Pères, et termina par une péroraison qui lui valut l'approbation de tout l'auditoire.

Enfin la sonnette du président vint mettre un terme à cette dernière épreuve; on fit évacuer la salle, et le bachelier sortit avec nous. Les docteurs délibérèrent en secret pendant quelques minutes; puis la

---

(1) Connubium à sacerdotibus sacris ordinibus adstrictis, aut à monachis susceptum, non valet, non solùm ob ordines sacros, et solemne castitatis votum, quin potiùs propter legem ab ecclesiâ constitutam, aut ab eâ certè acceptam vel sancitam.

sonnette nous rappela, et le recteur annonça à l'assemblée que le conseil venait d'approuver à l'unanimité l'admission du candidat. Aussitôt le petit bachelier, s'avançant au pied de l'estrade, prêta serment de fidélité au souverain, et jura de défendre la religion chrétienne et les statuts de l'Université. Alors il reçut l'accolade et fut proclamé licencié.

J'attendis qu'on levât la séance pour aller complimenter mon jeune ami. « Eh bien! me dit-il quand nous fûmes seuls, je viens de changer de peau, et vous avez assisté à ma métamorphose; maintenant que me voilà libre, je vais tenir ma promesse; de bons compagnons doivent m'attendre chez moi..... allons fêter cet heureux jour. Place! continua-t-il en riant et faisant un geste avec son manteau comme pour écarter la foule, place à l'avocat des conseils du roi! » — Puis reprenant son ton familier : « La cérémonie de ma réception aurait pu se prolonger davantage, me dit-il, et prendre un caractère encore plus dramatique : avec un éloge à Ferdinand VII et trois mille réaux de plus, j'étais docteur, on me ceignait l'épée, j'endossais le camail et recevais l'anneau de chevalier. C'était à prendre ou à laisser : ma foi, j'y ai renoncé..... Par le temps qui court, l'argent est rare, et les titres honorifiques ne rapportent rien : ce sont des procès qu'il me faut! »

CINQUIÈME MISCELLANÉE.

EXCURSION.

>Au premier rayon de l'aurore,
>Sur les coteaux fleuris que sa pourpre colore,
>J'irais me parfumer des vapeurs du matin,
>Et vers le haut du jour, dans la forêt profonde,
>Le doux bruit du zéphyr, le murmure de l'onde,
>Viendront me charmer en chemin.
>
>LÉONARD.

I.

Par une belle matinée d'avril, j'étais parti de la Laguna avec M. F. Macgregor pour explorer les vallées de la bande septentrionale. Mon compagnon, comme moi, marcheur intrépide, faisait ses dix lieues sans broncher. Il remplissait alors à Ténériffe les fonctions de consul d'Angleterre. Le gouverneur-général, instruit de notre projet de voyage, avait eu l'obligeance de nous recommander aux alcades et aux chefs de la milice des divers districts que nous devions visiter. Le marquis de Villanueva et d'autres riches seigneurs m'avaient aussi chargé de plusieurs lettres qu'ils adressaient aux majordomes de leurs terres pour qu'on nous fît bon accueil. Mais toutes ces précautions étaient au moins superflues; nous aurions pu nous en passer sans courir la moindre chance. Il faut le dire à la louange de ces braves *isleños* (1), chez eux l'hospitalité est un devoir; l'indiscrète exigence des Européens n'a pas encore refroidi leur zèle; c'est toujours la même bonhomie et le même désintéressement. Partout, sur notre route et dans nos stations, nous fûmes reçus avec la plus franche cordialité. Le paysan canarien tient à honneur de fêter l'étranger, il est heureux de l'admettre à sa table, se contente du plus léger

---

(1) On donne ordinairement ce nom, qui signifie insulaire, aux créoles des Canaries.

cadeau et souvent refuse toute espèce de salaire. L'étranger est pour lui un être privilégié qu'il écoute comme un oracle et dont le séjour fera époque dans les annales de la ferme. L'étranger doit tout savoir : s'il ramasse des plantes, il est médecin et ne peut plus s'en défendre ; s'il dessine, il lève le plan du pays et se propose d'acquérir des terres ; s'il prend des notes, on parle bas quand il écrit, on se tient à distance, c'est à coup sûr un personnage important, l'agent secret de quelque potentat qui convoite les îles : il convient de s'en faire l'ami, afin de se ménager un protecteur pour l'avenir, car il reviendra sans doute, bien qu'il dise le contraire. Mais si l'étranger, en entrant dans la ferme, s'annonce de la part du patron, alors il dispose de tout, chacun est à ses ordres, on lui obéit comme au maître, et le majordome se met en quatre pour l'obliger.

On est aussi très-bien reçu chez les curés de village, la plupart gens d'éducation, gais, bons vivans, pleins de franchise et d'abandon, mais parfois trop questionneurs. Ils sont avides de nouvelles, aiment à causer politique, agissent avec vous sans façon, et vous mettent de suite à votre aise. Dans leur isolement, ils recherchent les distractions : le voyageur doit être certain de trouver chez eux bon accueil, car sa présence charmera les loisirs du pasteur. Aux Canaries, le curé de campagne est le souverain maître de l'endroit, sa parole est toute puissante, sa volonté presque absolue, son jugement infaillible. « *Le curé l'a dit!* » c'est article de foi. Avocat de toutes les causes, arbitre dans tous les débats, on le consulte de préférence, et chacun s'en rapporte à sa décision. Le curé est ordinairement le compère de l'alcade, qui réclame toujours son avis dans les affaires graves et difficiles. Pasteur vigilant, il procède chaque année au recensement du troupeau, surveille l'enchère des dîmes, tient registre de tout, et n'ignore rien de ce qui se passe ; c'est un homme précieux pour les renseignemens, et devenu indispensable. Les paroissiens ne sauraient vivre sans leur curé ; il compatit à tous les malheurs et prend part à toutes les joies ;

on l'invite à la ronde, il assiste à la noce, préside aux fêtes champêtres et ne craint pas d'ouvrir le bal. Médecin du corps et de l'ame, le curé se dit *curandero* (1), fait sa clinique comme il l'entend, et porte au lit des malades ses remèdes et ses consolations. Malgré ses nombreuses occupations, le curé a du temps de reste, et sait toujours le mettre à profit. Avec tant de bonnes qualités, passez-lui quelques petites fantaisies qui tiennent à ses habitudes, et n'allez pas froisser son amour-propre. Il faut écouter ses histoires, louer le vin de son cru, vanter son coq, flatter son chien, ne pas trop fatiguer sa mule, lui consacrer les soirées, et surtout respecter sa servante. Après cela, il vous laissera libre, facilitera vos excursions ou vos chasses, vous fournira des guides, et mettra au besoin tout le village en réquisition. L'influence qu'il exerce rejaillit sur ceux qui l'approchent; sa protection porte respect, et l'hôte du presbytère est un personnage inviolable. J'ai souvent envié le sort de ces bons curés de campagne, dont la bienheureuse existence, le tolérantisme et la jovialité ne se rencontrent plus ailleurs. Ce type est perdu.

Lorsque nous nous mîmes en marche, M. Macgregor et moi, pour explorer le pays, nous nous faisions mille obstacles, car nous ne connaissions encore ni les paysans ni leurs curés. Une mule, que nous avions louée, transportait notre bagage et suivait nos pas sous la conduite du fidèle Marcos, garçon dévoué, infatigable, mais d'une prudence qui frisait la poltronnerie. J'aurai plus d'une fois occasion de revenir sur son compte; maintenant laissons-lui suivre sa route. D'après les renseignemens qu'on nous avait donnés en partant, les bêtes de charge ne pouvant franchir les gorges escarpées d'Afur et de Taborno, que nous voulions visiter dans notre excursion, Marcos avait ordre de se rendre à Tegina par le chemin le plus court, et de nous y attendre.

---

(1) Médecin empirique.

A la sortie de la Laguna, nous nous dirigeâmes directement vers les montagnes qui bornent le fond de la plaine, et bientôt le soleil, en dissipant le brouillard, nous montra la forêt de los Mercedes toute brillante de verdure : c'était la nature dans son printemps, vierge et fraîche comme aux beaux jours de la création. Nous pénétrâmes sous ces ombrages sans suivre aucun sentier, marchant à l'aventure, écartant les plantes et les arbustes qui nous disputaient le terrain, et nous parvînmes sur les bords d'un ravin où les arbres, moins pressés, s'étaient développés sans obstacle. De superbes lauriers, au tronc gigantesque, s'élançaient du sein des fougères et déployaient dans les airs leurs immenses rameaux; plus loin, des mocans, des ilex, des viburnes, des ardisiers, étrangers à nos climats, croissaient pêle-mêle sur les rives du torrent. Notre admiration augmentait à chaque pas; mais, arrêtés enfin par un escarpement que nous ne pûmes franchir, nous nous reposâmes quelques instans auprès d'une grotte d'où s'échappaient plusieurs sources d'eau pure et transparente comme le cristal. Les plus belles plantes étalaient leurs tiges fleuries sur les rochers des alentours; un dôme de feuillage se balançait au-dessus de nos têtes; à nos pieds, le ruisseau coulait sur un lit de mousse, et de toute part des échappées de lumière, en renforçant le jeu des ombres, venaient produire un mélange harmonieux de couleurs éclatantes et de teintes vaporeuses. Les serins, les merles et les fauvettes semblaient s'être donné rendez-vous dans cet endroit, et leurs chants nous rappelaient la patrie. Il faut avoir respiré le parfum de la forêt pour bien concevoir tout ce que l'ame éprouve de jouissances en se sentant pénétrer de cette atmosphère de vie. La tranquillité des lieux, leur imposant aspect, leurs beautés vierges, disposent la pensée à la méditation. L'homme, dans ce séjour de délices, s'associe en quelque sorte à l'existence expansive des végétaux; son cœur se dilate, le mouvement artériel devient plus facile, la fibre reçoit une énergie nouvelle; un air pur et suave rafraîchit les sens et calme les passions; la douceur de la température, la sérénité du ciel, le murmure des eaux, remplissent l'imagination d'idées de bonheur et de paix.

Après cette première halte, nous poursuivîmes notre route par un sentier qui conduit au sommet de la montagne, et nous atteignîmes bientôt le plateau supérieur. De cet observatoire élevé, nos regards planaient à vol d'oiseau sur la région des bois : des masses de feuillage s'étendaient au loin en suivant tous les mouvemens du sol, et, au-dessus de ce relief de verdure, des vapeurs flottantes, chassées par le vent de mer, rasaient la cime des arbres et s'évaporaient en débordant dans la plaine. Mais, au détour du plateau, la scène changea tout d'un coup pour prendre un autre caractère : nous étions sur le revers oriental de la chaîne et nous n'apercevions plus que des crêtes dévastées, des gorges anfractueuses qui déchiraient les flancs de l'île et se prolongeaient jusqu'à la côte ; puis au-delà, une surface réfléchissant l'azur des cieux et le soleil resplendissant de clarté au milieu de l'espace.

Nous parcourûmes pendant deux heures les sommets de ces monts sourcilleux en nous dirigeant vers le promontoire d'Anaga (1) par un chemin de corniche qui nous ramenait alternativement sur l'un ou l'autre versant. Quelquefois il nous fallait franchir les ressauts de la chaîne dans les endroits où l'arête de la montagne n'offrait qu'un étroit passage bordé de précipices; mais, de ces points culminans, nos regards s'étendaient sur un immense horizon : nous découvrions d'un côté la baie de Sainte-Croix, les grands *barrancos* du Bufadero et de Saint-André, les mornes décharnés et les mille aspérités de cette partie de l'île; de l'autre bande, nous dominions les vallées pittoresques du Nord, et nos yeux se reposaient de nouveau sur une nature riante.

Ce fut en admirant tour à tour cette suite de panoramas, si singuliers par leurs contrastes, que nous nous rapprochâmes de Taganana, village situé sur la côte septentrionale, à un quart de lieue de la

---

(1) Voy. l'Atlas, carte topograph. de Ténériffe, pl. ii.

mer. Nous descendîmes par un chemin tortueux (1) tracé à travers les bois, car de ce côté les flancs de la montagne sont couverts de végétation, comme à las Mercedes et dans tous les districts adjacens. En arrivant dans le vallon, nous aperçûmes le village que l'épaisseur du feuillage nous avait caché jusqu'alors. Un sol raboteux, accidenté par des plateaux couronnés de chaumières et de maisonnettes, des ravins qui séparaient ces divers groupes d'habitations, un terrain fertile et arrosé par des torrens; ici des bouquets d'arbres, des vergers, des cultures; ailleurs, des rochers et des plantes sauvages, tel était le paysage qui se déroulait devant nous et qu'aucune description ne saurait reproduire.

On nous indiqua la maison du vieux Menrique, l'alcade du lieu, auquel j'étais recommandé par un de mes amis de la Laguna : il nous reçut avec empressement et me serra la main quand il sut que j'étais Français. C'est que le vieux Menrique avait fait la campagne d'Espagne pendant la guerre d'invasion. « J'ai servi dans le bataillon de Ca-
» narias, me dit-il en tendant le jarret pour se poser en brave, nous
» formions l'avant-garde de la division Lacy, et Wellington nous
» incorpora dans son armée : j'étais caporal! J'ai vu bien des pays, je
» vous assure, mais la France les vaut tous. J'y fus conduit après avoir
» été fait prisonnier à la bataille d'Albuera : on nous cantonna à
» Mâcon, sur les bords du Rhône. *Valgame Dios! que tierra!* »

Et le vieux Menrique me fixait avec étonnement sans pouvoir comprendre qu'on pût quitter cette belle France, qui parlait encore à ses souvenirs, pour venir s'isoler sur des rochers. Ses voyages d'outre-mer lui donnaient une certaine importance aux yeux de ses compatriotes; il administrait la justice avec impartialité, et apportait dans l'exercice de sa charge cette exactitude de service qui l'avait fait distinguer sous les drapeaux. Le vieil alcade nous installa chez lui et nous fit

---

(1) *Las vueltas de Taganana.*

fête pendant les deux jours que nous employâmes à visiter les environs.

Le lendemain de notre arrivée à Taganana, Menrique voulut nous servir de guide : il nous conduisit d'abord sur l'esplanade des peupliers pour nous faire voir la paroisse dont il était aussi fier que son curé. Une espèce de prêtresse, qu'il appelait *la sacristana*, nous introduisit dans le temple, que nous trouvâmes orné avec goût : les arbres du pays avaient été mis à contribution pour en décorer l'intérieur; toutes les boiseries étaient en laurier marqueté de mocans. « C'est un Français prisonnier qui a fait ce travail, nous dit l'alcade : nos forêts lui ont fourni les matériaux. » En sortant de l'église, nous traversâmes plusieurs ravins et gravîmes une éminence pour jouir de la vue de la vallée. L'enceinte de Taganana, dominée de crêtes aiguës, de mornes menaçans, pourrait offrir assez de motifs pour remplir un album : la végétation qui tapisse les flancs de la montagne ajoute encore aux mille beautés de la perspective; du milieu du vallon s'élèvent deux pyramides de lave (1), monumens gigantesques que les volcans ont empreints de leur puissance. Il faudrait une main habile pour traduire sur la toile ce magnifique coup-d'œil. Que font à Paris tant d'artistes qui s'épuisent en vains efforts devant des tableaux de commande? Qu'ils traversent les mers, et en moins d'un mois ils seront dédommagés de leur peine en face de cette nature grandiose, de ces massifs qui se surplombent, de ces rochers rongés par le temps qui se dessinent sous un ciel de feu et projettent au loin leurs grandes ombres. Qu'ils viennent contempler cette côte escarpée, découpée de criques, hérissée de rescifs, flanquée de falaises où le flot gronde et se brise en écho prolongé. A chaque pas, à chaque détour, ce sont de nouvelles scènes, des effets de lumière qui se croisent et se heurtent, des sites sauvages, des points de vue pittoresques qui varient de couleur et d'aspect.

---

(1) *Los roques de Tagananu.*

Notre excursion se prolongea jusqu'au soir; mais je veux faire preuve de générosité en supprimant des détails qui pourraient fatiguer le lecteur. Je passe donc les descriptions de roches et de plantes, le retour à la grange, l'excellent souper de l'alcade; je lui fais grâce même de la veillée pour arriver à cette phrase de mon Journal de voyage : — Le vieux Menrique comprit que nous avions besoin de repos et nous souhaita une bonne nuit.

II.

« En route! en route! profitons de la fraîcheur du matin : la journée sera chaude. Allons, debout, il faut partir! » C'était mon compagnon qui m'éveillait ainsi, et je m'habillais à la hâte. Le vieux Menrique était déjà sur pied, bourrant de provisions les besaces du guide qu'il nous avait procuré. Les préparatifs du départ terminés, nous prîmes congé de l'alcade, qui reçut nos adieux à regret. Brave homme!

Le guide, en sortant de la grange, nous fit remarquer deux rocs de bizarre structure (1) qui se dessinaient comme deux fantômes sur les crêtes de la vallée. Nous nous dirigeâmes vers ces monolithes et atteignîmes bientôt le col *del Paso*, qui conduit dans la gorge d'Afur. Le sol en est volcanique comme par toute l'île, mais ici, la tourmente souterraine, qui l'a bouleversé de fond en comble, témoigne encore plus de son énergie. Après l'intervalle des siècles, la féconde nature y sema les germes de ces plantes sauvages dont les botanistes ambitionnent la conquête; l'action des forces organiques a ranimé les germes épars, les plantes ont pris racine dans les crevasses des laves, et la verdure a recouvert la nudité du sol. Ce fut sur les rochers d'Afur que je recueillis, avec l'élite de la flore canarienne, plusieurs espèces rares qui

---

(1) *Los Hombres.*

font l'orgueil de nos serres, et cette belle malvacée à fleurs rouge de feu que Joséphine cultivait à la Malmaison (1). Les pentes du coteau que nous descendions étaient garnies de jasmins et de lavandes (2); près de là, l'*Arebol* (3) élevait son thyrse superbe à la hauteur des arbustes; les digitales et les sauges (4) étalaient leurs corolles béantes aux premiers rayons du soleil; et les rameaux fleuris des genêts (5), qu'agitait une folle brise, embaumaient l'air de leur parfum.

Le petit vallon d'Afur appartient à une famille noble: le colonel don Thomas de Castro en est maintenant le propriétaire. Six chaumières, ombragées de figuiers, constituent le hameau: les fermiers qui l'habitent cultivent pour leur propre compte les meilleures terres des alentours et paient pour redevance un setier de blé, une poule et un bouquet de fleur. Ce tribut est journalier d'après les termes du contrat; mais le seigneur colonel, possesseur de sept majorats, n'est pas très-exigeant et se contente de ce qu'on lui donne. Don Thomas réside à la Laguna: il n'a jamais vu son domaine d'Afur et ne le connaît guère que de réputation.

Le val de Taborno, que nous traversâmes après avoir laissé celui d'Afur, nous parut plus pittoresque et beaucoup mieux cultivé. Trois autres vallées nous restaient à parcourir avant d'arriver à la pointe de l'Hidalgo, où nous devions nous arrêter; notre guide nous fit suivre la lisière des bois, à l'ombre des lauriers et des myricas (6), tantôt descendant dans les thalwegs, tantôt remontant les contre-forts qui séparent cette série de gorges collatérales. A l'occident de Taborno

---

(1) C'est le *Lavatera phœnicea* (*Navœa phœnicea*, Nob.), que nous avons figuré dans une des planches de notre Atlas. (Voy. part. bot.)
(2) *Jasminum odoratissimum*, *Lavandula abrotanoïdes*, *Lavandula pinnata*.
(3) *Echium simplex*. DC.
(4) *Digitalis canariensis*, *Salvia canariensis*, *Salvia Ægyptiaca*.
(5) *Genista canariensis*.
(6) *Myrica Faya*.

s'élève un rocher colossal, menaçant, qui apparaît au-dessus de la vallée comme un mauvais génie et semble prêt à l'engloutir. C'est le *risco de Chinamada*, que le plus hardi orseilleur tenterait en vain d'escalader : ses flancs crevassés servent de retraite aux oiseaux de proie; une forêt séculaire couronne sa plate-forme et défie la hache des bucherons. Des escarpemens formidables défendent les approches de cet énorme cippe, qu'on prendrait de loin pour un monument cyclopéen; son aspect frappe l'imagination et la saisit d'épouvante..... Le *risco de Chinamada* est suspendu sur l'abîme, et le village est là-bas, sur les bords du ravin, au pied de la montagne. Quel horrible fracas si ce fronton gigantesque se détachait tout-à-coup de son entablement pour se précipiter dans la vallée !

Enfin, nous franchîmes les gorges du Batan et découvrîmes dans le lointain la pointe de l'Hidalgo. Les mouvemens du terrain devenaient moins brusques, les collines s'abattaient insensiblement vers la mer, et leurs berges, moins abruptes, laissaient entre elles un plus large espace. A mesure que nous nous rapprochions de la côte, le ciel, la terre, l'air, tout changeait autour de nous pour prendre un autre aspect; les thyms odorans (1), les brillantes artemises (2) et les sidéritis cotonneux (3) venaient remplacer les arbres verts et les fraîches fougères. Nous traversâmes cette région aromatique qu'un soleil brûlant inondait de lumière, et descendîmes sur les coteaux du littoral. Alors la bizarre nature se montra sous d'autres formes : ici, les *Plocama* (4), tristes et penchés comme nos saules pleureurs; les euphorbes candelabres (5), amas de tiges sans feuilles, sources de lait vénéneux; là,

---

(1) *Thymus Teneriffæ*.
(2) *Artemisia argentea*.
(3) *Sideritis canariensis et candicans*.
(4) *Plocama pendula*.
(5) *Euphorbia canariensis*.

des cactus hérissés d'épines (1), buissons monstres aux feuilles sans tiges, toutes bordées de fruits et de fleurs.

Les falaises d'Adaar, que nous longeâmes pour gagner le village de l'Hidalgo, ont plus de cinq cents pieds d'élévation, et s'étendent jusqu'au débouché du ravin du Batan. L'Océan, dans ses jours de fureur, vient se briser en efforts impuissans contre ces murs de basalte; mais rien n'annonçait la tempête lorsque nous descendions par la rampe scabreuse du ravin. La houle roulait tranquille dans les cavités sous-marines qui ont miné la côte, et seulement par intervalle un bruit sourd, semblable à des coups de sape, retentissait sous nos pieds.

En abordant sur la langue de terre qui forme la pointe de l'Hidalgo, notre guide nous dirigea sur une grande chaumière séparée du village, et qu'il nous désigna comme l'habitation de l'alcade et le meilleur gîte de l'endroit. Notre soudaine apparition mit tout en émoi dans cette ferme isolée : les chiens aboyaient après nous, les enfans fuyaient à notre approche, et lorsque nous nous présentâmes à la porte de la maison rustique, le maître parut s'effrayer de notre visite. Nous le trouvâmes au moment de se mettre à table avec trois compères qu'il avait invités : après dix heures de marche forcée, c'était arriver à propos. Mais le magistrat campagnard ne nous sembla d'abord guère disposé de nous faire asseoir à sa table. Notre accoutrement et nos armes de chasse lui donnaient à penser..... il hésita avant de s'avancer vers nous; puis, s'adressant à notre guide, il lui demanda ce que nous voulions. Quelques mots d'explication commencèrent à le rassurer, et notre firman, que mon compagnon lui présenta, vint terminer l'affaire. L'alcade prit le papier, le retourna dans tous les sens, le parcourut de bas en haut, et finit par nous avouer qu'il ne savait pas lire. Alors je m'emparai du sauf-conduit, et j'en fis lecture à haute voix :

---

(1) *Cactus Opuntia.*

Don Isidoro Uriarte, brigadier des armées du roi et commandant-général des îles Canaries (le magistrat campagnard ôta son chapeau et les compères se levèrent), *ordonne à tous les gouverneurs militaires, chefs de milice, alcades ou autres fonctionnaires publics, de prêter aide, secours, assistance et protection au seigneur D. Francis Macgregor, consul-général de Sa Majesté britannique, et à....* Je n'eus pas besoin d'en lire davantage; le firman avait produit son effet. L'alcade n'était plus le même homme : il nous offrit des siéges, remercia le guide de nous avoir conduits chez lui, et le déchargea de ses besaces. L'empressement fut général, chacun nous souhaita la bien-venue, et l'alcadesse elle-même, qui jusqu'alors s'était tenue dans un coin, nous présenta deux grands verres de vin pour nous rafraîchir.

Cependant notre hôte n'avait pas encore repris tout son aplomb; il était préoccupé, se tournait de temps en temps vers la table déjà servie, et semblait s'inquiéter de voir ses compères debout, immobiles et la bouche béante. Le brave homme redoutait de partager leur portion avec trois nouveaux convives, et voulait pourtant remplir envers nous les devoirs de l'hospitalité. Il nous importait de le tirer d'embarras, et nous le pouvions facilement, grâce aux provisions du bon Menrique. Je fis un signe au guide, qui, en garçon intelligent, courut aux *alforjas* (1), et étala sur la table tout notre garde-manger. Il nous restait la moitié d'un jambon, une poule rôtie et un grand flacon de rum encore intact. A cette vue, l'alcade sourit à ses compères, et, paraissant se raviser sur la prévoyance du guide, il nous invita à souper.

On nous donna la place d'honneur : notre hôte, sa femme et les compères se rangèrent à nos côtés, le guide et les garçons de la ferme s'assirent par terre; et la brune Gertrude, grande et gaillarde fille aux cheveux noirs et crépus, resta debout pour nous servir. Gertrude avait

---

(1) Besaces.

le teint coloré et les formes rebondies, la voix éclatante et rieuse, le regard provocateur; mais la robusticité de ses formes en eût imposé au plus audacieux. Le souper, qu'elle avait apporté, consistait en poisson salé mêlé de pommes de terre : cette espèce de court-bouillon est le mets national des *isleños*; ils le préfèrent aux meilleurs ragoûts et le mangent avec le *mojo*, sauce incendiaire, composée de vinaigre, de pimens rouges, d'ail et de coriandre; on y ajoute parfois de l'huile; alors, c'est du luxe. Dès que les plats furent sur la table, le maître nous fit bonne part, et chacun se mit en devoir de bien remplir sa tâche. J'assaisonnais mon poisson à l'exemple de mes voisins; mais je goûtais à peine l'infernale sauce que mon palais fut électrisé; j'avais le feu à la gorge, et les larmes m'en vinrent aux yeux. Mon compagnon, qui s'aperçut de ma souffrance, n'eut garde de m'imiter : nous nous vengeâmes sur les pommes de terre, qui remplaçaient le pain, dont nous étions privés. Il est rare que l'on pétrisse dans les hameaux : les paysans ne mangent que du *gofio*, mélange de farine de maïs et de froment torréfiés. On en avait servi en abondance dans une grande écuelle de bois; l'alcade en faisait des boulettes qu'il détrempait avec du court-bouillon; ses amis se contentaient d'en prendre des pincées dans le creux de la main et se les lançaient à la bouche sans en perdre une miette. Je voulus essayer, et ce fut encore à mes dépens, car je m'en mis jusqu'aux yeux. Décidément je jouais de malheur... Gertrude en riait aux éclats. Malgré les attentions de notre hôte, nous aurions fait maigre chère sans le renfort de nos provisions : on attaqua donc les restes du jambon et la volaille froide, qui furent bientôt expédiés. Nos voisins étaient des gaillards de bon appétit, et le groupe qui siégeait par terre ne refusait rien de ce qu'on lui passait. Le dessert vint ensuite : des figues fraîches saupoudrées de gofio, un igname (1) cuit à l'eau, et qu'on coupa en tranches dans un plat de mélasse, un

---

(1) *Caladium esculentum.*

fromage de lait de chèvres, quelques bananes et un gâteau de miel. L'alcade nous traitait en seigneurs; ses figues enfarinées étaient délicieuses, mais l'igname nous parut d'un étrange goût : nous lui préférâmes les bananes. A chaque instant, le vin de Ténériffe circulait à la ronde pour rafraîchir les gosiers altérés; pourtant, les trois compères n'avaient pas perdu de vue la bouteille de rum qui devait couronner la fête : ils s'en donnèrent à satisfaction.

A mesure que le repas tirait vers sa fin, la confiance devenait plus intime, et chacun nous accablait de questions. Les plantes que j'avais déposées dans un coin, lors de notre arrivée, étaient le point de mire de la conversation, et l'hôtesse, qui m'appelait *señor doctor*, ne cessait de m'interroger. Il me fallut écouter sans rire toute l'histoire de ses maux d'estomac et lui prescrire une ordonnance avant de désemparer la table. Je demande pardon à la Faculté d'avoir empiété sur ses droits : si par hasard j'ai guéri mes malades, c'est bien innocemment.

Enfin les convives se séparèrent, et l'alcade nous signala notre chambre à coucher : elle était séparée de la salle du souper par une cloison de roseau; un rideau d'indienne en masquait la porte. Le lit matrimonial occupait toute l'alcove, et les époux nous le cédèrent jusqu'au lendemain. Pour eux, ils furent dormir à la grange, où leur famille les avait devancés. Quant au guide, il se jeta sur un grand coffre, et ses besaces vides lui servirent d'oreiller. Nous attendîmes que nos hôtes fussent partis pour examiner la couche : c'était un lit gigantesque, dont la charpente massive s'élevait en colonnes torses et supportait une tenture en coutil de Flandre; l'immense paillasse qui le couvrait tenait plus de six pieds de large. L'alcadesse avait eu l'attention de la faire garnir de gros draps tissus dans la ferme et tout récemment sortis du métier : on eût dit du carton-pâte, tant ils étaient durs et raides; heureusement qu'une couverture nous préserva de leur contact. Nous nous y étendîmes tout habillés, l'un en long, l'autre en travers, et je ne tardais pas à m'endormir.

III.

Le lendemain, au point du jour, nous remerciâmes l'alcade et nous quittâmes sa ferme hospitalière. Le trajet que nous avions à faire n'était pas long : on ne compte que deux lieues de la pointe de l'Hidalgo à Texina, où nous arrivâmes après trois heures de marche. Ce village est situé au pied de l'Atalaya, morne élevé dont nous avions côtoyé la base; le ruisseau qui descend des montagnes en arrose les environs. Lorsqu'on a gravi les coteaux de Bajamar, le pays prend un aspect plus agreste : les jardinages de Texina, ses vergers, ses champs de maïs et de batates (1) s'étendent jusqu'au bord du rivage et témoignent de la fertilité du sol. Marcos nous attendait avec les bagages : nous le trouvâmes dans la meilleure maison de l'endroit. Le propriétaire de cette charmante habitation, qui résidait alors à la Laguna (2), nous en avait remis les clefs. A peine étions-nous installés, que le curé vint nous rendre visite : c'était un homme d'une cinquantaine d'années, causeur agréable, plein d'esprit et de gaîté. Il nous apporta une corbeille de fruits, en mangea avec nous sans façon et nous entraîna ensuite au presbytère pour nous faire goûter son vin. Pendant les deux jours que nous passâmes à Texina, ce bon curé nous combla de prévenances et guida lui-même toutes nos excursions. Nous nous séparâmes comme d'anciennes connaissances, et la lettre dont il nous chargea pour son confrère de Tegeste nous valut un nouvel ami.

La vallée de Tegeste réunit dans sa double enceinte deux villages du même nom (3); la douceur de la température et sa position pittoresque en font un séjour des plus agréables. Nous parcourûmes ce district

---

(1) *Convolvulus Batatas.*
(2) *Don J. Machado.*
(3) *Tegeste el Nuevo* et *Tegeste el Viejo.*

dans toute sa largeur et nous remontâmes un ravin bordé de bruyères pour franchir le défilé du Boqueron. Alors, le vaste plateau des Rodeos s'ouvrit devant nous, et les montagnes que nous venions d'explorer disparurent peu à peu derrière un rideau de brume. Marcos, qui connaissait les sentiers, nous dirigea sur Tacoronte à travers des champs de blés et de lupin.

Tacoronte, qui fut le jardin des Guanches, n'a rien perdu de son antique renom : figurez-vous un village éparpillé dans la campagne, au milieu de groupes d'arbres, des vignobles échelonnés sur le penchant des collines, un labyrinthe de chemins creux ombragés de verdure, une terre rougeâtre dont les teintes chaudes relèvent l'éclat de la végétation; puis, d'un côté le coup-d'œil de la mer, de l'autre celui des montagnes, et vous aurez une idée de Tacoronte vue des hauteurs de Guamaza. La population de ce canton s'élève à plus de trois mille habitans, qui se passent de leurs voisins, selon l'expression du révérend Père Espinosa (1). Aux îles Canaries, comme dans tous les domaines de la monarchie espagnole, partout où le sol est gras et fertile, les récoltes assurées et les produits abondans, on est sûr de trouver un couvent de moines. Celui de Tacoronte est situé au centre du village dans la plus heureuse position : les Dominicains y sont logés grandement.

De Tacoronte à l'Orotave la route n'est plus qu'une suite de rians tableaux. Nous laissâmes à notre droite le petit hameau du Sauzal et son église perchée sur les escarpemens de la côte; ensuite, nous remontâmes vers *la Matanza* et *la Victoria* par le ravin d'Acentejo. Ces lieux sont célèbres dans l'histoire de la conquête de Ténériffe. En 1493, Alonzo de Lugo et ses Castillans tentèrent une reconnaissance sur les confins des états de Taoro, et s'engagèrent imprudemment dans le défilé d'Acentejo, où s'étaient embusqués les Guanches com-

---

(1) *Tacoronte es un pueblo de labradores labregos que non han menester a sus vecinos.*

mandés par Benchomo et le plus vaillant de ses frères. La fortune, cette fois, fut pour les enfans de Tinerf, et le village de la Matanza (*le carnage*), situé près du champ de bataille, rappelle la sanglante défaite de leurs ennemis. Un an après ce désastre, Lugo prit sa revanche avec de nouveaux renforts, et le hameau de la Victoria (*la Victoire*), que l'on traverse un peu plus loin, vient réveiller le souvenir de son triomphe.

Le chemin que nous suivions était bordé d'aloës en pleines fleurs (1); de toutes parts la vigne serpentait en guirlandes, et les rameaux des dattiers flottaient en brillantes touffes au-dessus des pampres verts. Dans la campagne, au fond des ravins, sur le penchant des coteaux, dans chaque repli du terrain, la masse des plantes, la variété des espèces, la beauté du feuillage, décélaient une nature plus active. C'était l'annonce de cette végétation puissante qui se manifesta sur une plus vaste échelle, lorsqu'après avoir dépassé le village de Sainte-Ursule, la magnifique vallée de l'Orotave se développa tout-à-coup sous nos yeux. Quel ravissant spectacle! le soleil sur son déclin dorait la cime du Pic, et ce géant des montagnes s'élevait dans les airs comme une immense pyramide. Du boulevard qu'il nous fallait franchir pour descendre dans la vallée, nous pouvions d'avance en parcourir l'enceinte. Les bois de châtaigniers s'étendaient en verdoyante ceinture sur les collines des alentours; au milieu d'un amphithéâtre de vignobles nous distinguions la ville de l'Orotave avec ses vergers de citronniers. Nos regards planaient sur un panorama de huit lieues de circuit, bordé de précipices, sillonné de ravins, parsemé de forêts, de jardins, de villages, de chaumières et de champêtres manoirs. Admirable contraste, paysage étonnant d'où surgissaient de riches cultures, d'arides rochers, des buttes volcaniques et des massifs de verdure du plus bel effet! Là-bas, au-dessous du plateau de la Paz, nous aperce-

---

(1) *Agave Americana.*

vions le port, ses récifs et sa mer bleue ; plus loin, l'île de Palma, que le soleil couchant enveloppait dans un horizon de vapeurs.

Il était nuit close quand nous arrivâmes à *la Villa*, mais la lune avait éclairé notre marche ; l'air était calme et pur, le ciel sans nuages, et les plantes, ranimées par la fraîcheur du soir, exhalaient leurs plus suaves parfums.

SIXIÈME MISCELLANÉE.

SÉJOUR A L'OROTAVA.

> « S'il me fallait abandonner les lieux qui m'ont vu naître et
> » chercher une autre patrie.... C'est aux îles Fortunées,
> » c'est à l'Orotave que j'irais terminer ma carrière. »
> LEDRU.

Il est des voyageurs qui cheminent par monts et par vaux sans se donner le temps de reprendre haleine; avec eux c'est toujours à recommencer : il faut, dès le matin, s'enfoncer dans les bois, traverser les rivières, franchir des ravins ou gravir des collines. Ces infatigables piétons ne se reposent que pour dormir : ils mangent, causent, observent, réfléchissent, écrivent en marchant; arpentent le pays et comptent les lieues. Pour moi, cette vie ambulante ne me convient guère; j'aime à m'arrêter dans les endroits qui me plaisent, et j'y séjourne si le voisinage me convient. C'est ainsi que j'ai passé aux îles Fortunées dix années d'une heureuse existence. Certes, je n'ai pas l'intention de raconter mon histoire; les circonstances qui ont influé sur mes destinées ne sauraient intéresser le lecteur, et la relation détaillée de toutes mes courses serait peut-être plus fastidieuse encore. Bien des fois je n'ai trouvé qu'à flâner, et ces excursions sans incidens, entreprises à tout hasard, sans trop m'inquiéter de leurs résultats, peuvent se résumer la plupart en une seule phrase, comme les journaux des navigateurs qui sillonnent l'Océan Pacifique : *Beau temps, belle mer, rien de nouveau.*

Si le plan que j'ai adopté pour la rédaction de mes Miscellanées ne me laissait le choix des événemens et des situations, ma tâche serait souvent fort difficile : mais je puis prendre sur moi de sauter vingt feuillets de mon carnet de voyage pour arriver à la page qui me sourit. Parcourons de nouveau ce canevas de notes et de souvenirs... SÉJOUR A

L'Orotava : la chance est bonne! l'Orotave, c'est le beau vallon, ma résidence favorite, le Tempé des Canaries, un des meilleurs jalons que j'aie planté sur ma route, une fraîche oasis au milieu de l'Océan. L'Orotave ne ressemble à rien de ce qu'on admire ailleurs : c'est la terre privilégiée, un type à part, un paysage que la nature n'a pas reproduit. Aspect, sol, climat, tout lui est propre; et l'imagination du poète pouvait seule en rêver les beautés :

> « Aure fresche mai sempre ed odorate
> » Vi spiran con tenor stabile e certo :
> » Nè i fiati lor, siccome altrove suole.
> » Sopisce o desta, ivi girando, il sole.
>
> » Nè, come altrove suol, ghiacci ed ardori,
> » Nubi e sereni a quelle piaggie alterna;
> » Ma il ciel di candidissimi splendori
> » Sempre s'ammanta, e non s'infiamma ó verna;
> » E nutre ai prati l'erba, all'erba i fiori
> » Ai fior l'odor l'ombra alle piante eterna (1). »

La couleur du ciel, les effets de lumière, la transparence de l'air, le développement de la perspective, l'aspect de la végétation, le contraste des formes, toutes les apparences extérieures, en un mot, sont les élémens qui déterminent l'ensemble d'un paysage et l'impression qu'il produit. Un voyageur célèbre a fait une étude particulière de ces caractères locaux que les peintres ont coutume de désigner par *nature*

---

(1)   Dans ce pays, des autres différent,
Point de vapeurs qu'enfante la froidure;
Mais des zéphirs, jouant sur la verdure
Qui s'embellit de leur souffle odorant.

Jamais l'hiver, à la figure terne,
Jamais l'été, qui darde nos sillons,
N'ont altéré de leur passage alterne,
Le dôme bleu de ces riches vallons.
Resplendissant d'un manteau de lumière,
L'air pur et doux entretient sous les pas
L'ombre et les fleurs dans leur beauté première;
Il nourrit l'herbe et ne la sèche pas.
         (Imitation du Tasse, par M. Gimet.)

suisse, *ciel d'Italie*, et qu'on pourrait appeler plus généralement *physionomie des régions*. Je veux parler ici de M. de Humboldt, qui a payé avant moi un juste tribut d'admiration à l'Orotave. « En descendant dans cette vallée, dit-il, on entre dans un pays délicieux, dont les voyageurs de toutes les nations ont parlé avec enthousiasme. J'ai trouvé, sous la zône torride, des sites où la nature est plus majestueuse, plus riche dans le développement des formes organiques; mais après avoir parcouru les rives de l'Orénoque, les Cordillères du Pérou et les belles vallées du Mexique, j'avoue n'avoir vu nulle part un tableau plus varié, plus attrayant, plus harmonieux par la distribution des masses de verdure et de rochers (1). »

Ces beaux lieux sont toujours dignes de leur réputation : depuis les bords de la mer jusqu'à la cime du Pic, les différentes assises de la montagne forment un amphithéâtre des plus variés. Là-bas, le port et ses plages tourmentées, de noirs amas de scories, des torrens de lave, de formidables falaises, et au milieu de ces rochers amoncelés le long du littoral, de blanches maisonnettes et des lambeaux de végétation. Au-dessus, ce sont de fertiles coteaux et d'agréables bosquets; plus haut, des bois toujours verts, des nuages flottans qui drapent les collines; puis des crêtes sombres, menaçantes, arides, décharnées, qui tranchent sur l'azur des cieux. La ville de l'Orotave (*la Villa*) est assise sur la pente de la vallée; son aspect a quelque chose de champêtre qu'on ne retrouve pas dans nos cités d'Europe; c'est le véritable *rus in urbe* d'Horace, la campagne pénètre dans la rue, on peut en jouir en sortant. Toutes les maisons ont leur verger, leur jardin, leur cellier, et chacun vit de ce qu'il récolte sur un sol prodigue de biens. Là point de tumulte ni de cohue, mais un ruisseau d'eau vive et limpide qui coule devant la porte et dont le murmure invite au repos; point de murs barbouillés d'affiches, point d'enseignes pour attirer les chalans; les

---

(1) Voy. *Voyage aux régions équinoxiales du Nouveau continent*, tom. 1, pag. 236.

cafés (1), les journaux, les théâtres y sont ignorés; on n'y voit ni marchés, ni étalages, rien de ce qui distingue les autres pays; seulement une boucherie où les régidors président à la distribution de la viande, et quelques boutiquiers qui débitent au peuple des épiceries et du poisson salé. Les gens riches s'approvisionnent au port, situé à demi-lieue plus bas : la ville en reçoit tout et lui donne ses vins en échange; le port lui envoie ses revendeuses et sa marée; c'est au port qu'il faut descendre pour refaire sa garde-robe, acheter un chapeau, s'entendre avec le bottier ou le tailleur. A la ville, sur sept à huit mille âmes de population, on compte à peine cinquante artisans; le reste se compose de propriétaires nobles ou roturiers (2), de fermiers et de vignerons. Un seul homme, dans cette enceinte agricole, a eu l'idée de spéculer sur ses voisins : c'est le *Beato*, dont le magasin est achalandé par les paysans des alentours.

Cependant cette ville, presque sans commerce et sans industrie, ne manque pas de richesses : elle fut fondée au commencement du seizième siècle par les principaux officiers de l'armée de Lugo; l'Adelantado leur répartit les meilleures terres, et peu à peu les familles les plus opulentes vinrent s'y établir. L'ancien manoir d'un des fondateurs existe encore : c'est une masure isolée sur une éminence près du couvent de Saint-François. Dans les premiers temps, chacun voulant dominer son voisin, les édifices de la paroisse de Saint-Jean, ou du quartier *du Farrobo*, se groupèrent les uns au-dessus des autres sur les pentes les plus escarpées : lorsqu'on se lassa de bâtir en gagnant la hauteur, on adopta le système inverse, et la nouvelle ville (la paroisse de la Conception) s'étendit en dessous sur un sol plus accessible. C'est

---

(1) On ne peut guère donner ce nom à la maison dite *de la Manchega*, fondée par des sociétaires qui s'y réunissent pour jouer, bien qu'on y débite aussi des sorbets dans la belle saison.

(2) Je comprends dans ce nombre, les avocats, les procureurs et les notaires qui abondent à l'Orotava ; il faut ajouter encore le clergé des deux paroisses, puis les moines et les nonnes dont la ville n'est pas dépourvue.

dans cette seconde partie, devenue aujourd'hui la première, qu'habite la noblesse avec les moines et les religieuses des différens ordres (1). Ce pêle-mêle de constructions superposées forme un ensemble vraiment pittoresque; chaque maison est un belvéder d'où l'on jouit d'un coup-d'œil enchanteur. L'étranger qui arrive à *la Villa* se fait bientôt à ce séjour: une fois introduit dans la société, il y trouve mille agrémens. Les possesseurs des majorats de l'Orotave vivent chez eux en grands seigneurs; ils aiment les plaisirs et le luxe, donnent de charmantes soirées et ne se refusent rien. Fray Alonzo Espinosa les a caractérisés en ces termes: « Les habitans de la Villa sont bons cavaliers (et le terrain » l'exige ainsi), mais d'une humeur un peu hautaine, et comme de » petits patrimoines ont été divisés entre un grand nombre d'héritiers, » ceux-ci ne peuvent plus soutenir aujourd'hui la fierté qu'ils laissent » entrevoir (2). » Ce qui est encore vrai pour quelques-uns dont les prodigalités ont compromis la fortune, ne saurait s'appliquer aux autres. En général, les descendans des conquérans ont accru le domaine de leurs aïeux: quant à l'orgueil de race que le moine Espinosa reproche à l'aristocratie de l'Orotave, les progrès de la civilisation en ont changé les allures; la noblesse de l'époque, la caste au sang bleu, *la sangre azul*, comme l'appelle le peuple, commence à déroger; elle devient chaque jour plus traitable et n'a plus rien de l'arrogance des anciens seigneurs.

La juridiction de l'Orotave embrasse trois cantons (*pagos*), la Florida, el Rincon et la Perdoma. Vingt petits ermitages, fondés sur des

---

(1) La ville de l'Orotave possède cinq couvens, dont trois de moines et deux de religieuses, des ordres de Saint-Dominique, Saint-François et Saint-Augustin. Il y avait anciennement un collége de Jésuites, qui est maintenant inhabité. Cet édifice, construit en lave d'un beau grain, est remarquable par l'élégance de son architecture.

(2) « *Es la gente de este pueblo (porque lo lleva el suelo) muy caballerosa, aunque algo altiva, y como las » haciendas de pocos padres se han dividido en muchos hijos, no tienen la posibilidad que querrian para mostrar » los animos que representan.* » C'est ainsi que s'exprime le P. A. Espinosa, religieux dominicain, dans un ouvrage qu'il composa cent ans après la conquête de Ténériffe. (Voy. *Hist. de la Aparicion y milagros de la Imogen de N. S. de Candelaria.*)

donations d'anciens majorats, sont disséminés sur ce territoire; mais l'on ne dit la messe que le dimanche ou le jour de la fête du patron dans ces chapelles isolées: c'est ordinairement à la ville que se portent les fidèles pour prendre part aux solennités religieuses.

L'église de la Conception est très-moderne : sa réédification fut entreprise en 1766. L'architecture en est régulière et bien ordonnée; les familles nobiliaires ont contribué à son embellissement en prodiguant à l'intérieur un grand luxe de décors. Une superbe colonnade soutient la nef principale; et le maître-autel qui s'élève dans le fond peut passer pour un ouvrage de premier mérite : les différentes pièces dont il se compose sont exécutées en marbre de Carare et proviennent des ateliers de Cavona. Le transport seul a coûté une énorme somme. Huit jolies colonnes supportent une coupole elliptique où quatre petits anges, groupés sur l'entablement, tiennent en main divers attributs. De chaque côté de l'autel, deux archanges à genoux sur un nuage porté par des séraphins, attirent l'attention : l'un, dans l'attitude de recueillement, prie avec la plus grande ferveur; l'autre relève la tête et contemple la croix dans une ravissante extase. Ces deux grandes figures sont du meilleur goût et d'un très-bel effet. La Vierge, exposée sur l'autel qui lui est consacré, a été aussi apportée d'Italie : les draperies de cette statue sont élégantes et légères, mais les vieilles dévotes prétendent qu'elles dessinent trop le nu. La chaire est un autre ouvrage de la même école et d'une excellente exécution; malheureusement, le dôme qui couronne le chœur, et les fenêtres latérales, projetent trop de clarté sur toutes ces belles sculptures. C'est le soir, au coucher du soleil, ou bien à la lueur des flambeaux, que cette église doit être vue; alors, le contraste des ombres et de la lumière est plus saillant, la blancheur des marbres relève l'éclat des dorures; et de resplendissans reflets viennent rejaillir sur tous les groupes.

L'autre paroisse, construite dans l'ancien style, n'a de curieux qu'un Christ en bois et un tableau du Purgatoire, peinture obligée de toute église espagnole où *le Cuadro de animas* a toujours sa chapelle réservée. Les divers personnages qui figurent dans celui de l'église de Saint-Jean appartiennent presque tous au haut clergé. Les anges retirent du milieu des flammes une femme et un enfant, la faiblesse et l'innocence obtiennent miséricorde, mais les envoyés de Dieu sont inexorables pour les dignités ecclésiastiques qui implorent leur secours ; moines et prélats, papes et cardinaux grillent pêle-mêle dans la fournaise ardente ; et parmi la bande sacrée apparaît une tête de roi, à laquelle le supplice expiatoire fait faire une horrible grimace.

Le couvent de Saint-François, qu'un incendie consuma en grande partie au commencement de ce siècle, a été reconstruit sur le même emplacement. C'est un des édifices les plus remarquables de l'Orotave à cause de sa situation. On parvient dans le cloître par un perron spacieux en forme de terrasse d'où l'on découvre toute la vallée. La cour intérieure est ornée d'une fontaine qui entretient la fraîcheur dans le parterre où les frères cultivent l'hortensia du Japon et la balsamine de l'Inde, au milieu de bordures de lavande et de myrte. Dans l'escalier qui conduit aux cellules, les amateurs s'arrêtent avec plaisir devant un saint François en oraison. Cette belle peinture de l'ancienne école espagnole rappelle un peu la manière de Zurbaran : les moines ignorent son origine et la laissent exposée à l'air où elle finira par se perdre. Je visitais souvent ce monastère pour jouir du coup-d'œil du perron : j'étais sûr d'y rencontrer le père Rosado, excellent type de moine et le meilleur quêteur de la communauté. Ce gros révérend recevait partout bon accueil et retournait toujours les besaces pleines ; ses facéties l'avaient rendu célèbre ; il racontait en grasseyant, et chacun se plaisait à entendre ses drôles d'histoires. Frère Rosado avait été élevé dans la bure et ne conservait qu'un vague souvenir de sa première enfance : « En sortant du berceau, on me voua au cloître, disait-il lui-même ; je n'ai jamais connu d'autre père que saint François. » Aussi n'avait-il foi qu'en son patron. Un soir, après son souper, le vieux cénobite s'endormit pour toujours.... mort sans agonie, sommeil sans rêve ni cauchemar, et digne fin de cette existence parasite qui le fit végéter pendant trois quarts de siècle, comme ces plantes grasses dont les racines se nourrissent aux dépens des espèces qui leur servent d'appui.

Les Dominicains sont logés vers la basse ville. Parmi les mauvais tableaux qui décorent leur église, il en est un dont l'allégorie m'a paru fort étrange : saint Dominique, à genoux, reçoit dans la bouche le lait qui jaillit du sein de la Vierge.

Le couvent de Saint-Augustin est un vaste édifice, situé sur une éminence, dans la partie orientale de la ville. Lorsque j'habitais l'Orotave, cinq religieux composaient toute la communauté. Le Père prieur n'avait de moine que l'habit; c'était un homme d'une quarantaine d'années, de bonne tournure, à l'œil vif, à la figure enluminée. J'appris qu'il avait servi dans l'armée de Wellington pendant la guerre d'Espagne. En 1814, le capitaine de hussards quitta l'épée pour le froc et s'accommoda fort bien de la vie monacale. Les Augustins de la Villa possédaient d'excellens vignobles, et le Père ***, d'origine irlandaise, s'était chargé d'en administrer les produits. Je le rencontrai souvent à cheval, toujours galopant, et aussi solide sur sa selle qu'un écuyer de Franconi.

Le couvent des religieuses de Sainte-Claire, sous l'obéissance et la protection des frères de Saint-François, a de très-grandes dépendances. Celui des sœurs de Saint-Dominique, fondé en 1632 par don Benitez de Lugo, fut un des mieux dotés et réunit autrefois jusqu'à soixante nonnes. Il a souffert aussi plusieurs incendies, et, comme le phénix qui renaît de ses cendres, cet édifice a toujours survécu à sa destruction. Dans la nuit du 31 août 1717, le couvent des Dominicaines devint la proie des flammes : les sœurs furent recueillies par un ecclésiastique qui leur céda sa maison; mais se trouvant trop à l'étroit dans leur nouvelle demeure, elles résolurent de s'emparer du collége des Jésuites qui les avoisinait. A cette époque, deux vieux frères de la compagnie, le recteur Davila et le coadjuteur Tabares, habitaient seuls le collége : un matin, après la prière, dit la chronique du temps, les sœurs sortirent processionnellement, la croix en tête, enseignes déployées, et marchèrent en ordre sur l'église des jésuites qu'elles envahirent sans coup férir. Le coadjuteur, assailli inopinément par quarante nonnes, fut fait prisonnier dans la sacristie; mais le recteur se réfugia dans l'intérieur du collége où il resta renfermé jusqu'au soir, n'osant abandonner le poste dans la crainte que les nonnes ne pénétrassent plus avant. Les sœurs, désespérant d'enlever la place de vive force, en firent le blocus pour la prendre par la famine : le vieux jésuite tint bon jusqu'à l'heure du dîner; mais comme il s'aperçut vers les quatre heures du soir que les assaillantes étaient secourues du dehors par les jeunes seigneurs de la ville, qui leur faisaient passer des vivres, il se rendit à discrétion. Toutefois, une capitulation en bonne forme fut signée par les parties belligérantes avant la remise des clefs : le recteur Davila céda le collége aux nonnes victorieuses qui promirent de rendre la place aussitôt que leur couvent serait rebâti. Viera, dans le quatrième volume de ses *Noticias*, entièrement consacré à l'histoire religieuse de son pays, raconte cette singulière aventure avec toutes ses particularités (1). Il paraît que dans cette affaire, les jésuites, qui

---

(1) « ..... El P. Dávila cerró la puertecilla, dexando al Portuguès (P. Tabares) reñir la pendencia. Antes de empezar á hablar el Padre coadjutor, soltaron ellas la sin hueso, y unas con razones concertadas, otras con dichetillos prevenidos, muchas con prontitudes no estudiadas, y todas hablando á un tiempo como suelen en sus gradas, decian : *Padre Andres, esta es mucha jaula para tan pocos paxaros :* (solo habia entonces dos jesuitas en el colegio) *el habito no hace al monje, ni a la monja; todas somos jesuitas.* Una entonaba en vez de Psalmo : *Sitc atino, noto atino.* Las mas judiciosas añadian : que en nombre de aquella comunidad desamparada y afligida, sin convento, ni regimen regular, suplicase al P. Superior las disculpase aquella que parecia osadia, y era para necesidad, pues los PP. hallarian su acomodo con mas facilidad en otra parte, y no podian creer de su piadoso corazon, arrojase de la casa de Jesus á sus Espósas, que buscaban en ella asilo.

» Entre estas y esotras se entraron muchas á la sacristia para hacerse paso á lo interior; pero hallando cerradas todas las puertas, empezaron á clamar : *Abra P. Rector.* El hermano, para salir de entre ellas no lo arañasen, quiso ganar la puerta de la calle; pero las monjas, mas advertidas, le asieron para

n'exercèrent jamais une grande influence aux îles Canaries, n'osèrent opposer trop de résistance aux sœurs de Saint-Dominique que les liens du sang unissaient au parti de la noblesse alors très-prépondérant.

Le couvent fut entièrement reconstruit en 1737; mais vingt-quatre ans après (le 27 juillet 1761), il fut incendié de nouveau. Les nonnes, cette fois, trouvèrent un refuge chez le colonel don Juan de Franchi, un de leurs plus zélés protecteurs, et retournèrent en 1769 dans leur monastère réédifié.

Enfin, en 1815, le feu prit encore chez les pauvres sœurs : ce fut pendant la nuit. La population de la ville se porta en masse au secours du couvent; l'on perdit beaucoup de temps pour enfoncer les portes; les nonnes, réveillées en sursaut, se dispersèrent dans le cloître, quelques-unes furent retirées à demi nues du milieu des flammes; les autres, moins confiantes, s'étant enfermées dans leurs cellules, refusèrent d'ouvrir à ceux qui voulaient les sauver. Il fut impossible de forcer les grilles; et sept d'entre elles périrent victimes de leur obstination. Depuis ce dernier désastre, la plupart ont profité du décret des cortès (1820), et n'ont plus voulu rentrer au couvent, bien qu'il ait été rebâti. Tout le troupeau s'est dispersé; l'abbesse et une sœur professe sont retournées seules au bercail.

Les monastères de l'Orotave occupent une telle étendue de terrain, que je ne pouvais guère me dispenser d'en parler; ce sont, après les deux églises paroissiales, les édifices les plus apparens de la ville : j'ai dû, en

---

conservar con él una prenda con que obligar al Rector á pactar condiciones de paz : y entre el bullicio de tantas voces salia de quando en quando la del P. Dávila desde á dentro : *Paciencia hermano, y desprendase de esas señoras : salgase de ahi, y vengase por la porteria de las bestias.*

» Durante estas altercaciones, habiendose divulgado el caso por toda la villa, acudieron varias quadrillas de caballeros, á quienes rogaban las monjas intercediesen por ellas para con el Rector. Este no sabiá qui partido tomar. Eva tarde, y se pasaba la hora de comer, por lo que empezaron á entrar ollas y pucheros en la iglesia. Asi el P. Dávila se vio en la necesidad de rendirles la Fortaleza, en que tuvo gran parte un sin numero de villetes que desde la calle le echaban, aconsejandole que saliese luego en tono de amenazas. Entraron en fin, yá muy tarde á capitular varios articulos, y entregaron las llaves del colegio á la Madre Priora San-Bartolomé de Llarena..... » (Viera, *Noticias*, tom IV, pag. 51 et suiv.)

fidèle historien, les peindre tels que je les ai vus. Aujourd'hui, tout est changé de face, depuis la suppression des ordres religieux. Les vieux moines que j'ai connus ont rejoint le Père Rosado; le prieur des Augustins est retourné en Irlande et les autres se sont faits chapelains. Laissons maintenant tous ces cloîtres déserts dont on ne saura que faire, et envisageons *la Villa* sous un autre aspect.

Le quartier de la Conception où j'habitais réunit dans son enceinte les maisons les plus opulentes; c'est la ville de plaisance: tous les jours on y fait fête et les plaisirs s'y succèdent sans interruption. J'y passai trois ans dans le *dolce far niente*, goûtant le calme des champs et le bonheur de l'oubli, jouissant d'un climat rafraîchi tour à tour par la brise de la mer et l'air pur de la montagne. La température de la Villa est tout-à-fait hygiénique: c'est une atmosphère tiède, suave, bénigne, qui vous pénètre comme un bain chaud; on s'y accoquine malgré soi; la vie y coule heureuse et tranquille, sans soucis ni fracas. Pour moi, je m'établis sous ce beau ciel de préférence à tout autre. La maison que je choisis se trouvait dans une agréable exposition: c'était une résidence seigneuriale qu'un procès ruineux tenait en litige depuis plusieurs années. L'administrateur de la *casa de Franchi* m'avait permis de m'installer dans un des appartemens les moins dévastés du château. Je vais tâcher de décrire ce singulier édifice: l'écusson du marquisat (1) décorait la porte cochère qui donnait entrée dans la cour d'honneur, et le noble manoir s'élevait au fond de cette enceinte comme un caravansérail abandonné. Le génie symétrique de l'architecte perçait de toutes parts dans la distribution intérieure: au rez-de-chaussée et à l'étage supérieur deux vestibules et deux grandes salles correspondantes, de part et d'autre même nombre de salons, de chambres, de portes, de fenêtres et de lucarnes; au total, vingt grandes pièces par-

---

(1) Ce manoir fait partie du domaine du marquis du Sauzal.

faitement identiques et rangéés en enfilade. Du côté de la cour, un balcon de trois pieds de large, qui s'étendait sur toute la longueur de la façade. Cette étroite galerie, où l'on ne pouvait marcher qu'en procession, n'avait pas moins de quatre-vingts pas de l'une à l'autre extrémité : je me plaisais chaque matin à la parcourir dans toute son étendue pour jouir du coup-d'œil de la vallée, et des mille points de vue de cette admirable perspective. Un autre balcon théâtral, de vingt pieds de large, soutenu par des piliers de bois, s'appuyait sur la façade opposée et se prolongeait encore sur le même alignement : un régiment y eût manœuvré à son aise; mais tout exercice était devenu dangereux sur cet échafaudage; la charpente menaçait ruine, et l'on risquait à chaque pas de disparaître dans les jardins. Le bois vermoulu était recouvert de plantes parasites, et parfois je m'engageais à tout risque dans une herborisation à dix mètres du sol. Un vaste grenier terminait le faîte de ce manoir, où, pendant les dernières années de ma résidence à Ténériffe, je vécus seul comme un hibou, car je compte pour rien la compagnie d'un grand flandrin qui me servait de valet de chambre. Désœuvré les trois quarts du jour, *Juan el Hereño* (1), lorsqu'il ne ronflait pas le ventre au soleil, employait son temps à racler sur une méchante guitare le *Tango* de son pays. J'occupais les appartemens de l'angle de l'ouest; les autres étaient vides et abandonnés. Le vent, qui s'engouffrait dans cette longue suite de chambres contiguës, produisait souvent d'étranges sons : c'était d'abord un bruit confus, indéfinissable, qui, peu à peu, devenait plus sonore, et se prolongeait en sifflemens. Dans les nuits de tempête, tous les sylphes de l'air semblaient s'être donné rendez-vous pour faire leur sabbat; les charpentes craquaient comme la membrure d'un navire en détresse, toutes les portes battaient à la fois, et *Juan el Hereño*, à moitié mort

---

(1) *Hereño*, signifie habitant de l'île de Fer.

de peur, venait se réfugier dans ma chambre. Je finis pourtant par m'habituer à tout ce tapage. Du reste, les coups de vent et les orages n'étaient qu'accidentels ; ordinairement le calme régnait dans l'atmosphère, et les rats seuls troublaient le silence du manoir. Aux heures du repos, ces hôtes incommodes, établis au grenier, profitaient de l'obscurité pour franchir leur frontière et venir marauder dans notre quartier. Ils poussaient souvent la hardiesse jusqu'à me venir enlever la chandelle : alors, si la lune éclairait les galetas, j'appelais mon fidèle *Hereño*, et nous poursuivions l'ennemi jusque dans ses derniers retranchemens.

Malgré ces inconvéniens, *la casa Franchi* avait des attraits que je regrette encore, car la contemplation de la nature est pour moi un besoin du cœur. Entourée d'une campagne riante, sa situation en faisait un séjour de délice ; le spectacle de l'Océan, le coup-d'œil des montagnes, l'aspect général de la vallée, j'avais tout cela sous les yeux. Dans un circuit de plusieurs lieues, la terre étalait à l'envi sa plus riche parure ; et, lorsque durant ces belles soirées, dont rien n'altérait le charme, j'admirais ce paysage enchanteur ; autour de moi, tout semblait me sourire, le ciel, les coteaux, les forêts et la mer.

Les jardins du manoir, jadis entretenus avec luxe, et dont je n'ai rien dit encore, étaient livrés à eux-mêmes : depuis long-temps la nature en faisait tous les frais. Les haies de myrte, qu'on ne taillait plus, formaient des allées couvertes où venaient se réfugier tous les merles des environs ; les orangers et les citronniers poussaient à plein vent ; les rosiers croissaient en buissons au milieu des orties et des ronces. Au bord d'une pièce d'eau, trois antiques cyprès, et un palmier qu'on apercevait de tous les points du vallon, complétaient l'aspect romantique de ce site à demi sauvage. Cependant, malgré les ravages du temps, ces jardins avaient conservé leur plus étonnante merveille : un dragonier s'élevait en face de mon logement, arbre étrange de forme, gigantesque de port, que la tempête avait frappé sans pouvoir abattre.

Dix hommes pouvaient à peine embrasser son tronc (1). Ce cippe prodigieux offrait à l'intérieur une cavité profonde que les siècles avaient creusée; une porte rustique donnait entrée dans cette grotte, dont la voûte, à moitié entamée, supportait encore un énorme branchage. De longues feuilles aiguës comme des épées couronnaient l'extrémité des rameaux; et de blanches panicules, qui s'épanouissaient en automne, venaient jeter un manteau de fleurs sur ce dôme de verdure. Un jour, l'ouragan furieux ébranla la forêt aérienne... on entendit un épouvantable craquement; puis, tout-à-coup le tiers de la masse rameuse s'abattit avec fracas et fit retentir la vallée. Un superbe laurier fut emporté dans cette débâcle, et tous les arbustes des alentours restèrent ensevelis sous des monceaux de ruines. La date de cet événement est inscrite sur une plate-forme en maçonnerie qu'on a bâtie au sommet du tronc pour recouvrir la crevasse et prévenir l'infiltration des eaux. Le colosse mutilé n'a rien perdu de son imposant aspect : inébranlable sur sa base et le front dans les nues, il poursuit le cours de sa longévité.

Souvent j'allais m'asseoir au pied de l'arbre séculaire dont l'origine se perd dans la nuit des temps. Que de générations ont passé sous son ombre! Les Guanches d'Orotapala (2) le vénérèrent comme un génie protecteur; mais ce peuple de braves a subi son destin.... depuis quatre cents ans il est anéanti, et le vieux dragonier, toujours debout, brave encore les orages. Après la reddition de Ténériffe (1496), il servit de jalon aux soldats de l'Adelantado pour le tracé des lignes de partage dans la distribution des terres conquises. Dessiné sous tous les aspects, décrit dans toutes les langues, le vétéran de la vallée a fait l'admiration des voyageurs mes devanciers. Un historien, métamorphosant cet arbre extraordinaire, en fit le dragon des Hespérides, gardien des

---

(1) Le tronc a près de 50 pieds de circonférence à la base. (*Voy.* dans le *Nova acta* de l'Académ. de Bonn. mon Mémoire sur le grand Dragonier, tom. XIII, 2ᵉ part., 1827.)

(2) C'est le nom que les indigènes donnaient à la vallée de l'Orotave.

pommes d'or; Nicolas Monard, examinant son fruit à la lonpe, crut voir sous l'enveloppe l'image du monstre fabuleux; et les botanistes modernes, jugeant le colosse par l'embryon, l'ont classé dans la famille des asperges. Que pourrais-je dire de plus...? Poursuivons.

Les bonnes maisons de l'Orotave (*las doce Casas*) étaient situées la plupart dans les environs du manoir : je me liais de la plus franche amitié avec mes nobles voisins : les familles des *Garcia* et des *Machado* furent celles que je fréquentais le plus assidûment, mais je devrais en nommer bien d'autres pour acquitter ici toutes les dettes de mon cœur. Pendant les trois années que je passai à *la Villa*, ce fut partout le même accueil, les mêmes témoignages d'affection. Je n'ai rencontré nulle part tant de bienveillance, une société plus aimable, plus prévenante et de meilleurs procédés.

Un établissement d'instruction publique, que j'avais été chargé d'organiser, m'avait mis en rapport avec tous les habitans. Après le royal décret qui détruisit mon œuvre, je repris mes premières habitudes, et le manoir de Franchi devint le quartier général et le point de départ de mes excursions dans le district de Taoro. Chaque jour, je parcourais la vallée avec un nouveau charme : *Agua mansa! Tigayga! Realejos! la Rambla!* ces beaux lieux me reviennent à la mémoire; les oublier serait ingratitude. *Agua mansa*, à plus de neuf cents mètres au-dessus de la Villa, est un site renommé par sa fraîcheur, ses ombrages et ses belles eaux..... le Fontenay de l'Orotave. *Tigayga* n'a rien de comparable pour la douceur de la température, le pittoresque et la beauté des points de vue. *Les Realejos* sont deux jolis villages séparés par un grand ravin. *Realejos* signifie campemens : le 25 juillet 1496, Don Alonzo de Lugo et ses Castillans occupaient les hauteurs où l'on a bâti depuis le vieux bourg; le Mencey Benchomo avait assis son camp au pied du coteau : la désunion régnait parmi les Guanches, et le malheureux prince vint implorer la générosité du vainqueur. Ce fut dans la petite église du realejo supérieur (*Realejo de arriba*) que Benchomo reçut le baptême.... et le martyre! *La Rambla* appartient à la famille des Bethencourt de Castro : cette charmante habitation est située sur le bord de la mer, en dessous des villages que je viens de nommer. Le propriétaire a su tirer un parti merveilleux de ce terrain en pente et coupé par des torrens. J'aimais à m'égarer dans ces sentiers tortueux qu'ombrageaient de superbes platanes, à écouter le bruit de la cascade écumante qui franchissait les rochers pour couler plus paisible sur un sol émaillé de fleurs. De toute part la vigne étalait ses grappes dorées et les vergers leurs plus beaux fruits. En voyant la Rambla de Castro, l'art ne semble pour rien dans cette création ; on y a réalisé les jardins d'Armide :

> E quel che il bello, e il caro accresce all' opre,
> L'arte che tutto fa, nulla si scopre.

A l'époque des pluies, les principaux habitans de l'Orotave quittent leur résidence de la ville pour aller s'installer au port. Cet établissement maritime réunit plusieurs compagnies de commerce, dirigées la plupart par des Anglais. Le vin de Ténériffe, dont ces facteurs ont le monopole, est expédié à Londres et vendu aux amateurs sous le nom de *Madère*. Le Port a eu ses années de prospérité : pendant la dernière guerre, lorsque l'Angleterre était maîtresse des mers, il rivalisa Sainte-Croix. Ses rues sont larges et bien percées ; on trouve dans les maisons tout le confortable britannique, et des cours spacieuses qu'ombragent des poincinilles (1), des orangers et des bananiers.

En remontant la falaise qui borde la côte, on parvient sur le plateau de la Paz. Là, dans une enceinte de quelques arpens, on peut se reposer tour à tour à l'ombre des platanes et des catalpa (2) ; les végétaux des deux mondes sont cultivés au jardin d'acclimatation et y croissent comme

---

(1) *Poinciana pulcherrima.*
(2) *Bignonia Catalpa.*

dans leur patrie. On y trouve les Pandanus de l'Inde et les Protées du Cap, les Banksia de l'Australasie et les Palmiers d'Afrique; les arbres des Antilles et ceux de nos froides régions. Ce fut une grande et belle idée que celle de réunir, sous une latitude favorable, les plantes les plus précieuses des tropiques, pour les naturaliser ensuite, par une transmigration successive, dans les climats plus tempérés. Malheureusement ce projet n'était qu'une chimère : les latitudes isothermes peuvent seules réaliser cette acclimatation. La nature a soumis les végétaux à des conditions d'existence que l'homme ne saurait reproduire que dans une atmosphère factice : tant que notre globe tournera incliné sur son axe, les sombres forêts de l'Amérique garderont leurs grandes lianes, nos bosquets conserveront leurs charmilles, et les fleurs de la Cochinchine ne viendront pas détrôner nos roses et nos lis. J'étais convaincu de ces vérités, lorsque le marquis de Villanueva del Prado me confia la direction de l'établissement de la Paz; mais ma coopération pouvait être utile au pays, et j'acceptai cette surveillance.

Tous les étrangers qui abordaient à Ténériffe visitaient son jardin botanique, et le hasard me procura un jour une heureuse rencontre. La corvette l'*Astrolabe* venait de mouiller dans la baie de Sainte-Croix : le commandant d'Urville, accompagné des naturalistes Quoy et Gaimard, entreprit une excursion dans l'intérieur de l'île et se dirigea vers l'Orotave. Notre première entrevue eut lieu au jardin : je me promenais sous l'allée des catalpa, lorsque j'entendis parler français à quelques pas de moi. On peut juger de ma surprise en reconnaissant des compatriotes. Marin sous l'empire, j'avais servi sur la même escadre que M. d'Urville. Lancé plus tard dans une autre carrière, une sorte de confraternité m'unissait à ses deux compagnons. J'entraînai mes amis au manoir et les fêtai de mon mieux : le lendemain, les mêmes guides qui deux fois m'avaient conduit au pic, les escortèrent jusqu'au sommet de la montagne. Ils furent de retour le jour suivant. L'infatigable Gaimard semblait n'avoir fait qu'une promenade : en traversant le quartier du *Farrabo* un bal champêtre l'avait arrêté, et il ne rentra au gîte que dans la nuit. La petite caravane reprit le chemin de Sainte-Croix après quelques heures de repos. J'étais de la partie, et la journée que je passai à bord de l'*Astrolabe* ne s'est pas effacée de mon souvenir. Vers le soir il fallut nous quitter : la brise était favorable et l'on se mit en train d'appareiller. Nous nous embrassâmes en nous promettant de nous revoir. Personne n'a manqué au rendez-vous. J'arrivais à Paris pour publier la relation de mes courses aventureuses, lorsque M. d'Urville et ses compagnons achevaient la rédaction de leur grand voyage. Maintenant, que j'écris ces lignes, nous voilà encore séparés : l'intrépide commandant sillonne les mers antarctiques, et le chef de la commission scientifique d'Islande s'avance vers le Spitzberg. Jamais deux hommes, partis du même point, n'ont mesuré entre eux une plus grande distance. Puisse la fortune seconder leur zèle et les ramener à bon port!

SEPTIÈME MISCELLANÉE.

LA MOMIE.

> « Le respect pour la mémoire et la cendre des morts naquit
> » d'un sentiment religieux commun à tous les peuples ;
> » mais l'usage d'accompagner ce respect de la conservation
> » des corps, produit d'un sentiment profond de tendresse,
> » ne s'est trouvé que chez les nations capables d'affections
> » fortes et constantes. »
>
> Bory de Saint-Vincent.

Les conquérans des îles Canaries fondèrent leur domination sur l'anéantissement de tout un peuple ; dans cette guerre d'extermination, les valeureux Guanches, jaloux de leur indépendance, défendirent le terrain pied à pied ; mais la fortune abandonna leur cause ; poursuivis de rochers en rochers, et traqués à la fin dans des retraites inaccessibles, la plupart préférèrent la mort à un honteux esclavage et se précipitèrent du haut de leurs retranchemens aux derniers cris de liberté ! Pourtant ce peuple méritait un autre destin ; intrépide, grave, vertueux, confiant, humain, il eût dû vivre pour donner aux nations de l'Europe la mesure d'une civilisation plus sage que la leur (1). De tant de braves gens, il ne reste aujourd'hui que quelques momies cachées dans des catacombes qu'on ne retrouve plus que par hasard ; situées la plupart contre des escarpemens dangereux, ces grottes sépulcrales sont toutes d'un accès difficile, et ce n'est qu'au péril de sa vie qu'on peut y parvenir. Dans celles qui ont été visitées, les momies étaient rangées par couches régulières sur des tréteaux d'un bois incorruptible. La dépouille mortelle des princes et des personnages les plus illustres, renfermée dans des sarcophages de genévrier, était placée

---

(1) Voyez, dans le *Voyage pittoresque autour du monde*, les divers renseignemens que j'ai communiqués à M. Dumont-d'Urville, pag. 17-21.

debout contre les parois de la grotte ou dans des niches creusées dans le roc (1). Les Guanches apportaient le plus grand soin dans les embaumemens : le corps, après avoir été vidé, était humecté à plusieurs reprises avec une liqueur parfumée et astringente (2), puis séché au soleil pendant quinze jours. Durant cette opération, les parens et les amis chantaient les louanges du défunt et célébraient des jeux funèbres (3). Lorsque la momie était entièrement sèche, on l'enveloppait dans plusieurs peaux de chèvres artistement cousues (4), pour être transportée ensuite dans son dernier asile et prendre rang parmi les autres.

Ces momies, dont l'origine est probablement très-ancienne, sont encore parfaitement conservées; les traits du visage n'ont souffert qu'une légère altération; les cheveux, la barbe, les sourcils, les paupières même, rien n'y manque. Viera a donné la description de la grande caverne de *Herque* qu'on découvrit il y a une cinquantaine d'années : elle était située sur la bande méridionale de Ténériffe, près du village d'Arico, et renfermait plus de mille cadavres. « Le spectacle de ces catacombes, dit l'historien, n'avait rien de désagréable ; j'étais saisi d'admiration, et ce fut avec le sentiment du plus profond respect que je touchais les précieuses reliques d'un peuple digne de pitié. »

---

(1) P. Espinosa, lib. I, cap. 9, pag. 29.
(2) Elle se composait, dit-on, de beurre de chèvres, d'herbes aromatiques, de résine de pin, de sciure de bruyère, de pierre ponce pulvérisée et d'autres substances dessiccatives.
(3) Viera, *Noticias*, tom. 1, pag. 177.
Le conseiller Galien de Béthencourt, qui écrivait sans doute d'après les traditions conservées dans sa famille, s'est exprimé en ces termes : « *Durant ce temps-là, ses amis pleuroient et lamentoient sa mort. » A la fin des quinze jours, ils enveloppoient ce corps en des peaux de chèvres si industrieusement cousues l'une » avec l'autre que c'est chose admirable, et ainsi le portoient en une caverne fort profonde, où personne ne pou- » voit avoir accès. Il se trouve encore de ces corps qui ont esté en sépulture de cette façon depuis mille ans en » çà, à ce qu'ils disent.* » (*Traicté de la Navigation et des Voyages*, Paris, MDCXXIX.)
(4) Les corps sont enveloppés de plusieurs peaux suivant le rang du défunt. De fortes courroies remplacent les bandelettes des momies égyptiennes, et sont assujetties au moyen de petits crochets d'os de chèvres. La position des mains indique le sexe : les hommes les ont allongées contre les cuisses, et les femmes les tiennent croisées sur le ventre.

Malheureusement, les habitans des Canaries n'ont pas toujours montré tant de vénération pour ces pauvres Guanches si cruellement maltraités par leurs ancêtres. Peu de temps avant mon arrivée aux îles, une nouvelle grotte venait d'être explorée : des bergers stupides avaient tout détruit, précipitant les momies dans le ravin de Tacoronte et ne conservant que les peaux mortuaires pour en faire des courroies et des sacs. Un amateur d'antiquités se transporta sur les lieux pour glaner parmi les débris entassés au fond du *barranco* (1), et revint à Sainte-Croix avec une tête et quelques membres qu'il rajusta de son mieux. Bien des voyageurs ont visité le cabinet du major Megliorini sans se douter que son Guanche était un composé de plusieurs et qu'il y avait là peut-être quatre ou cinq générations sous la même enveloppe.

Dans le choix de leurs catacombes, les Guanches préféraient les grottes les moins accessibles ; ils avaient soin d'en fermer l'entrée afin de les garantir de toute profanation. Depuis l'occupation du pays par les Européens, les défrichemens, les tremblemens de terre et les éboulemens occasionnés par ces violentes commotions du sol, ont encore augmenté les obstacles ; mais quels que soient les changemens survenus, l'accès des grottes sépulcrales ne dut pas moins présenter autrefois de très-grandes difficultés. Les Guanches parcouraient les montagnes par sauts et par bonds : accoutumés dès l'enfance aux exercices gymnastiques, ils s'élançaient de rochers en rochers en se laissant glisser le long de leur lance pour amortir leur chute.

Non moins intrépides que ces hardis Troglodites, les bergers canariens ont hérité de leur hardiesse : je les ai vus descendre à la course de la crête des monts jusqu'au fond des ravins ; les plus formidables escarpemens n'arrêtaient pas leur audace. Le moindre appui, la plus étroite corniche leur suffisaient pour atteindre leur but. J'en ai connu

---

(1) Ravin.

un, surtout, qui eût défié nos plus forts acrobates en fait de légèreté et d'aplomb. C'était *Manuel l'Orseilleur* : suspendu au-dessus des abîmes, il bravait tout pour se procurer le *roccella*, ce précieux lichen si recherché aux Canaries (1). Les dangers auxquels s'exposent nos badigeonneurs ne sont rien en comparaison. La corde des orseilleurs est sans nœuds; leurs jambes ne sont retenues par aucun crochet; une simple planchette les maintient en équilibre; assis sur ce frêle soutien, les élans qu'ils se donnent, en appuyant les pieds contre les berges des ravins, les font voltiger de droite et de gauche. C'est par ce moyen qu'ils s'accrochent aux saillies du roc; un petit bâton recourbé les retient devant les endroits qu'ils veulent explorer. Lorsque les accidens de la montagne rendent inutile le secours de la corde, ils se servent de la lance des Guanches, choisissent d'un coup-d'œil leur point d'appui, et franchissent tous les ressauts.

Plus leste qu'un chamois de nos Alpes, *Manuel l'Orseilleur* s'était formé de bonne heure à ce rude exercice, et passait pour le plus courageux de ses compagnons qui l'avaient surnommé l'*Andorina* (l'hirondelle). Je comptais sur lui pour visiter quelque grotte encore intacte : il me fallait un Guanche à tout prix, et le brave garçon s'était mis à la recherche. Un fusil de chasse et dix piastres devaient être sa récompense si la chance le favorisait.

Depuis plus de trois mois Manuel était en campagne sans donner signe de vie; je commençais à perdre tout espoir de succès, lorsqu'un soir il vint m'annoncer lui-même qu'il avait découvert des momies dans une grotte jusqu'alors inconnue. Cette nouvelle me transporta de joie : j'allais enfin voir des Guanches! des Guanches morts, à la vérité, mais tels du moins qu'ils avaient été déposés sur leur couche funèbre; car, bien qu'une sotte frayeur eût empêché Manuel de pénétrer

---

(1) Voyez mes observations sur l'orseille, dans la 1re part. du 2e vol., pag. 18 et 19, et l'article *Orseille* du *Dictionnaire de la Conversation et de la Lecture*.

seul dans la caverne, les peaux mortuaires qu'il avait aperçues de l'entrée me promettaient d'avance de la trouver dans son état primitif. Il fut donc convenu que nous partirions le lendemain au point du jour, munis de tout ce qui nous était nécessaire pour faciliter notre exploration. Je résidais alors à Sainte-Croix, et le trajet que j'avais à faire pour arriver à l'endroit désigné n'était pas long. Mon guide s'était associé deux de ses confrères, gens d'expérience et de bon conseil, à ce qu'il disait. Nous nous mîmes en marche à l'heure indiquée, et suivîmes d'abord le rivage de la mer jusqu'à l'embouchure du *Valle-Seco*, où nous pénétrâmes. Manuel nous fit remonter ce ravin en passant par des sentiers presque impraticables. Enfin, parvenu au pied du morne de *la Corona*, mon orseilleur s'arrêta tout-à-coup : « Voyez-vous là-haut cette tache noire? me dit-il. — Oui, c'est l'aire d'un vautour, je crois. — Non, reprit-il en souriant, c'est la grotte! » Et la grotte de Manuel, située contre un mur de basalte, paraissait à plus de deux cents pieds du sol. Du fond du ravin où nous nous étions arrêtés, l'escarpement était inabordable : il nous fallut tourner la montagne pour la gravir par les versans du nord qui présentaient un accès plus facile. En effet, nous arrivâmes sans peine jusqu'au sommet, et de là nos regards plongeaient de toute la hauteur du morne dans le ravin que nous venions de quitter, et mesurèrent avec effroi un abîme de plus de trois cents pieds de profondeur. A la moitié du précipice, la roche s'avançait en saillie : il s'agissait d'atteindre ce rebord pour entrer dans la grotte que Manuel avait reconnue quelques jours auparavant. Nous attachâmes une longue corde autour d'un bloc de basalte qui couronnait la crête du morne, et la fîmes filer dans le ravin; car, une fois parvenus sur la corniche, et notre exploration terminée, il valait mieux nous laisser glisser jusqu'à la base de la montagne que de tenter de remonter au sommet. Il nous importait donc, avant d'entrer dans la grotte, de prendre toutes nos mesures pour pouvoir en sortir.

Manuel s'aventura le premier et je suivis des yeux tous ses mouvemens : arrivé en face de la caverne, il s'accrocha avec son bâton pour se rapprocher du rocher et prit pied aussitôt. Je ne tardais pas de le rejoindre; la pratique que j'avais acquise à bord des navires me servit bien dans cette occasion. Les deux vieux orseilleurs descendirent ensuite et nous aidèrent à débarrasser l'entrée de la grotte des pierres et des broussailles qui l'encombraient. L'intérieur de cette excavation avait environ dix pas de large sur quinze de profondeur, et la voûte était assez haute pour qu'on pût se tenir debout. Une terre brune, friable, mêlée de fragmens de bois, de peaux de chèvres et d'ossemens humains, couvrait le sol. Il était évident que cette couche de débris organiques provenait de momies dont l'humidité, qui transpirait des parois de la grotte, avait accéléré la décomposition. J'étais presque désappointé. Toutefois, nous nous mîmes en train d'explorer les lieux : Manuel venait de faire la découverte d'une niche où nous trouvâmes deux vases de terre qui avaient servi sans doute à renfermer le lait et le froment que les Guanches déposaient à côté des défunts. Je ramassai près de là une espèce de houlette assez artistement travaillée. C'était déjà quelque chose, et l'espoir commençait à renaître. Un recoin nous restait à examiner : les deux vieux orseilleurs allument une torche et s'avancent avec une certaine défiance; l'altération de leurs traits décèle le sentiment qui les agite.... mes hommes tremblent de peur..... A peine ont-ils fait quelques pas qu'ils s'arrêtent tout court, marmottent tout bas et n'osent pousser plus avant. C'est un Guanche qui cause leur effroi, un pauvre Guanche, mort depuis mille ans peut-être, une momie que je me hâte de retirer de dessus son tréteau vermoulu! Nous la portons à l'entrée de la caverne afin de l'examiner au grand jour. Mes gens la regardent à distance et comme stupéfaits : elle est cousue dans trois peaux de chèvres que brident de fortes lanières, la tête est couverte d'un capuchon, son buste s'est bien conservé, les chairs sont encore intactes, mais la figure a souffert, horriblement souffert; les bras et les jambes n'existent plus. Nous laissons là notre trouvaille et nous rentrons dans la caverne pour achever l'exploration. « Il peut y avoir des corps sous cette couche de terre ; allons, mes amis, la main à l'œuvre, déblayez-moi tous ces débris. » A ma voix, Manuel donne l'exemple: la bêche dont il a eu soin de se munir nous sert à merveille ; ce ne sont d'abord que des peaux et des tronçons de genévrier ; mais voilà que ses compagnons trébuchent contre un crâne, et reculent épouvantés. Il n'y a plus moyen de les faire travailler : à chaque exhumation de squelette, ils font des signes de croix et me conseillent d'en finir. J'ai beau les encourager, les préjugés parlent plus fort : dominés par une terreur panique, ils veulent m'abandonner si je persiste dans mon entreprise. Certes, ce n'était pas là mon compte, il ne me restait plus aucun doute sur l'inutilité de mes recherches ; le temps et l'humidité avaient tout détruit, mais le secours des orseilleurs me devenait indispensable pour emporter mon Guanche, et l'embarras augmentait à l'approche du dénoûment.

Nous ne pouvions faire descendre la momie dans le ravin avec la corde qui devait nous y conduire, car il fallait l'assujétir par plusieurs tours, et dès-lors elle n'arrivait plus jusqu'en bas. La porter nous-mêmes était le seul moyen qui nous restait à prendre... Mais, qui se chargerait du fardeau? C'était-là le point difficile. Moins exercé que les autres dans le métier de *funambule*, je devais suivre Manuel, dont rien ne devait gêner les mouvemens, afin qu'il pût me secourir au besoin durant mon périlleux trajet. La question resta donc débattue entre ses deux confrères : après bien des contestations, ils convinrent de tirer au sort, et le vieux Lorenzo eut à subir sa mauvaise chance. Le bonhomme pâlissait à la vue du compagnon que j'allais lui donner et n'osait le regarder en face. Je pris le parti de le lui attacher sur le dos. J'avais heureusement sur moi quelques bouts de ficelle, et j'entortillai mon homme de manière qu'il ne pût se débarrasser sans mon secours. Cela fait, l'orseilleur saisit la corde et se laissa glisser dans le ravin, où nous le joignîmes bientôt.

Ce ne fut pas sans éprouver quelque émotion que je parcourus à vol d'oiseau un abîme de deux cents pieds de profondeur : s'il me fallait aujourd'hui recommencer l'épreuve, peut-être y penserais-je à deux fois. Nous nous empressâmes tous autour de Lorenzo, qui attendait d'un air piteux qu'on le débarrassât de la momie dont le cou s'était disloqué pendant la descente. A chaque mouvement de l'orseilleur, la tête branlante du Guanche lui battait sur l'épaule et faisait son martyre ; aussi, lorsqu'il se vit libre de ce fardeau incommode, il poussa un *Ave Maria!* des plus expressifs. Quant à Manuel, il riait de bon cœur des grimaces de son confrère, et, tout fier de notre succès, il me complimentait sur ce qu'il appelait ma *valentia*, mais dans le fond je crois que le fusil de chasse et les dix piastres promises avaient la plus grande part à sa joie. Du reste, la récompense lui était bien acquise, et je fis même encore plus en sa faveur. Cette momie, conquise à tant de peine, tombait en lambeaux, et je n'avais pas, comme le major Megliorini, des membres de rechange pour remplacer ceux qui lui manquaient. Je la cédai à Manuel, espérant m'en procurer une autre en meilleur état : mon orseilleur la vendit à un étranger du port de l'Orotava qui fut moins dégoûté que moi. Depuis cette époque, toutes mes recherches furent infructueuses, et je quittai Ténériffe en emportant le souvenir de mon Guanche avec le regret de l'avoir cédé si étourdiment.

Cinq ans s'étaient écoulés depuis cette aventure : je venais de parcourir les côtes de l'Algérie au moment où la France y arborait son drapeau ; mes voyages dans la Méditerranée m'avaient conduit en Italie et j'arrivai à Genève par les Alpes. Durant mon séjour dans cette ville, je fus visiter le cabinet d'histoire naturelle ; et parmi les objets rares qu'on y avait rassemblés, on me montra une momie canarienne. Quel singulier hasard !.... c'était mon Guanche, toujours cul-de-jatte et sans bras, avec sa tête disloquée ; je le reconnus aussitôt. Le négociant suisse qui l'avait acheté à l'Orotava venait d'en faire don au cabinet. Ce fut M. le professeur Decandolle qui me confirma le fait dans sa jolie propriété des bords du lac, où je lui racontais un soir l'histoire de la momie voyageuse. C'est celle que je viens de transcrire.

HUITIÈME MISCELLANÉE.

LA VIERGE DE CANDELARIA.

« ¡ O viergen de Candelaria,
» Lúcida estrella del mar! »
(Chant popul.)

On vénérait à Ténériffe, il y a une douzaine d'années, une vierge merveilleuse qui faisait plus de miracles qu'elle n'avait de perles fines à son collier, de diamans à sa couronne, de paillettes et de dorures à ses riches habits. Cette brune madone, que les habitans des Canaries regardaient comme la patrone générale des sept îles, avait son temple à Candelaria, dans le district de Guimar, sur la côte orientale de Ténériffe. Les anciennes traditions populaires sur la merveilleuse apparition de la Vierge de Candelaria sont consignées dans un ouvrage que le révérend père Fray Alonzo Espinosa publia à Séville en 1594 (1). Ce moine dominicain était de bonne foi : « Il m'a fallu chercher la vérité au milieu des ténèbres, écrivait-il, car je ne trouvais rien dans les manuscrits du temps qui pût me satisfaire (2). » Pour mon compte, je m'en tiens à la déclaration du révérend et vais donner l'histoire de la madone sans réflexions ni commentaires.

La chose date de loin : c'était au quatorzième siècle, vers la fin de 1392. Les Canaries étaient alors les îles Fortunées, et les Guanches jouissaient encore de leur indépendance. Acaymo, un des Menceys de Ténériffe, régnait dans la principauté de Guimar. « Un soir, dit Fray Alonzo, deux bergers guidaient leurs troupeaux vers la plage de Chimisay; en arrivant sur les bords du ravin de Chinguaro, les chèvres

---

(1) *Del origen y milagros de la santa imagen de nuestra señora de Candelaria, que apareció en la isla de Tenerife, con la descripcion de esta isla.* (Sevilla, en casa de Juan de Leon, año 1594.)

(2) ..... *La alcanzo y pudo sacar á luz de entre aquellos obscuros tiempos sin que hallase cosa alguna escrita que le satisfaciese.* (P. Espinosa, lib. II, cap. 7. — Voy. Viera, *Noticias*, tom. 1, pag. 284.)

épouvantées prennent la débandade et refusent de passer outre, malgré les cris des pasteurs. Qui donc met ainsi tout le troupeau en émoi? Une madone, debout sur le rivage, tenant un enfant dans ses bras. Les bergers la croient une femme guanche et lui font signe de se retirer, mais la madone reste immobile. L'un des conducteurs du troupeau se démet le bras en la menaçant d'un geste, l'autre compagnon s'avance armé d'une pierre tranchante, et le sang jaillit de ses doigts dès qu'il porte la main sur cette image surnaturelle. Alors les deux Guanches, plus effrayés que leurs chèvres, abandonnent le troupeau égaré et gagnent en courant la grotte du Mencey de Guimar auquel ils racontent leur aventure. »

Je copie presque textuellement, c'est toujours Fray Alonzo qui raconte : « Acaymo était un prince incrédule : il voulut vérifier le fait et descendit à la plage avec les anciens de l'endroit. A peine put-il en croire ses yeux lorsqu'il se vit en présence de la vierge merveilleuse. Saisi d'un saint respect, il veut qu'elle soit transportée dans sa demeure : les deux pasteurs obéissent en tremblant à l'ordre du Mencey et guérissent de leurs blessures dès qu'ils ont touché la divine statue. A ce nouveau prodige, Acaymo se prosterne; l'honneur de porter la vierge ne doit appartenir qu'à lui : il la charge sur ses épaules, s'en retourne avec les Guanches de sa suite et la dépose dans la grotte royale de Chinguaro aux acclamations du peuple. »

Environ un demi-siècle après cette miraculeuse apparition, Fernand Peraza, seigneur des quatre premières îles conquises, tenta plusieurs descentes sur la côte de Ténériffe pour enlever des Guanches et faire main basse sur les troupeaux. Dans une de ces excursions, un jeune berger de la principauté de Guimar tomba au pouvoir du noble pirate. Peraza l'amena dans sa résidence de Lancerotte, où il le fit baptiser sous le nom d'*Anton* (1), selon l'expression du temps. Sept ans

---

(1) Pour *Antoine*.

après, le jeune esclave suivit son maître à la Gomere; mais la caravelle de Lancerotte ayant relâché à Ténériffe, Anton reconnut ses foyers et trouva moyen de prendre la fuite.

Nuñez de la Peña, Viana et d'autres auteurs canariens (1) ont donné une histoire pathétique des aventures d'Anton le Guanche : ce sont leurs chroniques que je traduis ici.

« .... Anton retrouva son père, mais il ne voulut accepter ni gofio ni miel avant d'aller rendre grâce à la vierge de la grotte royale. Le vieil Acaymo vivait encore : ce prince apprit du Guanche chrétien à quel titre l'image miraculeuse méritait l'hommage des mortels, et depuis ce jour le peuple de Guimar l'invoqua sous le nom de *Mère du Conservateur du ciel et de la terre* (2). Le Mencey, s'en rapportant au zèle du néophyte, lui laissa transporter la Vierge dans la grotte d'*Acbbinico*, voisine de la plage où elle était apparue, et le pieux Anton se constitua dès-lors l'ermite de la sainte grotte. Les Guanches célébrèrent chaque année des réjouissances publiques en mémoire de cette translation, et la dotation d'un troupeau fut la première offrande que reçut la divine madone. On dit que ce troupeau, affecté au service du culte, ne diminua jamais, bien qu'il ne se composât que de brebis. Des clartés surnaturelles illuminaient la grotte pendant la nuit : partout à la ronde l'air s'imprégna de parfums; et de célestes concerts annoncèrent aux Guanches la présence d'une divinité. »

Mais la Vierge de Candelaria, qu'on venait d'installer dans sa cha-

---

(1) Nuñez de la Peña, *Conquista y antiguedades de las islas de la Gran-Canaria*, etc., Madrid, 1676.— Antonio Viana, *Antiguedades de las islas Afortunadas*, etc., poema, Sevilla, 1604. — Abreu Galindo, Mss., lib. III, cap. 14.

(2) De manera que toda aquella nacion se convino en invocarla baxo los nombres de *Achmayex Guayaxerax achoran Achaman : que es decir la Madre del conservador del cielo y tierra*. (Viera, *Noticias*, tom. 1, pag. 423.) On ne peut guère se fier en général à l'orthographe des auteurs espagnols pour les noms qu'on a conservés de l'ancienne langue canarienne. La plupart de ces expressions sont traditionnelles, et ont été écrites avec des variantes dont il serait difficile d'apprécier les motifs. Georges Glas, qui a donné un catalogue de noms guanches, d'après le manuscrit d'Abreu Galindo, a écrit *Achguaragenan* pour celui ou celle qui soutient le ciel et la terre. (Voy. *Hist. Can. isl.*)

pelle rustique, était destinée à changer encore bien des fois de demeure avant d'être adorée dans le temple qu'on lui consacra plus tard.

Seize ans s'étaient écoulés depuis le retour d'Anton à Ténériffe, lorsque Sancho de Herrera, troisième fils de don Diego, seigneur de Lancerotte et roi titulaire des Canaries, débarqua clandestinement sur la côte de Guimar pour ravir la sainte image. Un premier succès couronna son audace, la madone fut portée en triomphe dans son domaine de Fortaventure et déposée dans l'église paroissiale. Fray Alonzo, qui rend compte de cet enlèvement, prétend que la Vierge, irritée, ne cessa de manifester sa colère contre son ravisseur. Je cite de nouveau le révérend, car ici le merveilleux vient encore embellir l'histoire : « ..... L'image de Marie fut renfermée dans une niche voilée, au-dessus de l'autel; mais chaque fois qu'on la découvrait, on la trouvait tournée vers le mur. Les prières et les rogations furent vaines; une maladie contagieuse vint affliger la contrée, et plus de deux cents personnes perdirent la vie. Sancho de Herrera, effrayé et repentant, se vit forcé de restituer la sainte image à ses anciens possesseurs; il reprit le chemin de la grotte d'Acbbinico, où pendant son absence un autre miracle s'était opéré. Anton l'ermite n'avait pas cessé de prier devant la Vierge, et les Guanches ne s'étaient aperçus d'aucun changement (1). »

Le chanoine Viera, qui a rapporté aussi dans ses *Noticias* toute l'histoire merveilleuse de la Vierge de Candelaria, n'a pas craint de dire que la raison et la saine critique auraient dû mieux guider les anciens écrivains (2).

Enfin, l'île de Ténériffe fut envahie par les Espagnols : en 1493, don Alonzo de Lugo débarqua sur la plage d'*Añaza* (Sainte-Croix) avec sa petite armée; et Añaterve, alors Mencey de Guimar, se rendant aux

---

(1) P. Espinosa, lib. 1, cap. 11 y 12.
(2) *Seria de desear que la razon y la sana critica habiesen florecido en aquellos tiempos.* (*Noticias*, tom. 1, pag. 456.)

avis du vieil ermite d'Acbbinico, abandonna lâchement la défense de la patrie pour se soumettre à une domination étrangère. Trois autres princes suivirent son exemple, et, après la conquête de l'île, un monument triomphal consacra cette honteuse défection (1).

La madone de Candelaria partagea le sort des Guanches de Guimar et passa au pouvoir des vainqueurs. Trois ans après l'alliance d'Añaterve et de ses collègues avec Alonzo de Lugo, Ténériffe avait changé de maîtres; le vaillant Benchomo, cerné dans la vallée d'Orotapala, venait de capituler; et le 2 février 1496 les heureux conquérans s'acheminèrent dévotement vers la grotte d'Acbbinico pour rendre grâce à la Vierge miraculeuse. La fête de la Purification fut célébrée à l'autel de Marie : on institua en son honneur une procession solennelle : on la proclama patrone spéciale de l'île, protectrice générale de toutes les Canaries; et, comme témoignage de leur vasselage, les rois vaincus la portèrent sur le pavois. Sensible à ces hommages, la Vierge manifesta, dit-on, son contentement par de nouveaux miracles. Dix quintaux de cire vinrent échouer sur cette plage de Chimisay où elle était apparue, et servirent pour illuminer la fête; de célestes clartés resplendirent la nuit aux alentours de la grotte, et les anges firent entendre leurs concerts. Fray Alonzo et Nuñez de la Peña le certifient.

En 1526, don Pedro Fernandez de Lugo, second adelantado de Ténériffe, voulut transférer la sainte image dans une chapelle qu'il avait fait construire à ses frais; mais la Vierge tenait à son ancienne grotte et *y retourna deux fois de son pur mouvement,* « comme l'assurent *avec candeur* nos auteurs de miracles, ajoute Viera (2). »

Quelques années après (1530), don Louis Cabeza de Vaca (tête de vache), évêque des Canaries, mit la Vierge de Candelaria sous la

---

(1) Voyez la deuxième miscellanée, pag. 24.
(2) *Noticias*, tom. IV, pag. 386.

sauvegarde des moines de Saint-Dominique, qui s'établirent momentanément dans la chapelle de l'Adelantado, en attendant la licence pour bâtir un couvent de leur ordre. Chaque jour de nouvelles offrandes grossissaient le trésor de la patrone, et le poste devenait lucratif. Aussi, chacun prétendait à Ténériffe avoir des droits sur la sainte image, et, pendant plus d'un siècle, ce ne fut que querelles et interminables procès. Le clergé séculier ne voulait rien céder aux moines, qui, de leur côté, soutenaient vigoureusement leurs prétentions. L'affaire prit souvent une tournure scandaleuse; le roi d'Espagne et le pape lui-même se virent obligés d'intervenir.

En 1539, les Dominicains, protégés par un décret de l'empereur Charles-Quint, s'étaient déjà installés dans leur couvent, lorsque le chanoine don Pedro de Samarinas, soutenu par de nombreux partisans, pénétra chez les moines et les chassa de la place. Mais ces changemens de serviteurs ne furent pas les seules tracasseries que la Vierge eut à souffrir, d'autres alarmes lui étaient réservées. Toutefois, il paraît qu'à cette époque, la bonne madone cessa d'opposer de la résistance à ses nouveaux possesseurs, et se laissa transporter partout où on voulut.

Dès le commencement du seizième siècle, les corsaires barbaresques infestaient les parages de Ténériffe, et les richesses de la Vierge de Candelaria couraient risque de devenir la proie des Maures. La cour de Madrid fut consultée sur la nécessité de transporter la sainte image et ses joyaux dans un lieu à l'abri de toute invasion, et Philippe II autorisa la translation par son décret d'Aranjuez du 9 mars 1596 (1). La Vierge fut envoyée à la Laguna, d'où on la fit ensuite retourner à Candelaria. L'année suivante les pirates se montrèrent encore, et la madone fugitive s'aventura de rechef par monts et par vaux pour chercher un asile. En 1635, les mêmes craintes motivèrent sa transla-

---

(1) Viera, *Noticias*, tom. IV, pag. 239.

tion dans l'église paroissiale de Guimar; en 1658, elle était de nouveau à la Laguna, mais cette fois ce n'était pas l'approche des infidèles qui l'avait mise en campagne; un fléau non moins redoutable que les Maures réclamait sa présence dans la capitale de l'île. La sécheresse désolait le pays: or, c'était toujours à la Vierge de Candelaria qu'on avait recours en pareil cas. On invoquait la divine patrone dans toutes les grandes calamités, quand les sauterelles d'Afrique faisaient ravage, en temps de guerre, de peste ou de famine; on se recommandait à elle dans les tremblemens de terre et les éruptions volcaniques; on la priait pour la pluie et pour le beau temps. Les moines ordonnaient des neuvaines et des rogations; le peuple accourait en foule; les vœux, les présens, les offrandes arrivaient de toutes parts.

Le clergé de la Laguna tenta de profiter d'une des stations de la madone dans la capitale pour revendiquer sa tutelle; mais les moines triomphèrent encore et la ramenèrent dans la grotte d'Achbinico, devenue chapelle de San Blas. Ce fut auprès de ce lieu vénéré des Isleños qu'ils réédifièrent leur couvent avec une église à trois nefs, et le trésor de la Vierge suppléa à tous les frais de construction. L'inauguration du nouveau temple eut lieu en 1672: les donations pleuvaient comme la manne du ciel; l'isleño don Juan de Agurto, évêque de Caracas, plein de dévotion pour la patrone de son pays, envoya six mille piastres, une fontaine en vermeil avec tout le service de l'autel. L'église du couvent de Candelaria étincelait de lampes d'or et d'argent; les ornemens de la madone étaient conservés dans la sacristie, où l'on montrait aux fidèles sa toilette et son riche écrin. Des tableaux représentant les miracles de la Vierge décoraient les murs de la sainte chapelle, et les voûtes étaient couvertes d'*ex voto*. Don Francisco Varona, capitaine-général des îles Canaries, fit construire une redoute pour la défense du monastère, le petit château de Saint-Pierre fut bâti sur la plage voisine aux frais du comte du Palmar, et le très-dévôt D. Bartolomé Montañez, gouverneur perpétuel du bastion de Candelaria, consacra à la Vierge le beau monument de marbre qu'on voit sur la grande place de Sainte-Croix (1).

Chaque année on accourait à Candelaria de tous les points des Canaries pour les deux fêtes consacrées à la patrone : celle du 2 février était la fête officielle, privilégiée, à laquelle assistaient tout le corps administratif et judiciaire, l'autorité militaire, le clergé et les ordres religieux. Les curés des différentes paroisses de Ténériffe arrivaient la veille avec leurs croix et leurs bannières : le régiment de la Laguna s'y rendait en armes. L'affluence des fidèles était prodigieuse. Dans les premiers temps, tout ce monde mangeait et dormait dans le temple ou bien campait au dehors, mais l'on remédia à cet inconvénient en

---

(1) Les faces du piédestal de l'obélisque de la Vierge, dont j'ai déjà parlé dans ma deuxième miscellanée, pag. 24, portent les inscriptions suivantes en style lapidaire.

TRADUCTION.

Aux frais et par la sincère dévotion du capitaine Bartholomé Antonio Montañes, gouverneur perpétuel du château royal de la plage de Candelaria, l'an de notre Seigneur Jésus-Christ MDCCLXXVIII, le Xe du pontificat de notre T.-S. Père Clément XIII, et le IXe de la proclamation de notre catholique monarque Don Carlos III.	Les rois héréditaires de Thenerife, couronnés de fleurs et portant pour sceptres majestueux les ossements de leurs ancêtres, adorèrent une divinité cachée sous cette sainte image, virent la lumière des cieux à travers les ténèbres, et l'invoquèrent dans toutes leurs disgraces.
Cette sainte pyramide, monument de piété chrétienne, élevée à l'éternel souvenir de la miraculeuse apparition, à Candelaria, de l'image de la très-sainte Vierge, dont la statue fut vénérée par les gentils 140 ans avant la prédication de l'Évangile.	Les chrétiens conquérans la proclamèrent potectrice spéciale de Thenerife; les Isleños, patrone générale des Canaries; son temple est fréquenté, ses miracles continuels. Adorons-la! car c'est l'image de cette auguste mère de Dieu, qui pour les hommes se fit homme.

faisant construire dans les environs du monastère de vastes hangards pour les *romeros* ou pélerins.

Une année, les volcans vinrent troubler la fête. C'était en 1705 : les mouvemens convulsifs du sol furent les premières annonces d'une éruption; le temple s'ébranla, les murs se lézardèrent, la madone bondit dans sa niche, et tout le peuple épouvanté sortit en désordre. La sainte image passa la nuit sur la plage parmi le tumulte et la confusion. Plus tard (en 1789) le monastère devint la proie des flammes, et la Vierge fut réinstallée dans la grotte de San Blas. La réédification de l'église, entreprise sur de plus solides bases, ne s'acheva qu'en 1803. Cette fois, l'architecte mit le temple à l'abri du danger, ses colonnes auraient soutenu le pic de Teyde; mais qui pouvait prévoir la plus terrible des catastrophes. N'anticipons pas cependant, il me reste à raconter la seconde fête.

Elle avait lieu le 15 août : c'était la fête du peuple, et la plage de Candelaria présentait ce jour-là le coup-d'œil le plus pittoresque. Qu'on se figure d'une part une côte sablonneuse sur laquelle débouche un ravin large et profond, de l'autre quelques habitations rustiques groupées sur d'arides rochers; un monastère adossé à l'escarpement qui borde la mer et défendu par des palissades; en avant le château, près de là une *hospederia*, espèce de caravansérail pour le logement des pèlerins, et, sur les flancs de la falaise qui domine le couvent et sa forteresse, un sentier taillé dans le roc pour retirer la Vierge en cas d'invasion ou secourir le château au besoin. L'ancienne grotte d'Acbbinico, devenue chapelle de San Blas, se trouve située un peu plus loin et fait partie du domaine des moines.

J'étais à Candelaria le jour de l'Assomption : il y a treize ans de cela (1). Jamais spectacle plus bruyant et plus animé n'avait frappé mes yeux ni retenti à mes oreilles; la foule des pèlerins se pressait au-

---

(1) Ce fut en 1826.

tour du temple, le tumulte ne discontinuait pas, on n'entendait que cris de joie et chants d'allégresse, un bruit confus, étourdissant, que mille sons divers rendaient encore plus étrange : les tambours, le canon, la musique, les chants sacrés, auxquels venaient se mêler les clameurs de *romeros*. De tous côtés arrivaient des bandes de joyeux pèlerins, ceux-ci à cheval, ceux-là montés sur des ânes, des mules ou des chameaux. Quelques-uns, plus dévôts, avaient fait la route à pied : ils se déchaussaient en s'approchant de la plage et se traînaient sur les genoux jusqu'à l'autel de la Vierge pour y déposer leur offrande. Tous portaient à leur chapeau l'image de la patrone, entourée de longs rubans rouges et verts. On faisait queue à la porte de la chapelle pour la bénédiction des cierges : l'église décorée pour la fête était jonchée de fleurs, et les mille flambeaux qui éclairaient l'intérieur du temple laissaient voir la foule des pèlerins agenouillés devant la sainte image.

Là, dans le fond du sanctuaire, la brune madone est assise sur un trône d'argent et revêtue de ses plus beaux habits. Ses bras et son cou sont ornés de superbes joyaux, de colliers de perles, de bracelets d'émeraudes et de rubis ; à sa ceinture pendent des chapelets de pierres précieuses, et sur sa tête brille la céleste couronne toute resplendissante de diamans. Les femmes la regardent les yeux pleins de larmes et le cœur gros de soupirs, les hommes murmurent des prières ; mais à ces premières manifestations de piété succèdent bientôt des démonstrations plus expressives. La cérémonie commence et prend alors un caractère dramatique. Trente campagnards des plus robustes, vêtus de peaux comme les Guanches, les bras et les jambes nus, pénètrent dans le temple en sautant sur leur longue lance. C'est la représentation des scènes qui se passèrent à la miraculeuse apparition lorsque les bergers de Guimar rencontrèrent la Vierge sur la plage de Chimisay : les acteurs d'aujourd'hui imitent leurs sifflemens et leurs cris sauvages ; ils s'approchent de la Vierge, grimacent de leur mieux, la menacent du geste et font semblant de lui lancer des pierres ; mais tout-à-coup ils reconnaissent leur erreur, un saint respect s'empare de leur ame, ils se prosternent aux pieds de Marie et l'adorent comme une divinité protectrice; puis, voilà qu'ils se relèvent pour entonner le chant populaire dont mille voix répètent le refrain :

¡O viergen de Candelaria
Lucida estrella del mar (1)!

Hélas ! cette image miraculeuse qu'on portait alors en triomphe aux acclamations des fidèles, cette divinité tutélaire sortie du sein des flots, et dont pendant cent ans l'on s'était disputé la conquête, la Vierge de Candelaria n'existe plus....! Elle a disparu sur cette même plage où elle aborda. Je venais d'assister à sa dernière fête. L'année suivante, l'ouragan déchargea toute sa fureur sur Ténériffe; un torrent impétueux fondit sur le couvent comme une avalanche, ravagea la sainte chapelle et emporta la madone avec ses trésors. Les *infortunées* Canaries perdirent leur patrone et les moines leur palladium !

---

(1) O vierge de Candelaria,
Brillante étoile de la mer !

NEUVIÈME MISCELLANÉE.

L'OURAGAN.

> « .... Implentur fossæ, et cava flumina crescunt
> « Cum sonitu, fervetque fretis spirantibus æquor. »
> (Virg.)

Le 7 novembre de l'année 1826 fut un jour néfaste pour les habitans des Canaries. J'étais à la Laguna quelques heures avant la terrible catastrophe qui vint plonger les populations de Ténériffe dans la désolation. Le docteur Saviñon me conseillait de descendre au plus vite à Sainte-Croix, où je devais me rendre : « Depuis ce matin, me disait-il, mon baromètre est en mouvement, quelque chose d'extraordinaire va se passer dans l'air.... Partez et dépêchez-vous avant l'averse ou pire peut-être. »

Je me séparai du bon docteur, et chemin faisant ses pronostics se vérifièrent. Le vent qui était au sud-ouest, à mon départ de la Laguna, passa tout-à-coup au sud, puis à l'est ; mais ce n'était encore qu'une brise indécise, qui soufflait par rafales en s'esseyant dans différentes directions pour éclater ensuite en tempête. Le soleil avait pris une teinte lugubre, les nuages amoncelés à l'horizon montaient rapidement au zénith, une longue traînée de vapeurs s'étendait d'orient en occident comme une déchirure du ciel ; et le pic de Teyde, ce sémaphore des orages, se couvrait de son manteau noir. J'avais peine à respirer dans cette atmosphère que la bourrasque pressait déjà de toute part, et l'irritation nerveuse se manifestait en moi comme une révélation. A ces fâcheuses annonces, je reconnus un phénomène dont j'avais été témoin en Amérique : c'était bien l'ouragan des Antilles...., il arrivait avec ses avant-coureurs ; mais cette fois, hors de ses limites, il venait fondre sur une région que j'aurais crue à l'abri de ses ravages. De grosses gouttes de pluie, perdues dans l'air, faisaient déjà pressentir l'averse ; la tourmente ne grondait pas encore, la foudre ne déchirait pas la nue, et pourtant ce silence des élémens au milieu de ces apparences sinistres en eût imposé au plus hardi.

J'arrivai à Sainte-Croix vers une heure : la mer grossissait par instant, et chaque coup de ressac ébranlait le môle où je m'étais posté pour observer l'imposante scène qui allait avoir lieu. Bientôt, en effet, commença une lutte acharnée de pluie et de vent qui dura sans relâche jusqu'au lendemain; la tempête devint terrible, épouvantable, forcenée; la mer se souleva du fond des abîmes pour envahir le rivage, et l'ouragan dévastateur fondit sur l'île avec une impitoyable furie. Deux gros navires rompirent leurs amarres et furent jetés sur la plage ; un troisième, lancé contre les rochers, se perdit corps et biens. Il était alors neuf heures du soir : je me trouvais-là, comme tant d'autres, avec la bande des mariniers, prêt à porter secours aux malheureux naufragés. Nous nous cramponnions aux parapets du môle, car la violence du vent, qui soulevait les blocs de la jetée, pouvait nous lancer dans la rade. Un tronçon de mât vint tomber à trois pas de moi ; quelque chose d'humain s'en détacha... c'était un matelot du bâtiment américain qui venait d'être englouti... le seul de tout l'équipage !

Le jour vint éclairer de nouveaux désastres; la rade était veuve de ses vaisseaux, et la pluie et le vent ne cessaient pas. Les ravins qui entourent Sainte-Croix roulaient des masses d'eau chargées de débris; d'énormes troncs d'arbres, arrachés aux forêts par la force de la tourmente, suivaient l'impulsion des torrens; et cette débâcle, en arrivant sur la côte, entraînait tout devant elle. Le bastion de Saint-Michel, situé à l'embouchure d'un des ravins, fut emporté dans la mer avec toute son artillerie.

Les nouvelles de l'intérieur étaient désastreuses : on disait que le district de l'Orotave avait le plus souffert ; on parlait d'affreux malheurs ; le chiffre des morts était effrayant et redoublait mes alarmes : j'avais là des amis, un surtout, le plus intime...... et j'ignorais son sort!

Mon logement pouvait être de ceux que les eaux avaient envahis, ravagés... je tremblais pour mes collections, mes livres, mes manuscrits; enfin, après deux jours d'anxiété, les chemins devinrent praticables, et je reçus une lettre de mon cher Auber. Il m'annonçait que je n'avais éprouvé que quelques dégâts, mais la population de l'Orotave déplorait bien des pertes!

« Le 7 novembre, m'écrivait-il, le mugissement des vagues fut plus
» fort qu'à l'ordinaire; il retentissait jusqu'à *la Villa* comme un si-
» nistre pressentiment. Au coucher du soleil, le ciel était blafard et
» prit bientôt un aspect terrible; puis un voile sombre couvrit toute la
» vallée. Bientôt la pluie tomba par torrens, et la tourmente fut à son
» comble. Vers minuit on eût dit que l'averse allait tout submerger. Le
» fracas des masses d'eau qui se précipitaient des montagnes, la chute
» des rochers, les sifflemens de la tempête ne sauraient se décrire; je
» n'avais jamais rien entendu de pareil. Les météores qui parcouraient
» les airs venaient éclairer par instant cette scène de désolation (1). Le
» lendemain matin le vent soufflait encore avec furie; c'était toujours
» la même pluie battante; mais, inquiet sur le sort de mes voisins, je
» me hasardai par la ville. Quel triste spectacle! La terreur était
» peinte sur tous les fronts; on n'osait s'interroger, car chaque ren-
» contre dévoilait de nouveaux malheurs. Dans la partie orientale de
» la ville, les rues s'étaient formées en torrens que rien ne pouvait con-
» tenir, et, dans les endroits où le choc avait été le plus violent, de
» grandes brèches signalaient les édifices emportés par les eaux. Les
» ravages occasionnés par l'ouragan étaient encore plus désastreux
» dans le quartier du Calvaire: là, des cadavres qu'on entassait dans
» les églises, des blessés qu'on transportait à l'hôpital, de pauvres or-

---

(1) Voyez les observations de M. Auber dans ma Notice sur l'ouragan. (*Annales de chimie et de physique*, tom. LVIII, an 1835, pag. 204 et suiv.) C'est par erreur que dans cette Notice la date de la catastrophe se trouve indiquée le 6 novembre au lieu du 7.

» phelins désolés, inconsolables, qui demandaient leur père à tous les
» passans; c'était affreux! Le chemin qui conduit à ce faubourg était
» coupé par de profondes ravines, et la campagne jonchée de débris
» n'offrait de toute part que ruines et dévastations. Des chaumières
» démolies, des grèves arides et nues là où la veille j'avais vu la terre
» couverte de la plus riche végétation!

» ...... Hier je me suis avancé jusqu'au bord d'un des *barrancos* où
» nous avons si souvent herborisé ensemble : eh bien ! le petit hameau
» de Quiquira, qui vous plaisait tant, n'existe plus.... Enseveli sous un
» lit de gravier, j'ai reconnu à peine sa place. Tout est bouleversé aux
» alentours; plus de massifs de verdure, plus de rochers pittoresques....
» un véritable chaos. Et ce brave vieillard si complaisant, si affable,
» qui nous recevait dans sa cabane; sa vieille Ursule, leurs pauvres en-
» fans.... plus rien! L'ouragan a passé sur Quiquira comme une malé-
» diction du ciel. A la vue de cet épouvantable désastre, au souvenir
» des bons habitans du hameau, j'interrogeais la Providence et lui de-
» mandais si cette destinée n'était pas une erreur. »

Mon ami Auber terminait sa lettre par ce *post-scriptum* :

« Jusqu'ici le chiffre des cadavres retrouvés s'élève à vingt-deux;
» celui des personnes noyées ou ensevelies sous les décombres est porté
» à quatre-vingt-quatre; cinq cents animaux ont été la proie des tor-
» rens; le nombre des maisons ruinées s'élève à cent quatre-vingt-dix;
» la perte en vignobles est incalculable. Je tiens ces renseignemens de
» l'alcade (1). »

A ces tristes nouvelles, je ne tardais pas à me mettre en route pour parcourir l'île et juger par moi-même des funestes effets de l'ouragan. A la Laguna le lac avait repris ses anciennes limites, et l'on apercevait

---

(1) Voyez ma notice sur l'ouragan de 1826, dans les *Annales de chimie et de physique*, de MM. Gay-Lussac et Arago, tom. LVIII, année 1835, pag. 204-218. J'ai donné dans cette Notice le détail des pertes qu'éprouva l'île de Ténériffe, savoir, en totalité : 282 personnes noyées, 936 animaux, idem, 307 maisons emportées et 4 forteresses, 114 maisons ruinées et 5 bâtimens naufragés.

encore çà et là le toit des chaumières et l'extrémité des grands arbres au milieu de la campagne submergée. Dans le district de Candelaria un torrent descendu des montagnes était venu heurter contre le couvent des Dominicains; il avait envahi la chapelle de la Vierge et emporté l'image de la patrone vénérée des Isleños. Le château de Candelaria, situé en face du monastère, ne put opposer une digue à l'impétuosité du torrent : miné par les eaux, il eut le même sort que celui de Sainte-Croix. Un sergent d'artillerie, malheureux concierge de cette forteresse isolée, y périt avec sa famille. Ce fut en vain qu'il réclama du secours en sonnant la cloche de miséricorde........ personne n'osa franchir le ravin, et le beffroi du couvent répondit à son appel par un glas de mort. Peut-être qu'à sa dernière heure, l'infortuné implorait encore cette Vierge miraculeuse qui partageait son destin!

À mesure que je pénétrais dans la vallée de l'Orotave, le bouleversement du sol devenait plus apparent, car c'était vers le nord-ouest de l'île que l'ouragan avait déchaîné toute sa fureur. Le grand ravin de Tafouriaste, si pittoresque par ses ressauts, ses cascades et ses bouquets d'arbres, était encombré de gravier et nivelé par la débâcle des berges depuis *la Villa* jusqu'à la mer; des trombes d'eau, en se précipitant sur plusieurs points du vallon, avaient produit des éboulemens considérables; un des faubourgs du port et le château de Saint-Philippe ne présentaient plus qu'un amas de décombres (1); du côté d'Icod, le village de la Guancha avait perdu une partie de ses habitans et presque tous ses bestiaux (2); enfin, de toute part des maisons sans toiture, des troncs déracinés, des vignobles enfouis sous la grève témoignaient encore des ravages de la tempête.

Un navire français, la *belle Gabrielle*, assailli par la tourmente, était

---

(1) Il y eut au port 32 personnes noyées, 23 animaux, 31 maisons emportées et 6 ruinées.
(2) La perte sur ce point fut de 52 personnes noyées et 344 animaux (cochons, brebis, chèvres, chevaux, etc.), 72 maisons emportées et 31 ruinées.

venu se briser sur les ressifs du port. Deux matelots, sauvés par miracle, me racontèrent leur histoire avec cette poésie qui n'appartient qu'à eux : « Il soufflait à écorner un bœuf, me disait un de ces braves gens. — Aperçûtes-vous l'île avant le naufrage? — Eh bien oui! nous courions à sec de voile, fuyant devant le vent, la mer nous mangeait et la nuit était noire en diable. Ce fut bientôt fait, je vous jure. Une lame nous prit en travers et nous mouillâmes avec la quille. — Et comment parvîntes-vous à vous sauver? — Fortune de mer! Au premier coup de talon, le capitaine cria : *Tout le monde de l'arrière!* Bah! je t'en f..! silence absolu! la mer avait déjà tout balayé. Quant à moi, je me sentis lancé je ne sais où, et l'on me ramassa ensuite sur le toit de cette méchante case à moitié démolie..... tenez là-bas sur la côte, en face de ce gueux de rocher qui fit notre affaire à tous. Transporté à l'hôpital avec les reins fracassés, j'y trouvai mon matelot, et puis voilà. — L'équipage était-il nombreux? — Vingt et un hommes et un fameux navire sorti de Bordeaux pour l'île Bourbon. — Combien de passagers? — Un seul, brave jeune homme, fils d'un riche créole de la colonie; il venait de Paris et retournait chez lui bien gentil, après avoir fait ses classes; la famille l'attendait là-bas, le pauvre enfant...... On l'a retrouvé hier dans le sable.... à côté du capitaine...! » A ce nom, le marin regarda le ciel et baissa la tête.

A peine la nouvelle de l'ouragan fut-elle connue à Londres, que plusieurs négocians anglais ouvrirent une souscription en faveur des pauvres Isleños. Cet acte de philantropie, dont le produit s'éleva à plusieurs mille livres (*sterl.*), fut provoqué par une lettre que la sensibilité la plus compatissante dicta à M. Macgregor, consul de S. M. britannique aux îles Canaries. Honneur à lui et à MM. Little et Bruce, qui accoururent les premiers au secours de tant de malheureux! Mais il faut tout dire, ce noble appel ne trouva point d'écho dans le cœur de l'homme qui avait mission de soulager l'infortune. L'évêque de Ténériffe, auquel on s'adressa pour subvenir aux besoins les plus urgens, répondit qu'il avait ordonné des prières publiques..... Des messes pour apaiser la faim et couvrir la nudité.......!!! Quelques semaines après, le prélat parut se raviser, et deux cents fanègues de blé furent distribuées aux habitans des districts qui avaient le plus souffert. Cette générosité tardive ne put effacer l'impression du premier refus.

DIXIÈME MISCELLANÉE.

LA FÊTE DE SAINT-PIERRE DE GUIMAR.

> « Guimar esta de estotra parte lugar donde habitan los naturales
> » Guanches que han quedado, que son pocos, y habitan alli
> » por respecto à la santa imagen de Candelaria, que alli aparecio,
> » como quedo dicho. »   (Fray Alonzo Espinosa, 1594.)

Vers la fin de juin 1827, j'étais parti de l'Orotave avec une troupe de *romeros* pour assister à la fête de Saint-Pierre, que les habitans de Guimar allaient célébrer. Le chemin que nous avions à parcourir n'était pas des plus faciles : il s'agissait de franchir la chaîne des Cañadas qui divise l'île en deux bandes, c'est-à-dire qu'il nous fallait gravir une rampe de près de six mille pieds pour atteindre la crête des montagnes et descendre ensuite dans la vallée orientale ; mais nous avions tous d'excellentes mules, et notre cavalcade s'avançait au grand trot, sans s'inquiéter beaucoup des difficultés de la route.

Nous venions de dépasser les bois de l'Agua-Mansa, et les rochers de los Organos se dressaient devant nous comme les murs d'une forteresse ; après avoir tourné ces escarpemens, nous prîmes un défilé qui nous conduisit dans le *Llano de Manja*, où nous fîmes halte. Les pâtres de Ténériffe n'osent jamais traverser seuls cette enceinte volcanique, car c'est-là, disent-ils, que se réunissent les sorcières au coup de minuit. Je connaissais déjà le *Llano de Manja* pour y avoir stationné lors d'une première excursion au pic de Teyde, et j'avais pu juger de la terreur de mes guides, gens du reste très-intrépides pendant le jour, mais peureux en diable au milieu des ténèbres. Tout les effrayait alors ; le moindre buisson leur paraissait un fantôme ; les sifflemens de la bise, le cri des boucs, que répétaient les échos, retentissaient à leurs oreilles comme les appels du sabbat ; aussi d'étranges récits vinrent-ils égayer ma veillée durant la longue nuit que je passai au milieu de cette solitude (1). Il en est un surtout que je n'ai pas oublié : je me chauffais auprès du feu de notre bivouac avec une troupe de bergers venus pour inspecter les troupeaux qu'on laisse errer dans ces montagnes : « Domingo, dit un d'eux, raconte-nous l'histoire de l'âne noir? — *Si, si, la historia del burro negro!* cria toute la bande. » Et Domingo ne se fit pas prier : il se posa en conteur arabe, réclama l'attention et débuta par ces paroles :

« *Es mucha verdad!* Tio Juan vivait dans une petite chaumière du village de la Grenadilla : le pauvre homme n'avait pour toute fortune que quelques chèvres et un âne noir, la plus mauvaise bête des environs. Le bâton résonnait sur sa peau comme sur un tambour, et le maudit animal, toujours plus entêté, se riait de ses fredaines ; or, vous savez qu'on doit se méfier de l'âne qui rit. Un jour, Tio Juan s'achemina vers la Cumbre (2) avec son troupeau, et ce jour-là l'âne noir fut encore plus intraitable ; il ruait comme un possédé, sans faire cas des juremens ni des coups. Tio Juan, renversé trois fois, se vit forcé de mettre pied à terre, et la nuit le surprit au milieu du *Llano*. Alors l'âne noir flaira autour de lui, puis releva la tête en montrant les dents; ses yeux brillèrent comme deux tisons, et son maître épouvanté n'osa le regarder en face. Mais voilà qu'il s'arrête tout court et pousse un cri sauvage : Tio Juan se retourne..... ce n'est plus l'âne noir qu'il tire par le licou..... un bouc l'a remplacé, un bouc énorme avec des cornes longues comme de vieilles souches ; le diable de l'enfer ! Tio Juan fit un signe de croix en se recommandant à la Vierge : *Satanas* prit la fuite et l'âne noir ne reparut plus. » *Jesus!* dit en se signant celui qui avait demandé l'histoire ; et jusqu'au jour d'autres contes

---

(1) Ce fut en 1824 : je restai alors trois jours dans ces montagnes avec une troupe de bergers qui les parcouraient pour surveiller leurs troupeaux. Nous bivouaquâmes la première nuit dans le *Llano de Manja*, et passâmes la seconde dans la chaumière du *colmenero* (le gardien des ruches).

(2) La haute région.

débités avec cet esprit d'exagération et de charge si familier aux peuples méridionaux se succédèrent sans interruption. Il fut question tour à tour du bal des sorcières, de nocturnes apparitions, d'aventures surnaturelles et d'étranges fantasmagories. Mais cette fois (car j'en reviens maintenant à mes *romeros*), la scène n'avait plus rien de lugubre; le soleil jetait son vif éclat sur les crêtes du *Llano*, une joie délirante animait notre troupe, et chacun s'empressait autour du déjeûner qu'on venait de tirer des *alforas* (1).

Ce repas, servi sur un plateau escarpé, à deux mille toises d'élévation au-dessus de l'océan, avait son côté pittoresque. Les nuages amoncelés sur les pentes que nous venions de gravir nous cachaient les vallées inférieures, et *la Cumbre*, cette haute région de l'île, semblait sortir du sein des nuages. Les arrieros (2), groupés à quelques pas de nous, chantaient à tue-tête, en buvant de fréquentes rasades, tandis que leurs mules broutaient les genêts fleuris (3).

Après une heure de repos, nous reprîmes notre route en nous avançant sur ces montagnes bordées de vallons et dont le sommet présente une espèce de plaine. Le défilé *del Paso*, qu'il nous fallut franchir pour descendre vers Guimar, a été bouleversé par une éruption au commencement du dernier siècle (4). Nos mules choisissaient leurs pas avec une admirable intelligence et ne marchaient qu'avec précaution dans cette gorge encombrée de scories. Des bords du cratère, d'où sortirent les coulées de lave qui inondèrent les environs, on découvre tout le district de Guimar. Deux rameaux de montagnes embrassent la vallée et se prolongent jusqu'à la mer. Au milieu de cette enceinte s'élève le bourg, divisé en plusieurs groupes, sur un terrain montueux

---

(1) Besaces de voyage.
(2) Les muletiers.
(3) *Cytisus nubigenus.*
(4) Ce fut celle qui ébranla la chapelle de la vierge de Candelaria. (Huitième Miscellanée, pag. 121.) Voy. aussi la description de cette éruption dans la 1ʳᵉ partie du 2ᵉ volume. (Géologie, pag. 338-340.)

et fracturé par les torrens; à gauche le village d'Arafo, aux alentours des bouquets d'arbres et des cultures échelonnées comme les gradins d'un amphithéâtre; plus loin, une côte dont les cônes volcaniques et les plages sablonneuses contrastent avec la verdure des champs. Ainsi, d'une part un riant paysage, des ruisseaux, des cascades, de beaux arbres cachés dans les anfractuosités des ravins; de l'autre, au contraire, des grèves arides étalant au soleil toute leur nudité.

Nous eûmes bientôt atteint le bourg que nous avions aperçu en débouchant dans la vallée. Toute la population était sur pied pour les préparatifs de la fête; les rues qui aboutissaient à la paroisse étaient ornées de verts rameaux; sur la grande place, des guirlandes de fleurs, des arcs de triomphe en feuillage, de riches draperies représentant les divers épisodes de la vie du saint apôtre décoraient le pourtour de l'église et le devant des maisons; des rideaux de damas flottaient aux fenêtres. Les arbres qu'on avait plantés en symétrie sur le passage de la procession formaient des allées régulières et s'étendaient ensuite en labyrinthe dans les rues adjacentes. Guimar présentait ce jour-là l'aspect d'une joyeuse peuplade prenant ses ébats au milieu de jardins qu'un magique pouvoir venait de créer, car toute cette verdure improvisée et distribuée de la manière la plus pittoresque semblait tenir du prodige et paraissait sortie de terre par enchantement. Les lauriers, à l'odeur balsamique, étaient là confondus avec des orangers chargés de fruits; ici, des poiriers, des pêchers, des citronniers entrelaçaient leurs rameaux. On avait mis à contribution les bois et les vergers. De distance en distance, les vases de fleurs qui parsemaient le sol imitaient un brillant parterre, des arbustes fraîchement coupés et transplantés pour l'ornement de la fête se croisaient en portiques, et les productions les plus variées garnissaient ces élégans arceaux. Au milieu de cette singulière décoration, où figuraient à la fois l'orange, le raisin, la prune et la gouyave, dans ce mélange de feuillage et de parfum, parmi ces bouquets de fleurs qu'embellissaient tous les trésors de

Pomone, on avait réuni une multitude d'animaux pour produire un ensemble encore plus bizarre. Peut-on, en effet, concevoir rien de plus original que des oiseaux, des lapins, des lézards attachés à des rubans de différentes couleurs et suspendus à de verdoyantes arcades? Toutes ces pauvres petites bêtes, effrayées par les clameurs de la foule, par les chants des romeros et les explosions des fusées, se débattaient sur les branches; les fauvettes, les merles, les tourterelles, les serins voltigeaient çà et là en agitant les rouges banderoles qui les tenaient assujettis. Il y avait là tout un cours vivant d'histoire naturelle. Mais n'oublions pas aussi un bon nombre de petits pains appelés *quesadillas*, que les femmes de Guimar pétrissent avec du lait et des œufs, et qu'elles s'empressent d'offrir aux romeros. C'était vraiment merveilleux, et je me crus transporté dans le pays de Cocagne.

A l'entrée de la nuit, on illumina tous ces bosquets artificiels; la musique invita les danseurs, et je pris part à ce bal champêtre qu'animait la plus folle gaîté. Il était fort tard lorsque je me retirai avec mes compagnons de voyage dans une maison du bourg où l'on nous hébergea. Ma qualité d'étranger me valut le seul lit dont notre hôte pût disposer; mes romeros passèrent la nuit à jouer aux cartes. Je me couchai harassé de fatigue, la tête remplie de tout ce que j'avais vu; aussi, mon sommeil ne fut qu'un long rêve. Cette faculté indéfinissable, qui réveille la pensée lorsque les sens sont en repos, occupa mon esprit de vagues réminiscences et d'extravagantes idées. Le songe que je fis ressemblait beaucoup à un récit de Scheherazade et pourrait fournir un conte de plus au narrateur des *Mille et une Nuits*. Je voyageais à perte de vue, franchissant d'immenses distances et parcourant le monde en un clin d'œil; je vis passer devant moi toutes sortes de figures bizarres, j'entendis de doux murmures, des sons mélodieux, des gazouillemens enchantés; je me promenais au milieu de jardins fantastiques peuplés de séduisantes beautés; *je marchais sur de frais gazons et m'égarais dans des bocages qu'éclairait un soleil printanier.*

Aux premières lueurs de l'aurore, le brouhaha des romeros vint mettre un terme à mes rêveries. Déjà, on accourait à la fête de tous les points du vallon ; les *Tapadas* (1), cachées sous leurs blanches mantilles, rôdaient sur la place pour intriguer les galans ; les confréries de dévots obstruaient les abords de l'église et se portaient en masse vers la chapelle de Saint-Pierre, où devait s'organiser la procession. Mais après la cérémonie, tout ce peuple reprit ses ébats ; la danse et les jeux recommencèrent de plus belle, et la foule empressée rechercha de nouveaux plaisirs.

On faisait cercle sur l'esplanade en attendant les lutteurs. Bientôt deux vigoureux athlètes se présentèrent dans la lice : après s'être observés un instant, ils se courbèrent l'un sur l'autre et s'enlacèrent comme deux couleuvres (2). Les spectateurs gardaient le plus grand silence : pendant que les champions furent aux prises, personne n'osa les exciter du geste et de la voix, car il y avait là deux partis en présence, les gens de Guimar et ceux d'Arafo. Chacun tenait pour les siens. Celui des deux combattans qui eut le dessus était un jeune berger du bourg, de moyenne taille, trapu, tout nerf et plus solide qu'un roc. Il venait de terrasser successivement deux adversaires et s'était assis au milieu du cirque prêt à combattre pour la troisième fois, lorsqu'un homme d'Arafo se présenta, et je désespérais du petit berger à la vue de ce terrible athlète. C'était un gaillard de trente ans, aux formes herculéennes, aux épaules larges, à la poitrine velue ; pourtant le petit berger le toisa sans s'émouvoir et accepta le défi. L'affaire ne fut pas longue : l'athlète d'Arafo pressait à peine son jeune adversaire que

---

(1) Les femmes de haute condition prennent souvent le costume des *Tapadas* pour assister aux fêtes champêtres et ne pas être reconnues. L'élégante mantille de laine blanche, qu'elles portent par-dessus leur chapeau de feutre, leur couvre le visage. Lorsque le chapeau surmonte la mantille, il est toujours bariolé de longs rubans.

(2) Les lutteurs n'ont d'autres vêtemens qu'une chemise et de larges caleçons de toile, dont ils roulent une des cuisses de manière à s'en faire un bourrelet par lequel ils se saisissent d'une main, tandis que de l'autre ils se pressent les flancs.

celui-ci le souleva à un pied de terre et l'abattit comme un bloc. Le vaincu se retira tout confus de sa chute et fut rejoindre ses compagnons désolés.

Après ce combat gymnique, les coqs eurent leur tour, et mes romeros me conduisirent dans une maison voisine qu'on désignait sous le nom de *la Casa de la Gallera* (1). On avait élevé une balustrade circulaire au milieu de la cour; les parieurs se tenaient en dehors, tandis que les curieux prenaient place dans les galeries supérieures. Les coqs destinés au combat étaient gardés dans des cages couvertes qu'on déposait autour du cirque. Un amateur proposa le premier pari : il se posa en fauconnier, son coq sur le poing, et s'adressant au parti contraire : « C'est un *filipino* (2), dit-il avec orgueil, il pèse quatre livres et deux onces; je l'assure pour dix doublons! — Je les tiens, » répondit aussitôt un marquis de l'Orotave en montrant son champion. On apporta des balances et les deux coqs se laissèrent peser avec une héroïque résignation. Celui du marquis tirait trois onces de plus, mais le propriétaire du *filipino* lui fit grâce de cet avantage. Alors, avant de lâcher les combattans, on leur enleva les gaînes de cuir qui recouvraient leurs éperons, et l'attaque commença de part et d'autre avec une égale intrépidité : après les premières passes, le *filipino* se mit en fuite poursuivi par l'ennemi. Ruse de guerre!

« Il fuit pour mieux combattre..... »

L'oiseau de Saint-Pierre voulait fatiguer son adversaire déjà blessé. Bientôt, il fit demi-tour pour revenir à la charge, et d'une estocade le coq du marquis resta étendu sur l'arène en jetant le cri de mort. Le vainqueur passa sur le cadavre, battit des aîles et chanta victoire. Son maître venait de gagner dix onces d'or : il s'empressa de le retirer

---

(1) La maison des coqs.
(2) Coq des îles Philippines.

du cirque, lui lava la tête et le bec avec du vinaigre et de l'eau. Le pauvre animal avait un œil crevé; il supporta le traitement avec la plus grande patience; toute la partie postérieure de son corps, qu'on avait eu soin de déplumer, était rouge comme du sang, et pourtant dès qu'il rentra dans sa cage il se remit à manger du grain.

Plusieurs autres combats se succédèrent, mais les partis avaient la tête montée et proposèrent des duels à mort. On arma les coqs gladiateurs de lames aiguës et tranchantes, qu'on assujettit à leurs éperons (1) avec de petites courroies. Je fus témoin de deux affaires sérieuses : un *filipino* se mesura encore avec un coq canarien appartenant à un gros chanoine qui le caressa long-temps avant de le lancer. Les fers se croisèrent : l'isleño (2) évita la première botte et d'un coup de riposte il enfila son ennemi. Le chanoine était aux anges et ne se possédait pas de joie! Il proposa un second pari : alors, on lança dans l'arène un autre adversaire et l'attaque recommença avec fureur. Mais ce nouveau duel fut fatal aux deux champions; un coup fourré mit bientôt fin au combat. Le dernier venu, percé de part en part, mordit la poussière, et le coq du chanoine, grièvement blessé, prit honteusement la fuite. Il se précipita en piaillant vers la balustrade du cirque comme pour demander du secours, et passa la tête entre les barreaux. C'était avouer sa défaite : l'on cria victoire pour celui qui était tombé au champ d'honneur. Le chanoine, pâle et blême, retira le pauvre oiseau défaillant et voulut le rappeler à la vie par une prompte saignée. Le *Sangrador* accourut aussitôt : c'était le barbier du village qui avait déjà prêté son assistance à deux blessés; mais pour celui-ci, le frater perdit sa peine... le coq du chanoine venait de rendre le dernier soupir.

---

(1) Les coqs qui combattent armés de petits coutelas, et qu'on appelle *gallos de navaja*, ont les éperons à moitié rognés, afin de pouvoir y adapter les lames.
(2) Le coq canarien.

La fête tirait à sa fin et chacun commençait à regagner son gîte : mes romeros devaient se remettre en route dans la nuit afin d'éviter la chaleur. Quant à moi, qui ne voulais pas retourner à l'Orotave par le même chemin, je partis le jour suivant avec mon fidèle *Hereño.* Nous redescendîmes la vallée jusqu'à la plage de Chimisay, et nous nous arrêtâmes un instant à la grotte de Chinguaro pour visiter l'ancienne chapelle de la Vierge de Candelaria (1). Elle est située sur le bord du ravin, au-dessus de la grotte; un tableau en décore le fond. La madone et Anton l'ermite y figurent en habits brodés, deux Guanches à peau rouge sont là en extase. L'air salin et l'humidité du mur ont rongé cette peinture, mais l'art n'y a rien perdu.

J'étais parti de Guimar dans l'intention de me rendre pédestrement à l'Orotave par la partie septentrionale de l'île : mon Hereño me conseilla de suivre le versant des montagnes et de descendre ensuite dans la plaine des *Rodeos*. Nous passâmes donc à Candelaria sans nous arrêter et remontâmes jusqu'à mi-côte afin de prendre un sentier qui nous conduisit à l'*Esperanza*. Ce village (2) est un des plus élevés de la bande orientale, l'air y est pur et frais, les forêts de pins qui le dominent, les cultures qui l'entourent rendent son aspect attrayant. L'Européen pourrait se croire au premier abord dans un site des Hautes-Alpes, car ce sont en grande partie les mêmes formes végétales et les mêmes productions, des chaumières et des maisons rustiques comme dans certains districts de la Savoie.

Après deux heures de repos dans une ferme où nous dînâmes, nous continuâmes notre route vers les *Rodeos*, que couvraient alors les plus beaux blés. Les cailles s'envolaient à chaque instant sous nos pas : à mesure que nous traversions la plaine, des bandes de passereaux (3)

---

(1) Voyez la huitième Miscellanée.
(2) L'élévation du village de l'Esperanza au-dessus du niveau de la mer est de 2,673 pieds.
(3) Le Proyer, le Chardonneret, la Soulcie et la Linotte.

s'ébattaient dans les champs, tandis que les milans et les cresserelles planaient au-dessus de nos têtes en guettant leur proie. Mais le soleil était déjà sur son déclin lorsque nous quittâmes le plateau pour prendre le chemin de l'Orotave : les passereaux avaient cessé leur ramage, et nous n'entendions plus que l'œdicnème (1), dont les appels plaintifs se prolongeaient de loin en loin. Je passai la nuit au village de la Matanza, et le lendemain de bonne heure j'étais de retour au manoir (2).

---

(1) *OEdicnemus crepitans.*
(2) *La Casa franchi.* (Voy. la sixième Miscellanée : pag. 95.)

ONZIÈME MISCELLANÉE.

GARACHICO.

« Fue uno de los mejores, mas ricos, mas amenos y florecientes
» pueblos de las Canarias; pero despues que lo devastó un
» volcan, no es Garachico mas que un desengaño como
» Troya. »
(Viera.)

I.

Si l'on suit la côte jusqu'à la Rambla pour se rendre de l'Orotava à Garachico, il faut éviter les masses de rochers qui bordent le littoral, descendre dans le fond des ravins, remonter leurs berges pour franchir ensuite d'autres escarpemens. A chaque pas la scène varie, les points de vue se succèdent, les lignes de la perspective se heurtent, se croisent, se redressent dans tous les sens. Ici, s'élèvent près du rivage les deux îlots du *Burgado*, énormes monolithes, dont les flancs calcinés témoignent de la tourmente qui les isola. Leur sommet inaccessible est couvert de plantes sauvages (1), et la mer en fureur vient se briser à leur pied. Plus loin, un fracas retentissant se mêle au bruit des flots : ce sont les cascades de la *Gordejuela* qui s'échappent du même rocher pour tomber de chute en chute et se répandre en transparentes nappes sur les assises de la falaise; elles roulent, bouillonnent, écument toutes à la fois par cent endroits différens; les joncs et les roseaux balancent leurs touffes humides sous cette atmosphère de vapeurs, l'air en est imprégné dans tous les environs, et l'on ne quitte qu'à regret cette délicieuse fraîcheur. Mais bientôt on arrive à la Rambla, et le

---

(1) Ces rochers, que nous avons fait figurer dans deux de nos planches (Voy. *Part. hist.*, pl. 5, et Atlas, *Vues phytost.*, pl. 8), sont séparés de la côte par un petit bras de mer. Une espèce des plus belles et des plus rares de la Flore canarienne, le *Statice arborea*, croît sur leur sommet; un paysan parvint, avec beaucoup de peine, à escalader ce massif de lave, et nous rapporta plusieurs échantillons de la plante que nous avions cherchée vainement dans tous les environs.

pays prend un autre caractère. L'art a secondé la nature pour faire de ce beau site le plus agréable séjour. Puis, en laissant sur la droite tous ces verts bosquets et leur séduisant labyrinthe, la scène change encore : on n'a plus devant soi qu'une plage rocailleuse, à côté un mur de basalte qui la surplombe et semble vouloir l'écraser sous sa puissante masse. On est alors descendu sur le *Callado*, sentier scabreux battu par la mer, rempli de grosses pierres roulées et qu'il faut suivre pendant une heure pour gagner les coteaux de San Juan.

Mais si, au contraire, en partant de l'Orotave, on préfère le chemin des montagnes, la vallée, grande et belle, s'ouvre devant vous avec sa campagne animée et ses amphithéâtres de vignobles. Un sol fertile, couvert de la plus riche végétation; à chaque détour des habitations champêtres entourées de vergers; là-bas, les deux villages des Realejos, l'un assis sur les dernières pentes du vallon et l'autre perché sur les hauteurs qui le dominent; aux alentours un ravin profond, fourré de bois, bordé de halliers d'où jaillit le ruisseau de *la Laura*: tel est le paysage qui se déroule, s'étale, se replie ou surgit tout-à-coup à mesure qu'on se rapproche de la montagne de Tigayga. Quand on est parvenu au pied de ce boulevard, on trouve un sentier escarpé (1) qui monte en serpentant le long des berges jusque sur le plateau d'*Icod el Alto*. De là, on découvre toute la vallée de l'Orotave qu'on vient de parcourir dans sa plus grande largeur; vers le sud, le pic de Teyde apparaît plus majestueux : une ceinture de nuages enveloppe son immense cône, et les mouvemens de terrain acquièrent un caractère de grandeur qu'il n'est dû qu'au crayon de pouvoir reproduire (2). En s'avançant sur cette vaste terrasse, les ravins de *Castro* et du *Dornajo* vous obligent à de nouveaux détours : le premier, barré dans plusieurs endroits par d'énormes blocs de lave, forme une gorge profonde au

---

(1) *Las vueltas de Tigayga*.
(2) Voy. *Part. hist.*, pl. 36.

bout de laquelle on aperçoit la mer (1); le second, plus rapproché de la côte, est d'un effet plus pittoresque : la roche, tourmentée, s'y montre, tantôt superposée en couches régulières, tantôt plus compacte, isolée en massifs, ou bien crevassée sur toute sa surface et tapissée de verdure et de fleurs (2).

Poursuivons notre marche à travers ce pays volcanisé, que la fournaise du Teyde inonda de matières brûlantes, et arrivons par mille ressauts sur les crêtes de Saint-Philippe (3). Avançons encore... encore quelques pas... *Icod de los Vinos* va se déployer sous nos yeux comme une décoration de théâtre. *Icod de los Vinos*, c'est la ville du vin liquoreux, le meilleur cru de Ténériffe. Aux alentours, dans le bas-fond, sur la montagne, de toute part, la vigne de Malvoisie étale ses trésors; ici, des jardins, des vergers et des treilles; là haut, une campagne fertilisée par des mains laborieuses; sur le penchant de la colline, un rustique manoir (4), de frais ombrages, des chutes d'eau, dont le doux murmure vient retentir dans la vallée. Descendons pour pénétrer dans la ville, et nous apercevrons encore de la rue tous les détails de cet admirable tableau (5). Les riants coteaux de la Vega (6) s'étendent à l'occident : ils sont flanqués de rochers, parsemés de palmiers, d'aloës, de figuiers, de mûriers et d'arbustes de toutes sortes. Mais traversons la ville et suivons le cours du torrent : alors la perspective s'agrandit, la ligne des édifices se développe, nous découvrons dans le lointain toute la région boisée, au-dessus l'aride plateau de *la Cumbre*, plus haut le point culminant, ce pic gigantesque qui se redresse sur sa large base et lance sa cime dans les cieux (7).

---

(1) Voy. *Part. hist.*, pl. 49.
(2) Voy. *Idem*, pl. 4.
(3) *La calsada de San-Felipe.*
(4) Celui du marquis de Sainte-Lucie. (Voy. *Part. hist.*, pl. 29 et 30.)
(5) Voy. *Part. hist.*, pl. 29.
(6) Voy. *Idem*, pl. 30.
(7) Voy. *Idem*, idem.

Maintenant les obstacles se multiplient : nous marchons sur une ancienne coulée; le sol est raboteux, rempli de creux et d'aspérités; mais les plantes croissent avec vigueur dans ces champs où jadis l'éruption promena l'incendie, les fruits, plus savoureux, y sont toujours printaniers. Nous voici sur la grotte d'Icod, ténébreuse caverne qui mine tout le vallon (1). Cependant, les berges s'élargissent, la mer étend au loin son horizon, nous traversons le pont de bois qu'on a jeté sur le ravin (2); et bientôt, en tournant le contre-fort de la Vega, Garachico va nous montrer ses plages brûlées (3). Le flot se brise contre la falaise du *Guincho:* un torrent se précipite du haut des rochers et rejaillit en bruyante cascade à quelques pas du rivage, près d'un groupe de bananiers (4). Rien n'a pu arrêter l'audacieux vigneron : les cultures garnissent tout le massif qui borde la côte, et les pampres verts couvrent la montagne depuis la base jusqu'au sommet. Mais aux environs de la ville, la roche aride, noire, calcinée, vient faire contraste; ce ne sont plus alors que bouleversemens; un grand désastre se révèle; on pénètre dans des rues encombrées de laves, l'on ne marche qu'à travers des ruines.

II.

Garachico fut une ville opulente. Elle était assise au pied de la montagne; la campagne s'élevait en gradins au-dessus de ses rues populeuses. Les crêtes des alentours étaient drapées de verdure et couronnées de beaux arbres; un ravin ombragé traversait la ville, et le torrent réparti en ruisseaux limpides apportait le tribut de ses eaux dans les jardins environnans. Les navigateurs en décou-

---

(1) Voyez la description de la célèbre grotte d'Icod dans la *Part. géolog.*, tom. II, 1re part., pag. 334.
(2) Voy. *Part. hist.*, pl. 9.
(3) Voy. *Idem*, pl. 21.
(4) Voy. *Idem*, pl. 22.

vrant Garachico saluaient ce beau séjour : un port, qu'abritait d'une part la petite île *del Roque* et de l'autre les escarpemens de la côte, offrait un asile assuré aux vaisseaux qui mouillaient dans ce tranquille bassin. Le quai de *las Varandas*, bordé d'édifices et de magasins d'approvisionnemens, était des plus fréquentés; on y accourait de toute part pour trafiquer avec les navires venus d'Europe ou d'Amérique, car Garachico, comme place de commerce, tenait alors le premier rang aux îles Canaries : *Garachico*, *Puerto-Rico!* disait le peuple au temps de sa prospérité; et la ville riche et florissante montrait avec orgueil son blason : un homme assis sur un rocher tenant d'une main un poisson et de l'autre une grappe vermeille. Gracieuse allégorie signalant deux abondantes ressources, la terre et la mer, mines fécondes qui versaient à la fois leurs trésors sur l'heureuse cité.

Garachico réunissait dans son enceinte une population déjà nombreuse et qui s'accroissait chaque jour; les familles nobles y habitaient de préférence : des compagnies de négocians y avaient établi leurs comptoirs. On y comptait cinq monastères, plusieurs églises, des palais, un hôpital; sa position était ravissante, son climat tempéré; la fraîcheur de ses bocages et les brises de l'Océan en faisaient un lieu de délices...... De tant d'avantages il ne reste plus rien aujourd'hui; Garachico, la ville opulente, n'est plus que l'ombre de ce qu'elle fut. Le 5 mai 1706, le pic de Teyde fit explosion par un de ses soupiraux (1); l'éruption fut terrible : deux torrens de lave sortirent en bouillonnant de la fournaise souterraine et entraînèrent avec eux une épouvantable

---

(1) Lorsque cet événement arriva, Garachico se relevait à peine de sa dernière catastrophe : le 19 mars 1697, un violent incendie avait consumé le couvent des Augustins et cent neuf maisons adjacentes. Déjà, avant ce désastre (le 11 décembre 1645), un torrent grossi par l'orage, en se précipitant du sommet des falaises qui dominent la ville, avait emporté quatre-vingts maisons du faubourg de los Reyes, encombré le port de débris et submergé plus de quarante barques. La perte dans la campagne voisine fut évaluée à plus de 300,000 ducats. (Viera, *Noticias*, tom. III, pag. 238.) Quant à l'éruption que nous rapportons ici, on peut en lire d'autres détails dans notre 2e vol., part. 1re, *Géolog.*, pag. 340.

masse de rochers. Ces fleuves de feu suivirent leur cours jusqu'au bord des falaises du littoral et se précipitèrent en brûlantes cascades sur la malheureuse cité. Un bras de lave encombra le grand ravin, ravagea les vergers et desséccha les sources; l'autre se dirigea vers le quai de *las Varandas*, envahit le môle et combla le port. Tout disparut sous le courant dévastateur : il força tous les obstacles comme un fleuve débordé, et le peuple en masse, abandonnant ses foyers, se dispersa dans les vallées voisines. La ville fut presque anéantie, ses plus belles rues devinrent la proie des flammes, l'infernale avalanche emporta les principaux édifices, et le sol ne présenta bientôt plus qu'un monceau de ruines. Garachico perdit tout ce qui avait fait sa richesse; ses vignobles, ses jardins, ses bosquets, ses fontaines, son beau port. Ses vaisseaux s'éloignèrent d'une plage hérissée de ressifs; ils redoutèrent les approches de cette côte bouleversée de fond en comble et dont les attérages venaient de changer d'aspect.

Cependant, après l'affreuse catastrophe, l'amour de la patrie surmontant la crainte d'un nouveau malheur, une partie de la population retourna sur des décombres encore fumans. On déblaya les endroits les moins encombrés, on rebâtit sur la lave, les moines et les nonnes réédifièrent leurs couvens, et les seigneurs firent reconstruire leurs manoirs. Mais depuis lors le port de Garachico cessa d'être fréquenté : les barques des pêcheurs composent maintenant toute sa marine ; la ville a conservé un aspect de dévastation qui fait mal à voir. En vain s'efforce-t-on de replâtrer cet amas de ruines; Garachico n'est plus qu'un cadavre pétrifié, une Herculanum agonisante, qui montre son désastre au grand jour. Ses rues sont presque désertes; la façade brûlée du palais des comtes (1), la porte du vieux môle, isolée au milieu de constructions nouvelles, sur l'emplacement de l'ancien port,

---

(1) Voy. *Part. hist.*, pl. 41.

la belle maison des Ponte, et trois vastes monastères sont les uniques restes de sa splendeur passée.

III.

Le couvent de Saint-François est situé sur une grande place, non loin du palais ruiné des comtes de la Gomere (1). L'éruption de 1706 a respecté la demeure des pieux cénobites; de superbes orangers ombragent la cour d'entrée, et leurs branches, chargées de fruits, s'élèvent au-dessus de la galerie supérieure qui circule autour du cloître et sert de promenade aux heures de la forte chaleur. C'était chez ces bons Franciscains que je logeais ordinairement lorsque mes explorations m'entraînaient dans la partie occidentale de l'île. Quatre vieux frères, toujours en querelles sur des niaiseries, vivaient alors dans ce vaste édifice qui avait contenu jadis une nombreuse communauté. Cependant, hors quelques petites intrigues dont il me fallait parfois écouter les détails, je jouissais dans ma cellule de la plus parfaite tranquillité. Là, nulle distraction ne venait troubler mes études; le silence régnait dans le cloître, et c'était à peine si les chants arrivaient jusqu'à moi quand les moines étaient au chœur. Le Père Provincial m'avait pris sous sa protection; il me comblait de prévenances; les nonnes affiliées à l'ordre de Saint-François m'envoyaient du chocolat et des confitures, et je menais chez les frères une vie de bienheureux.

Un matin, le Père Provincial m'amena chez les nonnes: je crus qu'il s'agissait d'une visite d'adieux, car le révérend devait partir pour son couvent de l'Orotave, et j'avais manifesté moi-même le désir de me mettre en route dans la journée pour me rendre à Chasna par la vallée du Palmar. En arrivant au monastère de Sainte-Claire, nous trouvâmes les nonnes réunies au parloir. La table était servie de

---

(1) Voy. *Part. hist.*, pl. 41.

chaque côté d'une grille qui nous séparait. On nous offrit des gâteaux et des friandises : le vin de Malvoisie coula en notre honneur. Sœur Sainte-Marie de la Conception nous fit goûter de la liqueur de sa fabrique, douce et parfumée comme un bouquet de fleurs ; et pour compléter cette petite fête, sur un ordre de la supérieure, une jeune professe entonna un cantique en s'accompagnant sur le clavecin. Ce déjeûner dura plus de deux heures : je ne fus libre de me retirer qu'après avoir promis aux nonnes de les revoir à mon retour.

Lorsqu'on sort de Garachico par l'occident, après avoir gravi la chaussée qui conduit au village du Daute, on arrive sur des coteaux couverts de la plus belle végétation. Alors la ville brûlée a disparu ; les orangers, les palmiers, les vignobles recommencent, les habitations champêtres se succèdent, les ruisseaux descendent des forêts pour arroser le terroir, et jusqu'à Buenavista on a constamment sous les yeux un pays fertile et bien cultivé. La route se détourne ensuite sur la droite, et les montagnes laissent entre elles une gorge profonde qui donne accès dans le Palmar. Cette charmante vallée est une des plus riches des districts de l'ouest ; il faut la traverser du nord au midi pour atteindre le sommet de la chaîne qui la sépare de celle de Santiago. La montée est rude, mais la forêt ombrage le sentier, et l'on parvient sur les crêtes de Bolico à travers le bocage. Du haut de cet observatoire les regards plongent dans les deux vallées : d'un côté on découvre tout le Palmar avec sa belle verdure, ses boulevards de rochers et leurs bois de bruyères (1) ; de l'autre, toute l'enceinte de Santiago, que domine le talus de Vilma ; dans le fond, on aperçoit la région volcanique, rehaussée par des cônes d'éruption et encombrée de torrens de lave ; au-dessus s'élèvent le Teyde, le vieux pic et le gouffre de Chahora, dont les coulées plus récentes se dessinent en noirs sillons sur les pentes de la val-

---

(1) Voy. *Part. hist.*, pl. 51.

lée (1). La débâcle du Teyde s'est précipitée sur Santiago, et pourtant l'homme n'a pas craint de s'établir sur cette terre tourmentée. Le village est là-bas, au milieu d'une fondrière; des mûriers, des amandiers croissent sur ce sol crevassé; on récolte le maïs, le froment, la patate dans ces champs de scories; l'euphorbe à fleurs rouges (2), les jasmins odorans (3), les cytises (4) et d'autres plantes sauvages se disputent ces rocs calcinés. J'ai séjourné deux fois à Santiago durant mes explorations, et ce pays m'a toujours paru plus curieux; un mois ne suffirait pas pour l'étudier en détail.

Le village de Guia est le premier qui se présente quand on a dépassé Santiago; puis, après une marche pénible à travers les ravins qui entament le sol, on parvient à celui de Yeneché, qu'habitent plusieurs familles de pasteurs. Leurs masures sont adossées contre un massif de basalte creusé en voûte; la roche sert de toiture, une façade de tuf compose toute la bâtisse, et la nature a fait le reste (5).

Las Bandas del Sur est le nom que l'on donne à cette partie méridionale de l'île, où règne la plus désolante aridité. Des plantes d'un vert cendré, aux tiges anguleuses, hérissées d'épines (6), y remplacent la brillante végétation des districts du nord. Mais le petit vallon d'Adexe apparaît bientôt comme une oasis au milieu d'un désert de pierres; on trouve là des rochers escarpés, une bourgade avec titre de ville (7), un noble manoir avec sa bicoque (8), de belles eaux, des champs fertiles, des troupeaux de dromadaires, toute une miscellanée, enfin, que je me réserve de narrer plus tard. Passons maintenant, et hâtons-

---

(1) Voy. *Part. hist.*, pl. 48.
(2) *Euphorbia atropurpurea.*
(3) *Jasminum odoratissimum.*
(4) *Cytisus proliferus.*
(5) Voy. *Part. hist.*, pl. 44.
(6) *Euphorbia canariensis*, *Cactus tuna*, Aloes, *Prenanthes spinosa*, etc
(7) Voy. *Part. hist.*, pl. 33.
(8) Voy. *Idem*, pl. 54.

nous d'arriver à Chasna. Cet autre village est situé dans la région alpine, au milieu d'une forêt de pins (1)....... Doublons le pas, car la nuit approche, et la montagne est rude à gravir.

---

(1) Voy. *Part. hist.*, pl. 50.

DOUZIÈME MISCELLANÉE [1].

EXCURSION AU PIC DE TÉNÉRIFFE.

> « Quando mi giovera narrar altrui
> » Le novità vedute, e dire : io fui. »
> Tasso.

Le 8 juillet 1827, je résolus de monter pour la seconde fois jusqu'au sommet du pic de Teyde, qu'on désigne plus communément sous le nom de pic de Ténériffe. Mon intention était d'y parvenir par les pentes méridionales ; je savais qu'avant moi aucun voyageur n'avait tenté de le faire de ce côté, à cause de la difficulté des abords ; mais j'espérais rencontrer du nouveau en suivant cette route, et cet espoir balançait les obstacles. J'entrepris mon ascension du village de Chasna ; où je résidais alors : cette station a plus de quatre mille pieds d'élévation au-dessus du niveau de la mer : il m'en restait donc près de huit mille à gravir par des sentiers presque impraticables. Je partis à cinq heures du matin avec M. Macgregor [2], Marcos *el Arriero* et deux guides qui nous escortaient. Deux heures de marche à travers les bois de pins nous suffirent pour atteindre la dernière assise des montagnes centrales [3], et nous pénétrâmes ensuite dans la gorge d'Oucanca, qu'une ancienne éruption a bouleversée. On trouve dans ses environs de petites sources d'eau acidulée [4], d'un goût agréable, et dont les vertus salutaires attirent à Chasna, pendant la belle saison, les valétu-

---

(1) Cette miscellanée a paru avec le même titre, mais sous forme de lettre, dans la *Bibl. univ. de Genève* (août 1831) ; j'y ai fait maintenant quelques changemens pour éviter de répéter ce qui a déjà été dit.
(2) Ce fut en compagnie de cet ami que je parcourus alors la majeure partie de l'île. En 1828, je répétai à peu près la même tournée avec M. Webb.
(3) *Las Cañadas*.
(4) Voy. vol. II, part. 1re, *Géologie*, pag. 296.

dinaires de l'île. Les amateurs de l'*Agua Agria* se construisent des cabanes de feuillage, et passent plusieurs semaines dans cette affreuse solitude.

A la sortie de la gorge d'Oucanca, il nous fallut franchir les rochers escarpés que nous avions en face. Nous venions de dépasser la région des pins, et les genêts à fleurs jaunes (1) qui, d'abord, avaient remplacé ces grands arbres, le furent à leur tour par des cytises d'une blancheur éclatante et de l'arôme le plus parfumé (2). Parvenus sur la crête, un changement de décoration s'opéra tout-à-coup, et nous aperçûmes une montagne pyramidale dans un vague lointain. C'était le Teyde. Son sommet était obscurci par les nuages; mais en nous rapprochant davantage, les vapeurs flottantes se dissipèrent, et nous pûmes admirer cet immense cône dans son plus beau développement.

Je serais tenté de croire que le Tasse avait vu le pic, car les vers suivans le dépeignent sous le même aspect qu'il s'offrit à mes yeux.

« Lor s'offri, di lontano, oscuro un monte
» Che tra le nubi nascondea la fronte.

» E'l vedean poscia, procedendo avante,
» Quando ogni nuvol già n'era rimosso,
» Alle acute piramidi sembiante,
» Sottile inver la cima, e in mezzo grosso (3).

Nous étions arrivés à *la dégollada d'Oucanca* : le Teyde s'élevait devant nous comme un colosse : nous comptions déjà les noirs torrens qui sillonnent ses pentes, et nos regards embrassaient toute la haute région. Les précipices qui bordaient le sentier de la dégollada avaient huit cents pieds de chute : nos guides nous firent descendre

---

(1) *Adenocarpus Frankenioides.*
(2) *Cytisus nubigenus.*
(3) « Alors on aperçut dans le lointain une montagne sombre qui cachait son front derrière les nuages.
» Ensuite, en s'avançant davantage, quand toutes les vapeurs se furent dissipées, ils la virent semblable
» à une pyramide, pointue au sommet et large vers la base. » (Tasso, *Gerusal.*, c. xv.)

par ces escarpemens; Marcos s'y engagea avec sa mule, mais ce ne fut pas sans grommeler. Une fois parvenus dans le vaste cirque des Cañadas, le Teyde nous apparut encore plus grandiose; son immense cône s'élançait à plus de trois mille pieds au-dessus de l'enceinte volcanisée. Le cirque des Cañadas n'est lui-même qu'un cratère primordial de huit à neuf lieues de circonférence, entouré de montagnes en ruines, et dont le sol a été envahi, rehaussé, bouleversé de fond en comble par les éruptions du pic. Que la nature est imposante en présence de cette scène!

Nous nous reposâmes quelques instans à la source de *la Piedra*. La chaleur était suffocante: l'air est toujours calme dans cette région, le ciel toujours d'azur; dans le jour presque jamais de nuages, mais un soleil qui scintille sur les nappes d'absidienne, un air chaud qui resserre les pores et gerce l'épiderme. La soif vous tourmente, l'ardeur du soleil vous dévore. Ce fut en vain que nous cherchâmes un refuge sous les buissons de cytises ou bien à l'ombre des rochers, partout la terre était brûlante, et l'atmosphère pesait sur nous comme du plomb. Le terrible vent du sud-est régnait sur la côte, et bien que les montagnes nous abritassent, nous n'en sentions pas moins l'influence. Ce vent est le fléau des Canaries: dès qu'il se manifeste, les oiseaux cessent leurs chants, le soleil prend une teinte jaunâtre, le jour s'obscurcit, et l'on n'aperçoit plus les objets qu'à travers un voile de vapeurs; il dessèche le sol, dévore les plantes et porte avec lui la désolation. On le redoute dans tous les pays: c'est le sirocco des Italiens, l'hamatan de la Sénégalie, le simoun de l'Égypte. *El Sur* est le nom qu'on lui donne à Ténériffe; mais les habitans des montagnes l'appellent plus particulièrement *el Tiempo de abaxo*, le temps d'en bas, parce qu'il se fait sentir avec plus de violence le long du littoral, quoique la chaleur soit plus forte dans les lieux élevés (1).

---

(1) Notre thermomètre, placé à l'ombre et à l'air libre, marqua 94° F. (27° 55 R.); au soleil, il

La source de *la Piedra* fournit une eau d'une fraîcheur délicieuse : nous y puisâmes de nouvelles forces pour pouvoir continuer notre pénible ascension. Les chèvres qu'on laisse errer dans ces solitudes et les abeilles dont les ruches sont placées dans les environs viennent s'y désaltérer. Les cytises croissent près de là : ces beaux arbustes font l'ornement des Cañadas; les chèvres broutent leurs tiges, tandis que les abeilles butinent sans cesse sur leurs fleurs parfumées. Ainsi, dans les lieux les plus arides, la prévoyante nature a pourvu à tous les besoins ; sans cette plante qu'elle a si abondamment répandue dans cette vaste enceinte, ni les troupeaux, ni les essaims ne pourraient subsister, et les habitans de *las Bandas* (1) seraient privés de leurs principales ressources.

Nous rencontrâmes à la source de la Piedra trois bergers du bourg de la Grenadilla : ils étaient occupés à préparer leur *gofio* et nous invitèrent à partager leur frugal repas aussitôt qu'ils nous aperçurent. Nous échangeâmes avec eux quelques-unes de nos provisions contre des figues sèches qu'ils mangeaient avec leur farine pétrie. Ces braves gens avaient quitté leur village dès le matin pour rassembler et conduire leurs troupeaux dans une autre station. « Les chèvres des Cañadas », nous dit l'un d'eux en répondant à nos questions, « ne restent ici » qu'une partie de l'année; en hiver, il faut les emmener vers la côte, » car le froid, la neige et les orages rendent alors ce plateau inhabi- » table. Lorsque nous voulons les rassembler, nous les poursuivons en » courant jusqu'à ce que nous parvenions à les cerner dans un endroit » propice. » Un pareil exercice sur un terrain aussi scabreux devait nous surprendre. « Tout est habitude », reprit le plus jeune des trois pasteurs en voyant notre étonnement, « les chevreaux sont bien agiles,

---

dépassa 115° F. (36° 88 R.); mais la sensation de la chaleur était bien plus forte encore que le degré de température.

(1) On désigne ainsi les habitans de la partie méridionale de l'île.

» mais je les défie à la course, » et en quatre bonds il nous prouva qu'il disait vrai.

Le costume de ces montagnards était conforme à leur genre de vie : ils avaient les jambes nues et portaient des espèces de sandales; leurs chemises, à larges manches, se boutonnaient au poignet et laissaient la poitrine à découvert; un large caleçon de toile, roulé au-dessus du genou, était lié autour des reins avec une ceinture de laine. Un petit chapeau couvrait leur tête; ils portaient derrière le dos un petit sac qui renfermait le *gofio*, et marchaient armés d'une longue lance sur laquelle ils s'appuyaient pour franchir les escarpemens. Leur stature et leurs muscles saillans dénotaient en eux une nature forte et nerveuse. La franchise et la bonhomie se peignaient sur leur visage riant; mais il y avait dans leur physionomie quelque chose d'original et de caractéristique qui tenait encore du sang guanche. Ils parurent très-surpris de nous entendre dire que nous voulions gravir jusqu'à la cime du pic, et surtout d'apprendre par un de nos guides que nous nous arrêtions de temps en temps pour écrire sur de *petits livres*. « Oh! que je voudrais savoir lire! » s'écria le plus jeune des bergers. « Et » que marquez-vous dans vos livres? — Tout ce qui nous paraît inté- » ressant. — Dans ce cas, n'oubliez pas nos chèvres, » reprit-il aussitôt. Après nous avoir souhaité un bon succès, ils s'éloignèrent tous les trois en chantant, et bientôt nous les perdîmes de vue.

Nous poursuivîmes notre route à travers le défilé de la *Cañada blanca*; les guides nous firent traverser le torrent de lave que nous avions à la droite, et nous entrâmes ensuite dans un autre que nous laissâmes bientôt pour en passer un troisième. On appelle *mal pais*, mauvais pays, tous ces espaces envahis par le volcan. Les obstacles augmentaient à mesure que nous avancions: à chaque instant il nous fallait gravir des amas de scories qui interceptaient tous les passages. Nous marchions depuis plus de deux heures au milieu de ces fondrières, quand nos guides, qui s'étaient déjà arrêtés plusieurs fois pour se consulter, nous parurent indécis sur le chemin qu'ils devaient suivre; bientôt, l'un d'eux vint nous déclarer que nous nous étions égarés et que nous devions renoncer à notre entreprise. Je ne fus pas de son avis; nous étions trop avancés pour retourner en arrière, mais il fallait sortir de ce mauvais pas, car la nuit s'approchait. L'endroit où nos ignorans conducteurs nous avaient mis était désespérant; des laves entassées en grands blocs nous entouraient de toute part; plus loin, elles s'étaient répandues en nappes, et nous ne savions de quel côté nous diriger. Cependant, à tout hasard et à force de bras, on parvint à frayer un sentier à la malheureuse mule qui portait nos provisions. Elle manqua périr dix fois dans ce trajet : notre pauvre Marcos, chargé de la conduire, était peu accoutumé à ces sortes d'expéditions; il maudissait le pic, et craignait à chaque pas de voir expirer sa bête. Enfin, après plusieurs chutes et quelques contusions, nous nous en tirâmes et reprîmes notre route sur un sol de tuf.

Nous étions harassés de fatigue, lorsque nous parvînmes à la base d'une montagne de pierres ponces adossée au pic. Ce gradin fut rude à gravir, nos chaussures n'y résistèrent pas, mais nous nous trouvions alors sur un des versans du grand cône, et l'espoir du succès vint ranimer nos forces prêtes à faillir. Je venais de reconnaître les lieux: c'était bien le sentier que j'avais suivi deux ans auparavant lors de ma première ascension. Nous ne pouvions plus nous égarer, et notre caravane se dirigea hardiment vers *la Estancia*, où nous arrivâmes à neuf heures du soir par un beau clair de lune. Malgré la hauteur de cette station (1), la température était très-supportable; le vent avait tourné au nord et la pureté de l'air nous restaura. Nos gens, à peine reposés, mirent à contribution tous les buissons des alentours; ils allumèrent ensuite un immense bûcher pour faire rôtir une pauvre chèvre tombée sous leurs coups. Je n'ai pas oublié ce souper de *la Estancia* : ce fut

---

(1) 7,756 pieds d'élévation perpendiculaire.

du grotesque, le vin de Ténériffe; que nous distribuâmes à grands flots, eut bientôt ramené la bonne humeur, et les guides se prirent à chanter des *séguidillas*. Leurs chants se composaient de cinq ou six notes qui revenaient sans cesse; ils s'égosillèrent ainsi pendant une heure en improvisant des couplets sans règle ni mesure, comme j'avais vu faire souvent aux nègres de nos colonies; et Marcos, qui jusqu'alors s'était tenu silencieux en pensant à sa mule, mêla sa voix de grenouille à celle de ses compagnons.

Cependant les vapeurs soporifiques, dont nos gens avaient la tête chargée, firent baisser insensiblement leurs bachiques accords; ils se groupèrent tous autour du foyer, et chacun s'endormit dans son coin. Quant à moi je veillai jusqu'au jour; la marche forcée que nous venions de faire m'avait échauffé le sang, et dans cet état d'irritation on dort mal, surtout sur les rochers. Du reste, le spectacle dont j'étais entouré avait trop d'attraits pour me priver de sa vue en me livrant au repos: la sérénité du ciel, la solitude du lieu, les formes bizarres de tous ces blocs de lave entassés autour de notre bivouac, les grandes ombres qui voilaient ces gorges profondes d'où nous étions sortis, ce pic au-dessus de nos têtes et que la lune éclairait de son brillant flambeau, tout cela parlait à l'imagination et réveillait la pensée. La nuit prêtait à cette scène quelque chose de solennel et de poétique: j'étais sur cette montagne célèbre que le Tasse transforma en un séjour de volupté. Quel génie! et quelle hardiesse! Le poète s'élance dans des régions inconnues et s'empare des plus séduisantes fictions; il franchit les colonnes d'Hercule pour s'arrêter sur les limites du monde des anciens. Un volcan formidable devient un lieu de délices où l'on s'enivre d'amour; il y crée le palais de l'enchanteresse, et c'est là que la belle et tendre Armide s'enferme avec son héros. Mais ces superbes jardins, ce magique palais, les nymphes, les gazons, les ruisseaux, les fontaines, toutes ces créations idéales disparaissent: « Il n'en reste plus, dit-il, aucun vestige; il est même difficile de dire: Elles étaient là: »

« Nè piu il palagio appar, nè piu le sue
» Vestigia, nè dir puossi : egli qui fue. »

« Et ces lieux redeviennent ce qu'ils sont aujourd'hui, des rochers déserts, avec toute l'horreur qu'y mit la nature. »

« Così sparver gli alberghi, e restar sole
» L'alpi, e l'orror che fece ivi natura. »

Voilà pourtant la poésie que Boileau appelait du clinquant!

Il était trois heures du matin lorsque nous abandonnâmes notre bivouac pour avancer vers la pointe du pic. Quant à Marcos, il resta à côté de sa mule; les mésaventures de la veille étaient encore trop présentes à son esprit pour qu'il fût tenté de nous accompagner. Le sentier que nous suivîmes d'abord, quoique très-raide, ne laissait pas d'être praticable; mais en nous approchant d'*Attavista*, le désordre devint à son comble par l'encombrement des matières que le volcan avait vomies, et nous ne pouvions marcher avec assez de précaution au milieu de tant de crevasses et d'aspérités. Après avoir franchi ce *mal pais del Teyde*, comme disaient nos guides, nous arrivâmes sur l'assise de *la Rambleta* (1). Tout semble indiquer dans cet endroit un cratère antérieur à celui du sommet, car c'est de là que débordèrent les nombreux torrens de lave qui inondèrent les Cañadas. Le Teyde a eu des alternatives de repos et d'épouvantables réveils : ce fut probablement après un de ces sommeils perfides qu'une nouvelle éruption produisit le pic actuel. Ce chapiteau volcanique, qui a recouvert l'ancien gouffre, s'élève du milieu de la Rambleta; il couronne la montagne et forme le pyramidion du grand cône; les échancrures de sa cime, que nous apercevions au-dessus de nous, étaient éclairées par les premiers rayons de l'aurore. Des exhalaisons sulfureuses se faisaient

---

(1) 10,992 pieds de hauteur absolue.

déjà sentir; nous touchions au terme de notre entreprise; toutefois il nous restait à gravir les pentes rapides de ce piton, dont la hauteur est de 438 pieds. Qu'on se figure un talus en pain de sucre, dont le sol meuble se composait en grande partie de scories et de pierres ponces. C'était massacrant : nous n'avancions qu'à force de peine, et souvent nous reculions au lieu d'avancer. Enfin, après nous être reposés bien des fois pour reprendre haleine, nous atteignîmes le sommet.

Alors plus de fatigue en présence de l'étonnant spectacle qui se déroula sous nos yeux : tout fut oublié. Mais comment dépeindre cette surprise accompagnée d'extase, cette attention suivie de vertige qu'on éprouve tour à tour? Nous venions d'atteindre un des points culminans de notre hémisphère; déjà, les rayons du soleil arrivaient jusqu'à nous, tandis qu'un vaporeux crépuscule voilait encore le reste de l'île, et nous étions les premiers qui saluions le jour (1). Nos regards plongeaient sur le vaste océan d'une hauteur de 11,430 pieds : la section du globe que nous pouvions embrasser d'un coup-d'œil mesurait un diamètre de plus de 100 lieues, car vers l'orient nous apercevions *Lancerotte* au bout de l'horizon, à la distance de cent soixante milles; puis *Fortaventure* qui s'allongeait vers la grande Canarie; à l'occident, l'ombre du Teyde s'étendant jusque sur *la Gomere* en immense triangle; et un peu plus loin *Palma* et l'*île de Fer* nous montraient leurs cimes escarpées. Ainsi, tout l'archipel canarien était là réuni comme sur un plan en relief, et, sous nos pieds, *Ténériffe* avec ses groupes de montagnes et ses profondes vallées. Quel admirable panorama! Mais nous n'en jouîmes pas long-temps. A mesure que le soleil s'avançait dans sa course, les vapeurs s'élevaient de toute part; on les voyait flotter sous la forme de blanches nuées, s'étendre sur les forêts

---

(1) M. de Humboldt, qui visita le pic de Ténériffe en 1799, détermina l'instant du lever du soleil, et reconnut que ses rayons arrivaient sur la cime 11' 51" 3'" plus tôt que dans la plaine.

et rouler dans les anfractuosités des gorges. Toutes ces émanations de la terre montaient insensiblement dans l'atmosphère sans toutefois arriver jusqu'à nous qui dominions les orages, car il pleuvait peut-être dans la région inférieure, tandis que le ciel étalait sur nos têtes sa resplendissante coupole. La surface de l'île se couvrait peu à peu; seulement quelques hautes crêtes perçaient comme des écueils la masse condensée, puis les nuages inondèrent tout l'horizon, et la cime du pic, sur laquelle nous étions assis, resta isolée dans l'espace.

Le pic offre à son sommet un cratère large et béant, dont les bords inégaux sont ruinés de toute part. Le diamètre de cette vaste chaudière a plus de 600 pieds, et 120 environ de profondeur (1). L'intérieur est percé de crevasses d'où s'échappent des vapeurs chaudes et sulfureuses; les alentours de ces soupiraux sont brûlans, remplis d'une terre pâteuse, rougeâtre et chargée de substances volcaniques. Cette espèce de lave n'est pas incandescente, mais la chaleur qui s'en exhale vous oblige bientôt à vous retirer à l'écart. On a cru remarquer que la température de la solfatare du pic augmentait graduellement depuis quelques années : s'il en est ainsi, qu'elle est pénible la pensée qui se rattache à cette observation, quand on réfléchit à la position critique des habitans de Ténériffe, si le Teyde sortait un jour de son repos. « *Il n'est pas une heure,* a dit un naturaliste, *qui ne puisse devenir, dans cette situation, la dernière de tout un peuple.* »

Le vent du nord-est, qui se mit à souffler avec une extrême violence, nous fit abandonner notre poste. En moins de huit minutes nous fûmes au pied de ce piton dont la montée nous avait coûté tant de peines. En repassant par la Rambleta, nos guides nous conduisirent à la grotte de la neige, glacière naturelle qui approvisionne toutes les villes du littoral. C'est une étonnante merveille que ce pic! Là haut du

---

(1) Voy. vol. II, 1ʳᵉ part., *Géologie*, pour tout ce qui a rapport au pic et à son état actuel, pag. 317 à 323.

soufre et du feu, et un peu plus bas (1) un réservoir de glace. Après avoir visité *la Cueva*, nous redescendîmes à *la Estancia*, où nous retrouvâmes Marcos et sa mule. Le pauvre garçon désespérait déjà de nous revoir; il disposa tout pour le départ, et reprit avec nous le chemin de Chasna.

---

(1) A 9,312 pieds au-dessus du niveau de la mer.

TREIZIÈME MISCELLANÉE.

L'HERBORISATION.

« On part : l'air du matin, la fraîcheur de l'aurore
» Appellent à l'envi les disciples de Flore. »
DELILLE.

L'île de Ténériffe s'élève du sein de l'Océan comme une immense pyramide. A partir des rochers qui bordent la côte, on peut, en remontant les gradins de cette montagne colossale, passer en quelques heures par tous les climats du globe. Le long du littoral, c'est la température de l'Afrique, avec son atmosphère de feu ; à trois cents toises plus haut, les nuages stationnent sur la région forestière, la brume rafraîchit le bocage, et la terre, luxuriante de verdure, offre l'image du printemps. On ne quitte qu'à regret d'aussi beaux ombrages, ces vieux arbres couverts de mousse, ces masses d'ondoyantes fougères, ces sources limpides et leurs jolis ruisseaux. La tranquillité dont on jouit sous ces bois de lauriers, leur agréable fraîcheur, l'air vivifiant qu'on y respire, tout y procure un ravissant bien-être. Mais dès qu'on a franchi la verte région, le pays change encore d'aspect, et les sensations ne sont plus les mêmes. A mesure qu'on s'élève davantage, les forêts disparaissent sous le rideau de nuages qui les enveloppe, la sécheresse remplace l'humidité ; le jour, la chaleur est étouffante ; la nuit, on sent pénétrer le froid par tous ses pores, et l'impression qu'il produit est plus vive peut-être que sur les plus hautes cimes de nos Alpes.

Cependant il est, au-dessus des forêts, des sites privilégiés où la nature se montre moins ingrate ; *Villaflor* est de ce nombre. Le bourg de *Chasna*, chef-lieu de ce district, est situé sur la bande méridionale de l'île, à plus de quatre mille pieds au-dessus du niveau de la mer. A cette élévation, les figuiers d'Inde, les palmiers, les bananiers, et toutes les plantes d'Afrique qui croissent sur la côte, ont entièrement disparu ; la végétation prend des formes plus européennes ; c'est un paysage des Pyrénées avec ses bois et ses cultures. Le morne du *Sombrerito* rappelle le *Marboré* ; comme lui, il s'arrondit en cylindre, et semble avoir été posé après coup sur la chaîne de montagnes qui lui sert de base.

Il y aura bientôt dix ans que je déjeûnais sur ce sommet avec mon compagnon de voyage, M. B. Webb (1), et le curé de *Chasna*, qui s'était institué notre cicerone. Depuis notre arrivée dans la haute vallée, ce bon pasteur n'avait cessé de nous donner des preuves de sa bienveillance, nous procurant des guides lorsque les devoirs de son ministère l'empêchaient de diriger lui-même nos excursions ; mais ce jour-là il avait voulu partager nos fatigues et nos plaisirs. Assis tous les trois à

---

(1) L'herborisation qui fait le sujet de cette miscellanée eut lieu en 1828, lors de mon second voyage à Chasna. M. Webb, mon collaborateur dans la rédaction de l'*Hist. nat. des îles Canaries*, n'était arrivé à Ténériffe que depuis quelques mois. Nous parcourûmes ensemble la plupart des districts que j'avais déjà visités ; nos courses nous conduisirent d'abord dans la partie orientale de l'île : la vallée de *Guimar*, les volcans de *los Roques* et la région supérieure. Les beaux ravins de *Badajos* et de *las Aguas*, la montagne *Grande* et les cônes d'éruption qui bordent le littoral furent explorés tour à tour. Nous nous dirigeâmes ensuite vers la bande méridionale, où nous fîmes une autre station. Don Marcos Peraza, chez lequel nous logeâmes, nous procura les plus agréables distractions. Cet ami prit part à toutes nos courses ; il nous accompagna dans le grand barranco de *Tamadaya*, à la source de *Tajo* et dans d'autres endroits. Don Marcos est allié avec les principales familles de l'île ; il habite le village d'*Arico*; les qualités qui distinguent cet excellent homme lui ont mérité l'estime générale. D'*Arico*, nous nous acheminâmes vers *la Grenadilla* et *Punta roja*, puis, de là, nous montâmes à *Chasna*, où nous établîmes pendant un mois notre quartier-général, dans le manoir hospitalier du marquis de las Palmas D. Alonzo Chirino, afin de pouvoir parcourir tous les environs. En quittant cette haute station, nous tournâmes l'île par la partie occidentale, et notre itinéraire me fit repasser de nouveau par *Adexe*, *Guia*, *Tamaymo*, *Santiago*, *el Palmar* et *Buenavista*. En arrivant dans ce dernier bourg, le marquis de Zelada, dont l'amitié pour moi ne se démentit jamais, nous laissa installer dans une de ses propriétés. Grâce à son obligeance, nous pûmes examiner en détail les sites les plus curieux et les plus pittoresques de Ténériffe : la montagne de *Taco*, la belle forêt de *los Silos*, la *Fuente del Cuervo* et la champêtre demeure du comte de Siete-Fuente, auquel nous sommes redevables de tant de bonté ; puis encore le *Rincon*, le val de *Bujamé*, la pointe de *Teno*, que son isolement rend si intéressante, le petit promontoire *del Aguja*, qui nourrit sur ses scories les plantes les plus rares de cette région botanique, enfin le val de *Masca* et les gorges adjacentes, où Don J. Mendez, actuellement curé de Buenavista, voulut bien nous servir de guide. Ce fut après cette longue tournée que nous entreprîmes l'exploration des autres îles. Ces différentes caravanes nous firent prolonger notre séjour dans l'archipel canarien jusqu'à la fin de l'été de 1830.

quelques pas de l'escarpement qui borde le cylindre, nos regards embrassaient une grande partie de l'île. D'un côté, le désordre du sol décélait toutes les fureurs des volcans; nous dominions le cirque des *Cañadas*, et du milieu de cette enceinte bouleversée, s'élevait le *Pic de Teyde*, dont les vastes flancs couvent encore de nouvelles éruptions. De l'autre côté, la vue s'étendait jusqu'à la mer; nous reconnaissions les pentes que nous avions gravies et le village où nous devions retourner. Le curé venait d'apercevoir le clocher de son église, et se plaisait à nous en signaler la position. « Avouez, nous disait-il, qu'on ne pou-
» vait situer ma petite chapelle dans un lieu plus pittoresque. Le vallon
» de *Villaflor* séduisit les premiers Espagnols qui y pénétrèrent, et son
» nom se rattache à des souvenirs historiques. J'ai lu dans nos vieilles
» chroniques qu'en 1496, lors de la conquête de Ténériffe, les Guan-
» ches, retranchés sur ces montagnes, défendirent long-temps leur
» indépendance. Pierre de Bracamonte, un des capitaines d'Alonzo de
» Lugo, ayant poussé une reconnaissance jusqu'au ravin de *Chasna*,
» fit rencontre d'une jeune insulaire qui trouva moyen de lui échapper
» après plusieurs jours de captivité. Le Castillan, épris des charmes de
» la belle fugitive, ne put supporter sa perte, et revint au camp dans
» un état complet de folie. Tous les soins de ses compagnons d'armes
» ne purent le ramener à la raison; possédé du souvenir de la jeune
» Guanche, et l'imagination tourmentée par cette amoureuse vision,
» il mourut après trois mois de martyre. « J'ai vu la fleur de la vallée!
» (*Vi la flor del valle! Vi la flor! Vi la flor!*) » était le cri de sa dou-
» leur; et ces mots qu'il répétait sans cesse, il les redisait encore expi-
» rant. Tel fut, ajouta sérieusement notre cicerone, l'origine du nom
» de *Villaflor*, que les soldats de Lugo voulurent imposer à cette vallée
» après la triste aventure de leur capitaine; mais il paraît que l'an-
» cienne dénomination de *Chasna* a prévalu. Quant à moi, j'ai cru
» devoir instituer une messe pour le repos de l'ame du pauvre Braca-
» monte; puisse-t-il avoir recouvré là-haut la tranquillité d'esprit et de

» cœur qu'il perdit ici-bas ! » Par respect pour la mémoire du défunt, nous ne contestâmes pas cette bizarre étymologie ; la fin malheureuse du capitaine paraissait affecter vivement le curé..., nous lui fîmes bon marché de son histoire.

Voulant mettre à profit le restant de la journée, nous nous remîmes en route pour explorer les crêtes qui avoisinent le *Sombrerito*, et dont les moins élevées conservent encore une altitude de plus de huit mille cinq cents pieds. La végétation de ces points culminans n'offre pas, comme dans nos contrées alpines, ces gazons naturels qui se couvrent de fleurs après la fonte des neiges ; l'hiver, sur ces montagnes, est de courte durée ; pendant le jour, un soleil brûlant y maintient une haute température ; dans la nuit, au contraire, le froid devient insupportable, surtout lorsque le vent tourne au nord-ouest ; alors le thermomètre baisse souvent jusqu'au point de la congélation, le pic et les crêtes des alentours se couvrent de leur blanc manteau. Puis le soleil reparaît radieux, il échauffe de nouveau ces rochers escarpés où la chaleur et la froidure alternent tour à tour. Les nuages, arrêtés dans la zone inférieure, ne montent que rarement jusqu'à cette région, où le sol est ordinairement sec et aride. Les plantes qui peuvent s'accommoder de ces conditions d'existence sont peu nombreuses, mais la plupart de celles que nous trouvâmes n'avaient jamais été recueillies avant nous, et valaient bien la peine d'aller les chercher si haut. Le curé prenait part à toutes nos joies, et rivalisait d'ardeur pour accroître nos conquêtes. Malheureusement son gros ventre et ses petites jambes ne répondaient pas toujours à ses désirs ; avec ses proportions anti-botaniques, se baisser, gravir de rocher en rocher, était pour lui une grande affaire. Sans cet inconvénient, l'aimable science eût compté peut-être un nouveau disciple.

Nous suivions depuis une heure le chemin de la *Cumbre*, en longeant les précipices qui le bordent, quand nous nous trouvâmes arrêtés tout-à-coup par un obstacle difficile à franchir. Le pic d'*Almendro* se dressait devant nous comme une grande ruine; son sommet était inaccessible, il nous fallait donc tourner sa base. A droite, le roc s'avançait en saillie et l'on pouvait à tout hasard passer sur cette dangereuse corniche pour gagner le revers septentrional de la montagne, dont les anfractuosités nous promettaient d'autres plantes; à gauche, au contraire, s'offrait un sentier facile; mais, de ce côté, nous n'apercevions pas l'ombre de la végétation. Notre choix était fait d'avance, et pourtant une considération nous arrêtait: c'était la crainte de voir notre curé s'aventurer au travers des escarpemens du nord. Un pied posé à faux pouvait l'entraîner dans un abîme dont nous ne mesurions qu'en tremblant l'immense profondeur. Nous lui conseillâmes de nous faire les honneurs de la droite, et de prendre la gauche pour nous rejoindre ensuite dans un ravin qu'on nous avait indiqué plus loin; il ne fut pas de notre avis, et passa tranquillement avec l'aide de nos guides. Je l'avoue franchement, c'était exposer ce brave homme. Quand je le vis prêt à perdre l'équilibre, et tâtonnant les saillies du rocher pour chercher un point d'appui, j'eus un moment d'effroi dont le seul souvenir me glace encore le cœur.

Notre espoir ne fut pas trompé; après avoir franchi ce mauvais pas, nous trouvâmes sur les cimes adjacentes plusieurs plantes jusqu'alors ignorées des botanistes. Non loin de là, un rosier étalait ses fleurs couleur de pourpre; mon compagnon, qui venait de l'apercevoir, me le montrait en répétant ces vers du Tasse :

> « Del mira (egli canto) spuntar la rosa
> » Dal verde suo modesta e verginella;
> » Che mezzo aperta ancora, e mezzo ascosa,
> » Quanto si nostra men, tanto è piu bella ! (1). »

---

(1) *Traduction.* « Regarde (chantait-il) poindre la rose, vierge et modeste en son printemps, qui, à demi-ouverte et à demi cachée, paraît plus belle encore alors qu'elle se montre moins. »

Cette heureuse réminiscence en amena une autre: le poète aux brillantes fictions a dit aussi ou à peu près :

> « La rose, accoutumée à de plus doux climats,
> » S'étonne de fleurir au milieu des frimats.
> » La violette même et modeste et timide
> » Exhale ses parfums, tant la puissante Armide
> » A voulu de son art déployer l'appareil. »

Le chantre de la Jérusalem ne nomme, il est vrai, que la rose et le lis (1), la violette est une licence du traducteur ; mais cette petite variante est d'autant plus pardonnable, que la modeste plante croît aussi dans ces environs (2). M. Baour-Lormian, qui la devina par instinct, aurait dû réclamer la priorité sur les botanistes qui l'ont décrite après lui. Quant au bel arbuste, plein de respect pour l'autorité de Torquato, je me promis de l'appeler *rosier d'Armide*. Cette dénomination déplaira peut-être à ceux de mes confrères qui n'ont pas l'humeur poétique, me disais-je en coupant quelques tiges de mon rosier ; j'en suis fâché, mais j'y tiens. La poésie et la science des fleurs peuvent marcher ensemble et se donner la main. Depuis la rose *berberifolia* jusqu'à la fameuse rose pompon, que Thore et Redouté ont métamorphosée en *Rosa pomponia*, je ne vois qu'une insipide kyrielle de noms que notre langue se refuse de prononcer. D'abord, les roses *woodsii*, *lyndleyi*, *swartzii*, et *wildenovii* ; puis, après les *Rosœani*, vient ensuite toute la série des *Rosœana*, les *kamtschatica*, *kingstoniana*, *kentukensiana*, *thunbergiana*, *volfgangiana*, *portenschlagiana*, etc., etc., etc. Je le demande de bonne foi, ne croirait-on pas entendre des paroles cabalistiques, et ne doit-on pas mettre à l'index une pareille nomenclature ? Après tant

---

(1)   » E'l ghiaccio fede ai gigli serba
             » Ed alle rose tenere ; cotanto
             » Puote sovra natura arte d'incanto ! »
                                     (Tasso, canto xv.)

(2) *Viola cheirantifolia*.

de noms barbarement botaniques, qu'il me soit permis au moins d'en créer un plus harmonieux.

J'en étais là de mes réflexions sur les roses, lorsque le curé vint les interrompre pour me faire admirer un oiseau au plumage d'azur qui voltigeait sur les buissons. Ce n'était pas l'oiseau du Tasse, qui charmait par ses chants d'amour. Triste et solitaire, le fringille du Teyde (1) fait entendre des cris plaintifs ; il habite cette région dévastée qui n'a conservé des jardins d'Armide que quelques plantes sauvages, se cache parmi les genêts, se nourrit de leurs graines ; et l'hiver, lorsque la neige s'amoncelle sur ces hautes cimes, il se réfugie avec sa compagne dans les vergers de *Villaflor*. Ce fut là que pour l'intérêt de la science, et peu de jours après notre herborisation, je détruisis impitoyablement un de ces couples chéris. Pauvres oiseaux !

Que m'avaient-ils fait?.... Nulle offense.

Quand je les regarde aujourd'hui, raides, disséqués, la peau tendue, les yeux immobiles, je voudrais les ranimer pour les rendre à ces climats où je les vis alors pleins du sentiment de leur vitalité et si heureux de leur existence.

Notre exploration touchait à sa fin, le soleil ne nous éclairait plus lorsque nous arrivâmes dans les gorges du *Tauze*, où nous devions retrouver notre fidèle Marcos ; en effet, nous ne tardâmes pas à l'entendre, il fredonnait une ronde de son pays ; mais au tremblement de sa voix, je compris le motif de sa chanson. Marcos m'était connu de vieille date, j'avais vu le pauvre garçon s'effrayer de son ombre, et dans cet instant il chantait de peur. L'obscurité croissante, le cri des boucs qui retentissait dans la montagne et venait se mêler au bruit du vent, tout se réunissait dans ces lieux déserts pour accroître sa terreur panique. Aussi, quand subitement, et sans qu'il s'y attendît, le

---

(1) *Fringilla Teydea*. Nob. (Voy. Zoolog., Oiseaux, pl. 1.)

sifflemens de nos guides vinrent frapper ses oreilles, il nous avoua qu'il s'était senti défaillir. Néanmoins, la joie de retourner au village le ranima peu à peu; il sella nos montures, se chargea de nos boîtes, et, dans la crainte de rester seul en arrière, il marcha bravement devant nous en éclaireur.

Plusieurs ravins nous restaient à traverser avant d'arriver au gîte, et déjà il était nuit close; mais nous avions foi en nos mules, qui flairaient la route et cheminaient sans broncher. Pourtant, en pénétrant dans la forêt de pins qui cerne la vallée, l'obscurité devint si grande, qu'il fallut s'arrêter. Les guides parvinrent à tirer d'un vieux tronc un faisceau de bois résineux, et bientôt le feu de plusieurs torches vint répandre une vive clarté sur notre petite caravane. Alors la scène s'anima de plus belle; Marcos, radieux, entonna le *Tù Palaha*, et toute la troupe fit chorus au joyeux refrain des isleños. Il me semble les entendre encore :

>Tù Palaha,
>Palomita mia,
>Tù Palaha,
>Que ya viene el dia!

Neuf heures sonnaient au presbytère lorsque nous entrâmes à Chasna; nous laissâmes le curé à sa porte, et regagnâmes le manoir hospitalier, très-satisfaits de notre journée.

QUATORZIÈME MISCELLANÉE [1].

LA CASA-FUERTE.

> « Gouvernement commode et beau,
> » A qui suffit, pour toute garde,
> » D'un suisse avec sa hallebarde
> » Peint sur la porte du château. »
> CHAPELLE ET BACHAUMONT.

En janvier 1829 nous étions à Villaflor : on sait déjà que ce petit bourg de Ténériffe est situé dans la haute région de l'île. Depuis un mois que nous nous y étions établis pour explorer les montagnes voisines, un temps superbe avait favorisé nos courses, et l'hiver semblait nous promettre encore de beaux jours. Nous ne pensions guère à abandonner notre station, lorsqu'un changement, qui s'opéra dans l'atmosphère, fit baisser tout-à-coup la température de plusieurs degrés; le vent du nord commença à souffler avec violence, le froid devint très-sensible, et bientôt la campagne se couvrit de neige. Ne pouvant plus compter sur la saison, nous résolûmes d'aller chercher un plus doux climat dans les vallées inférieures, et ce fut vers le manoir d'Adeje que se dirigea notre caravane.

Je viens de parcourir le carnet où j'ai consigné mes observations durant ma résidence dans la noble bicoque; c'est un singulier recueil : voyages, aventures, herborisations, chasses, descriptions, esquisses, tout est là en ébauche, tracé à la hâte sous l'impression du moment. Mais au milieu de ce pêle-mêle, il est pour moi des indications infaillibles qui rappellent tous mes souvenirs. Ici, par exemple, j'ai rempli six pages d'un seul trait, j'étais rentré de bonne heure au manoir et

---

[1] Cette miscellanée a été lue à la première classe de l'Institut historique.

confortablement assis à la table du seigneur; les documens que je rassemblais sont accompagnés de notes, de réflexions, de remarques......; ce sera à revoir. Là, je trottais à cheval, les caractères sont hiéroglyphiques....; il faudra les interpréter. Voici de la sténographie......; le majordome du château avait le verbe prompt et facile; j'ai tâché de retenir nos conversations. Ainsi, à chaque feuillet, ce sont de nouveaux incidens, d'autres situations, un tracé à vol d'oiseau de ma vie aventureuse. Des sommaires résument cette suite de Miscellanées sans ordre ni liaison. Je m'arrête à celui-ci :

6 janvier 1829. Départ de Villaflor : le bon curé vient nous offrir le coup de l'étrier ; notre petite caravane se met en marche, trois mules en avant avec l'attirail de campagne et toutes nos collections. Nous suivons de près le bagage ; notre fidèle Marcos, monté comme Sancho, formait l'arrière-garde. Plateau de Trebejo : le vent de mer refoule la brume dans les gorges de la montagne; le temps s'éclaircit et nous arrivons au manoir d'Adeje, où l'on nous héberge. Description de la Casa-Fuerte, archives, documens historiques, etc., etc.

Maintenant voici la narration : c'est une histoire complète.

Le paysage de la partie méridionale de l'île n'a rien de bien attrayant, sa teinte est triste et monotone; l'action des volcans, en s'étendant partout, a frappé le sol d'une longue stérilité. Cependant, au milieu de cette dévastation, le vallon d'Adeje vient réjouir la vue, et le cours d'eau qui s'échappe du grand ravin d'*el Infierno* fertilise son terroir. Qu'on ne s'effraie pas du nom du ravin : c'est le site le plus pittoresque; la végétation s'y montre sous des formes si variées et si harmonieuses, qu'au premier coup d'œil on croirait y voir l'œuvre de l'art. Le torrent, en descendant des montagnes, tombe avec fracas au milieu des rochers; les berges se dressent à plus de huit cents pieds sur les bords du sentier que nous parcourons, tandis qu'au-dessus de nos têtes des arbustes fleuris se balancent sur l'abîme et forment des bouquets de bois du plus délicieux effet.

S'il faut en croire la tradition, dans les temps antérieurs à la conquête des îles Fortunées, Ténériffe obéissait à un seul prince. Ce Guanche, que les historiens ont appelé le *Grand Tinerf*, avait choisi le district d'Adeje pour sa résidence; à sa mort, ses neuf fils prirent le titre de *Menceys* et se partagèrent ses états. Abitocazpe acquit la principauté d'Adeje, et Pelinor, qui lui succéda, subit la loi des vainqueurs, lorsqu'en 1496 Alonzo de Lugo vint envahir le pays. Les domaines des Menceys ayant été répartis entre les conquérans, le patrimoine de Pelinor échut à un des capitaines de Don Alonzo, qui transmit ses droits sur les terres seigneuriales d'Adeje à la famille des Ponte. Les nouveaux maîtres obtinrent la faculté d'y fonder un majorat et firent bâtir la *Casa-Fuerte* avec le manoir attenant. En 1657, Philippe IV nomma Don Juan Bautista de Ponte, Fonte y Paxes, haut justicier et seigneur suzerain de ses domaines, avec pouvoir de planter potence, dresser échafaud et toutes les autres prérogatives de la juridiction féodale. Les dépendances du château étaient restreintes alors à quelques centaines d'arpens; le bourg, auquel le roi accorda les priviléges de bonne ville, ne comptait que cinquante feux; aujourd'hui, il renferme plus de trois cents familles, plusieurs hameaux relèvent de sa juridiction et forment un contingent de 1,800 âmes. Pour la statistique, voici le mouvement annuel de la population tel qu'il m'a été transmis par le curé de la paroisse.

18 mariages,
60 naissances,
41 décès.

C'est partout de même : il en naît plus qu'il n'en meurt.

Le domaine d'Adeje s'est beaucoup agrandi par de nouvelles acquisitions : il possède depuis plusieurs années un haras de chevaux de race andalouse et un troupeau de quatre-vingts dromadaires.

En 1676, le très-haut et très-puissant seigneur Don Juan fut créé marquis d'Adeje : plus tard, ses alliances avec diverses familles nobles et les droits acquis par succession réunirent au marquisat le comté de la Gomere et la seigneurie de l'île de Fer.

Doña Juana de Herrera, marquise de Saint-Jean de Piedras Alvas et unique héritière des domaines d'Adeje, ayant épousé à Madrid le marquis de Belgida, tout cet apanage passa dans la noble maison des Belvis de Moncada. C'est depuis cette époque (1750) que les seigneurs d'Adeje ont cessé d'habiter leur manoir; l'intendant qui les remplace a le titre de lieutenant châtelain (*Teniente castellano*); il est chargé de tous les détails de l'administration, dirige l'exploitation des fermes et perçoit les redevances. On estime à dix mille piastres environ les revenus annuels.

Un bastion à plate-forme, surmontée d'une tour carrée que quelques boulets à plein fouet jetteraient par terre, compose ce qu'on appelle la *Casa-Fuerte*. Elle est située sur un plateau en avant du bourg et a été construite au seizième siècle pour protéger les terres seigneuriales contre les entreprises des Maures. A notre arrivée au château, on nous permit de visiter la petite citadelle. Une échelle placée contre un vieux mur faisait fonction de pont-levis et donnait entrée dans une salle basse éclairée par deux meurtrières. C'était comme dans l'enfer du Dante, des animaux immondes et tout juste assez de lumière pour apercevoir les ténèbres.

Le castellano, que nous suivons à tâtons, nous fait grimper sur une autre échelle, soulève une trappe, et nous passons sur la plate-forme. Quatre canons primitifs, montés sur de lourds échafaudages et braqués à poste fixe sur l'avenue du côté de la mer, forment tout le système de défense. La tournelle sert de salle d'armes : des arquebuses de dimensions gigantesques reposent dans un coin; parmi des fusils à mèche, arbalètes, dagues, lances et hallebardes, on nous montra des boucliers, des épées monstres, des cottes de mailles et des casques de fer. Il y avait là de quoi faire tourner la tête d'un amateur. Cependant l'intendant du château, entièrement occupé de la rentrée de ses fonds, ne fait aucun cas de ces antiquités; les plus belles pièces ont été envoyées à Sainte-Croix, où elles figurent pendant le carnaval. Le complaisant castellano voulut aussi déployer à nos yeux le drapeau de la forteresse, mais la noble bannière n'était plus en état de flotter sur les remparts : renfermée dans un vieux coffre depuis plus d'un demi-siècle, les rats avaient dévoré l'écusson des marquis.

La garnison se compose d'un sergent et de douze canonniers villageois dont les noms sont enregistrés, mais qu'on dispense du service. Toutefois, les seigneurs d'Adeje ont constamment fait gloire de s'appeler gouverneurs perpétuels de la *Casa-Fuerte*, et le possesseur actuel, marquis de Belgida et grand d'Espagne de première classe, s'honore encore de ce titre.

Tout ce que je venais de voir dans la bicoque me rappelait un fortin de notre pays que le cardinal de Richelieu confia à la garde d'un poète, et sur lequel Chapelle et Bachaumont ont fait les vers que voici :

> Gouvernement commode et beau,
> A qui suffit pour toute garde
> D'un suisse avec sa hallebarde
> Peint sur la porte du château.
>
> Sachez, messieurs, que là-dedans
> On n'entre plus depuis long-temps.
> Le gouverneur de cette roche,
> Retournant en cour par le coche,
> A depuis environ vingt ans
> Emporté la clef dans sa poche.

En effet, Scudery s'ennuya bientôt de ses fonctions de gouverneur de *Notre-Dame de la Garde*, et laissant sa citadelle sous la protection de la vierge des marins, il vint reprendre à Paris son rôle de poète et faire les délices de l'hôtel de Rambouillet.

Au sortir de la Casa-Fuerte, nous remarquâmes une espèce de casemate (*la Masmorra*) où l'on enfermait jadis les vassaux récalcitrans sous le bon plaisir de leur seigneur et maître. Aujourd'hui, les heureux vilains, affranchis du joug féodal, se moquent de la Masmorra.

Le manoir est adossé à la Casa-Fuerte : une grande cour en occupe le centre, l'intérieur est un vrai labyrinthe. C'est une longue enfilade de corridors, vestibules, galeries et salles de toutes les dimensions ; puis des écuries, des caves, des hangars, des greniers construits après coup et accommodés aux besoins. En parcourant ces appartemens délabrés nous trouvâmes encore des restes de splendeur, des frises dorées, de belles boiseries et plusieurs de ces meubles gothiques si recherchés aujourd'hui. Dans la salle à manger, on nous fit asseoir sur des fauteuils dont les dossiers à colonnes torses n'avaient rien de bien commode ; ces chaises curules, qu'il fallait traîner vers la table à force de bras, dataient des premiers marquis et pouvaient encore braver les siècles. Les portraits de famille qui garnissent les murs appartiennent à différentes époques : Don Nicolas Herrera ressemble à nos anciens baillis, Don Juan Bautista porte l'habit de cour du temps de Philippe IV, mais Don Diego Ayala fixa surtout notre attention; il est vêtu à l'espagnole avec dague au côté, mantelet de velours, chapeau retroussé et gants à la Crispin. Deux nobles dames complètent cette galerie avec robes à grand ramage et corsages à long busc.

Des tableaux ornés de peintures allégoriques et renfermés dans de riches encadremens décorent le salon de réception. Ces petits tableaux sont l'œuvre des moines dominicains ; les marquis d'Adeje, en leur qualité de patrons du couvent de Candelaria, les recevaient à l'époque de la réunion du chapitre. Chaque médaillon contient le programme des thèses soutenues dans ces grandes solennités. Je citerai celle que le frère Vincent, docteur en théologie, dédia à Doña Florentina de Herrera, *inter magnos Hispaniæ viros primæ classis magna femina* (1). Le révérend Père affirmait dans ses conclusions que les messes et les

---

(1) Voici la copie du texte latin :
Excellentissimæ DD. Florentinæ Pizarro Picolomini de Aragoniâ, Herrera et Roxas, Rubin de Celis, Roda, Faxardo, Ponte, Xuarez à Castella et Coalla Sancti Joannis Petrarum albarum, et Orellanæ Marchionissæ, excellentissimi Marchionis de Belgidâ viduæ, Gomeræ Comitissæ, Villarum Ampudiæ

prières des moines étaient beaucoup plus profitables aux âmes des marquis, leurs patrons défunts, qu'aux âmes vulgaires renfermées avec elles dans le purgatoire. Ainsi, les avantages du rang et la distinction des castes s'étendaient outre tombe; la noblesse conservait dans l'autre monde les priviléges qu'elle s'était adjugés dans celui-ci, et jusqu'à la porte du ciel elle avait le pas sur la roture. Oh, le joli droit du seigneur !

Il me reste à parler de la pièce la plus importante du manoir, la chambre des archives que Viera appelait le trésor des Canaries (*el tesoro de las Canarias*); cet historien y puisa une partie de ses *Notices*. Quatre grandes armoires remplies de documens furent livrées à nos recherches. Ces précieuses archives, accumulées sans ordre, nous mirent dans l'embarras du choix; cependant avec l'aide de notre cicerone nous fîmes de bonnes découvertes.

D'abord, les titres de noblesse.

Ces parchemins étaient soigneusement conservés dans un livre blasonné et plaqué or. Je traduis ici le texte du diplôme des marquis.

« Don Carlos II et la Reine Dona Marie-Anne d'Autriche, sa mère, comme tutrice et procuratrice du royaume, ayant égard aux qualités, mérites et services de *vous*, le Mestre de camp, *Don Juan Bautista de Ponte, Fonte y Paxes*, etc., et voulant, parce que telle est notre volonté, vous honorer et élever davantage, mandons et ordonnons à tous nos gouverneurs, etc., que l'on vous rende et fasse rendre les honneurs, faveurs, grâces, franchises, libertés, prérogatives, cérémonies et toutes les autres choses que vous

---

Rajaris ac Coti de Aguilerexo-Aconchel Zainos et Fermosell Domûsque ac Castelli Majoratus Dominæ, cujus etiam ditioni Ferrum et Gomeræ insulæ, binæ ex Fortunatis, subjectæ manent, ac in Teneriffâ Adexe Villa cum Castello suo munitâque domo in hâcce insulâ perpetuo senatorio jure gaudenti, atque inter magnos Hispaniæ viros primæ classis Magnæ Feminæ, denique Generali ac unicæ Candelarensis Predicatorum familiæ Canariis in insulis Patronæ. Fr. Seb. Rodriguez et Faxardo ejusdem Ord. Coll. suæ provinciæ nomine in perenne grati animi monum. Has theologicas theses ad Angelici Aquinatis D. mentem expressas. D. O. C. Animæ patronorum nostrorum, si quæ adhuc in Purgatorio existunt, suntne certæ de suâ æternâ salute? Itâ orationes et sacrificii quæ pro illis nostra provincia offert Deo optimo maximo prosunt ipsis plus quàm aliis Purgatorii animabus? Certè !

A supradicante, opem ferente R. adm. P. Mtro in Sac. Theol. Pr. Joseph Vincentio Perdomo, comitiis provincialibus erint tuendæ apud regale cœnobium Sanctæ Mariæ de Candelariâ undecimo calendas Junii anno MDCCLXXXII. Vespere.

devez avoir et dont vous devez jouir par la raison que *vous estes marquis*, et dont on doit vous laisser jouir en tout et complètement sans qu'il n'y manque rien. »

Madrid, 5 avril de l'an 1676.

Moi la Reine (1).

Voici les pleins pouvoirs relatifs à la seigneurie et vasselage de la ville d'Adeje :

Traduction. « Don Philippe IV, etc., ayant égard à ce que *vous, Don Juan Bautista de Ponte, Fonte y Paxes*, m'avez dit que l'emplacement et le terroir du bourg d'Adeje et toutes les maisons qui s'y trouvent sont de votre propre appartenance, et que le bourg occupe une étendue de trois quarts de lieue de circuit et contient soixante familles ; je vous donne plein pouvoir afin que vous puissiez établir et établissiez dans ledit bourg et ses dépendances pour l'exécution de la justice, *potences, fourches patibulaires, échafaud, prisons, ceps, peine de fouet* et toutes les autres attributions de juridiction concédées d'après les usages dans les capitales et villes de mes domaines. »

Aranjuez, ce 25 avril de l'an 1657.

Moi le Roi (2).

---

(1) Copie du titre original et *fac-simile* de la signature de la reine.

« Don Carlos II, y la reyna Doña Mariana de Austria su madre, como tutora y procuradora del Reyna, etc. Por quanto teniendo atencion a la calidad, meritos y servicios de *vos* el maestro de campo Don Juan Bautista de Ponte, Fonte y Paxes, etc., y nuastra voluntad es que para mas honrar y sublimar vuestra persona, mandamos a nuestros Gobernadores, etc., que os guarden y hacen guardar todas las honras, gracias, mercedes, franquizias, libertades, preheminencias, ceremonias, y otras cosas que por razon de ser *marquez* debeis haber y gozar, y os debe ser guardadas todo bien y cumplidamente sin faltaros cosa alguna. »

Madrid, cinco de abril de mil y seiscientos y sesenta y seis años.

(2) Copie du titre original et *fac-simile* de la signature du roi :

« Don Felipe Quarto, etc., por quanto por parte de Vos Don Juan Bautista de Ponte, Fonte y Paxes, etc., por quanto me habeis dicho que el sitio y suelo del dicho lugar de Adeje y todas sus casas que hay fabricadas en el son propias vuestras y el dicho lugar tiene de termino tres quarta de leguas en contorno y sesenta vecinos ; Doy facultad para que pueda poner y ponga en el dicho lugar y su termino y territorio para la execucion de justicia, *horca, picota, cuchillo, carceles, cepo, azote* y las demas insignias de juridicion que se pueden poner segun que se usa en las cuidades y villas de estos mis reynos. »

Aranjues, a 25 abril de 1657.

La procuration que le marquis de Belgida, possesseur actuel de la *Casa-Fuerte*, a passée en faveur de son intendant, mérite aussi d'être relatée; mais les noms, titres et fiefs de ce *Ricohome* forment une trop longue légende pour que je la transcrive ici; je l'insère dans mes notes afin de ne pas interrompre la narration. La pièce est curieuse pour le temps où nous vivons; nos neveux n'y croiront pas; pourtant, c'est de l'histoire (1).

Parmi les anciens parchemins nous retrouvâmes *l'acte de possession de l'île de Ténériffe par Diego de Herrera*. Ce document date du quinzième siècle et demande quelques explications.

En 1464, la plus belle partie de l'archipel des Fortunées conservait encore son indépendance : Diego de Herrera, seigneur de Fortaventure et de Lancerotte, ambitionnait la conquête des trois îles qui avaient résisté jusqu'alors à toutes les invasions, et prenait le titre de Roi des Canaries. Il venait d'armer plusieurs caravelles dans l'inten-

---

(1) *Traduction.* Don Juan de la Cruz Belvis de Moncada, Pizarro y Herrera, Ibañez de Segovia, Lopez de Mendosa, Laso de la Vega, Peralta de Peralta, Figueroa y Cardenas, Fernandez de Velasco, Tovar, Carvajal y Osorio, Melo de Ferreira, Fernandez de Cordova, Lopez de Haro y Boca negra, Pacheco de Chaver y Cabrera, Torres de Portugal, Mendez de Biedma, Castilla y Castro, Ponce de Leon, Colon y Muñiz de la Cueba, Luna Arellano, Corroz y Centelles, Suarez de Mendoza, Baran y la Cerda, Varquez de Coronado y Luxan, Soler de Alpicat y Marradas, Ladron de Pallas, Parcellos y Bleanes, Picolomini de Aragon, Ayala y Roxas, Toledo, Orellana y Meneces, Mendez de Sotomayor, Rubin de Celis, Roda, Faxardo y Coalla, Ponte, Suarez de Castilla y Llarena; Marquis de Belgida, Montejar et Saint-Jean de Piedras Alvas, de Benavites, Villamayor de las Ibiernas, Valhermoso de Tajuña, Agropoli de Naples, Orellana la vieille, et Adeje dans l'île de Ténériffe, son château et Casa-Fuerte; Comte de Villamonte, Tendilla et la Gomere, de Villardon Pardo, Sallent et du Saint-Empire; Baron de Turis, el Rafol, Salem, Chella, Abvalat de la Rivière et Pardines, de la Joyeuse, Marran, Iridicheli et Gudemi; Seigneur de toutes les villes citées dans les titres précédents, et des lieux de Corbera, Saint-Jean de la Enova, Rafelbuñoz, le Puig, de la moitié de Cuartell, Larap, Alqueria-Blanca, ville de Saint-Pierre d'Escañuela, la Fuensomera, los Apaceos hauts et bas dans la nouvelle Espagne, de la province d'Almoguera et des villes de Meco, Fuenteclavijo, Fuentenovilla, Aranzueque, Armiña, Loranca de Tajuña, Azañon, Viana, ville dépeuplée d'Anguis, son château et sa forêt, d'Alconchel y Zainos, et de Fermoselle dans le royaume de Portugal, des îles de la Gomere et de Fer aux Canaries; Patron général et unique de la province de Candelaria, ordre des prédicateurs des dites îles; Adelantado mayor de la nouvelle Galice; deux fois Grand d'Espagne de première classe, Gentilhomme de la chambre de S. M. (en exercice), Chevalier de l'ordre de la Toison d'Or, Grand-Croix de l'ordre royal de Charles III, Écuyer, Arbalétrier et Grand-Veneur du Roi, notre Seigneur, que Dieu garde.

tion d'envahir la *gran Canaria*; mais, repoussé de cette côte, il dirigea son attaque sur Ténériffe, où il débarqua à la tête de quatre cents hommes. Les Guanches, du haut de leurs rochers, l'avaient aperçu de la veille et surveillaient ses mouvemens. Entouré de toute part dès qu'il eut mis pied à terre, Herrera se trouva tout-à-coup en présence d'un ennemi dont le nombre et l'audace n'avaient rien de rassurant. N'osant tenter un combat qui eût pu le compromettre et contraint de parlementer, il envoya deux interprètes auprès des Menceys pour leur porter des paroles de paix; c'était plus prudent. « *Le très magnifique seigneur Don Diego Garcia de Herrera, vassal d'un plus grand seigneur*, leur disait-il, *ne veut pas usurper vos domaines; il vient seulement en bon voisin contracter avec vous une alliance durable, et vous prier de reconnaître la souveraineté du Roi de Castille, comme il la reconnaît lui-même.* A ce message captieux les princes de l'île tinrent conseil, et le résultat de leur délibération fut traduit en ces termes par les truchemens Matheo Alfonzo et Lanzarotte : « *Les Menceys de Ténériffe acceptent l'amitié de Diego de Herrera, du Roi de Castille et de tous les Rois du monde.* » Après cette déclaration les deux camps fraternisèrent, Herrera embrassa les Menceys, et l'évêque de Rubicon leur donna sa bénédiction. Il paraît que le seigneur de Fortaventure, escorté de ses nouveaux amis, parcourut deux lieues de pays et prit au sérieux cette promenade militaire, car il fit dresser l'acte de possession.

Telle est en abrégé la relation que les historiens Viera et Nuñez de la Peña font de cet événement. Voici maintenant la teneur du procès-verbal dressé par ordre de Don Diego. C'est la traduction littérale de l'acte énoncé plus haut et dont le texte se trouve reproduit dans mes notes.

« Le 21 juin de l'an 1464 comparurent au port du Bufadero, devant le seigneur Don Diego Garcia de Herrera, le grand Roi de Taoro Imobach, le Roi de las Lanzadas, autrement dit de Guimar, et les Rois d'Anaga, d'Abona, de Tacoronte, de Benicod, d'Adeje, de Tegeste et de Daute. Ces neuf princes déclarèrent qu'étant convaincus des titres, droits et raisons qu'avait le seigneur Don Diego de s'appeler seigneur de toutes les îles Canaries, et surtout du désir qu'il manifestait d'en faire la conquête, ils venaient de leur plein gré lui rendre hommage comme à leur maître, et lui faire cession entière de l'île de Ténériffe, afin qu'il en jouît. Les neuf princes ayant baisé la main du seigneur Herrera en signe d'obéissance, Juan Negrin, le roi d'armes, éleva sa bannière et cria par trois fois à haute et intelligible voix : « *Ténériffe pour le Roi de Castille et de Léon, et pour le généreux chevalier Don Diego de Herrera, mon seigneur !* » Après cet acte solennel, Don Diego, accompagné des Rois, se mit en marche et fit environ deux lieues vers le haut de l'île, *foulant fortement la terre avec ses pieds, coupant des branches d'arbres, et changeant quelques pierres de place en signe de possession, sans que personne s'y opposât :* ce que certifia le grand Roi Imobach sur son propre serment et au nom de tous ses collègues. Finalement, le seigneur Herrera, comme bon et loyal vassal du Roi de Castille, déclara reconnaître l'autorité souveraine de ce monarque, et ordonna d'en dresser acte pour la garantie de ses droits. Ce qui fut fait et signé par Fernando de Parraga, tabellion de Fortaventure, étant présens les deux truchemens et le roi d'armes, Alvaro Becera et Garcia Vergara, natifs de Séville, Juan de Aviles de San Lucar, Louis-Morales de Fortaventure, Louis Casañas de Lancerotte, Jacomar de l'île de Fer, Anton de Simancas, et l'évêque de Rubicon qui contresigna (1). »

C'était ainsi que le seigneur de Fortaventure satisfaisait son ambition et préludait par une vaine parade au drame sanglant de la conquête. Un grand certificat en parchemin fut tout ce qu'il retira de son excur-

---

(1) Copie du texte original :

« El 21 de junió de 1464 parecieron ante el señor Don Diego Garcia de Herrera, en el puerto del Bufadero, el gran Rey de Taoro Imobach, el Rey de las Lanzadas que se llama de Guimar, el Rey de Anaga, el Rey de Abona, el Rey de Tacoronte, el Rey de Benicod, el Rey de Adexe, el Rey de Tegeste, y el Rey de Daute : estos nueve Principes le dixeron, que siendo convencidos de que el era señor de todas las islas Canarias por muchos titulos, derechos y razones, especialmente por la gana que mostraba de conquistarlas, venian con gusto en obedecerle como a su amo, sometiendo baxo su imperio toda la isla de Tenerife, para que la poseyesc y desfrutase. Los nueve Principes besaron la mano al señor de Herrera en reconocimiento de soberania, y Juan Negrin, rey de armas levanto despues un Pendon, diciendo tres veces en vos alta : *Tenerife por el Rey de Castilla y de Leon, y por el generoso caballero Don Diego de Herrera mi señor!* Concluida esta solemne ceremonia, Don Diego, acompañado de los Reyes, siguió cerca de dos leguas la tierra arriba, *hollandola con los pies, cortando ramos de arboles y mudando piedras del camino en señales de posesion, sin que nadie lo perturbase;* y el gran Rey Imobach lo juró por *si*, y en nombre de todos. Finalmente, el señor de Herrera declaró, ponia esta nueva posesion baxo la corona de Castilla, como bueno y leal vasallo de aquel monarca, Mandandolo dar por testimonio para conservacion de su derecho. Lo que se hizo y firmo Fernando de Parraga, escribano de Fuertaventura, siendo testigos los dos trujamanes, el rey de armas, Alvaro Becerra y Garcia Vergara de Sevilla, Juan de Aviles de San Lucar, Luis Morales de Fuertaventura, Luis de Casañas de Lanzarote, Jacomar del Hierro, Anton de Simancas, y firmola el Obispo de Rubicon. »

sion à Ténériffe. Trente-deux ans s'écoulèrent avant qu'on se rendît maître de l'île : les Guanches n'étaient pas hommes à se livrer sans combats; leur résistance opiniâtre prouva ce que pouvait chez ce peuple l'amour de la patrie uni au courage le plus indomptable, et l'intrépide Alonzo de Lugo, vaincu lui-même à Acentejo, ne parvint à les soumettre qu'en profitant de leur discorde.

Les archives de la *Casa-Fuerte* renferment encore plusieurs manuscrits importans qu'on nous permit de vérifier. En voici les titres :

Patente royale octroyée le 29 août de l'an 1420, par le Roi Don Juan II, à Don Alfonso de Casaos, autrement dit de Las Casas, pour la conquête des îles Canaries.

Plein pouvoir de Leurs Majestés Ferdinand et Isabelle, concédé à l'Adelantado Don Alonzo de Lugo pour faire le partage des terres de Ténériffe. Burgos, 6 décembre de l'an 1496.

Généalogie de la maison de *Grehenbergen* de Hollande, connue aux Canaries sous le nom de *Monteverde*.

Je ne pousserai pas plus loin cette énumération : les nouveaux détails que je me réserve de donner plus tard ne seront pas sans importance pour l'histoire des îles Fortunées au moyen-âge, histoire fort peu connue et qui mérite de l'être, car elle peut contribuer au bien-être de l'humanité, l'expérience de l'avenir par le passé.

QUINZIÈME MISCELLANÉE.

EXCURSIONS DANS L'ARCHIPEL CANARIEN.

> « Fol orgueil! Quel instinct voyageur nous dévore!
> » Ces pays visités, j'en rêverais encore! »
> BARTHÉLEMY.

L'île de Ténériffe, que nous avions parcourue dans toutes les directions, ne nous offrait plus rien de nouveau; nous venions de visiter pour la dernière fois ses forêts de lauriers et ses vallées pittoresques; je quittai le beau séjour de l'Orotave pour m'acheminer vers Sainte-Croix, où m'attendait déjà mon compagnon de voyage, et nous nous embarquâmes à bord d'une goëlette espagnole qui devait se rendre à Lancerotte. Notre départ eut lieu le 21 mai (1), à six heures du soir, par une faible brise; dans la nuit le vent souffla bon frais, et le lendemain matin nous étions en face de la *gran Canaria*. Le petit bâtiment sur lequel nous avions pris passage était commandé par un marin de Séville. Patron Hojeda naviguait à la part avec une demi-douzaine d'Andaloux toujours en querelle. Cet équipage tapageur n'obéissait qu'en ricanant; les uns voulaient serrer le vent et mettre le cap au nord pour gagner plus vite Lancerotte; les autres conseillaient de faire porter droit sur Fortaventure, que nous avions en vue, et préféraient remonter l'île en louvoyant. On n'en finissait plus à bord de la *Trinidad* chaque fois qu'il s'agissait de manœuvrer. *Bamos à virar!* « Virons de bord! » criait le capitaine; — *Y para que?* « Pourquoi donc? » répondait le pilote. Patron Hojeda portait un beau nom; mais, après plus de trois siècles, la nature ne lui avait rien transmis de l'aventu-

---

(1) De l'année 1829.

reuse audace de son illustre aïeul. Alonso de Hojeda, *le découvreur du Paria*, ce digne émule de Christophe Colomb, n'en eût pas voulu pour son mousse. Accroupi sur sa dunette, le moderne *Sevillano* flairait la mer, humait le vent, lorgnait l'horizon et n'osait forcer de voile. Le soir, à l'Angelus, on prenait des ris aux huniers et souvent l'on carguait la misaine; aussi la barque en dérive marchait à reculons, perdant pendant la nuit le chemin de la journée. Il nous fallut trois fois vingt-quatre heures pour remonter à petites bordées cette longue côte de Fortaventure d'un aspect si triste. Enfin, dans la matinée du 25, nous donnâmes dans le détroit de *la Bocaña* (1), et le littoral de Lancerotte se déroula devant nous. La *Trinidad* longeait les rouges plages de *las Coloradas*, où Jean de Bethencourt s'établit d'abord lorsqu'il entreprit la conquête des Fortunées : dans le fond de la baie nous apercevions la tour de l'Aigle (2) et sur le sommet d'une colline la chapelle de Saint-Marcial de Rubicon, modeste presbytère que l'aventurier Normand fit ériger en évêché. « *L'isle de Lancelot*, écrivaient en 1402 les chapelains du noble baron, *est une fort plaisante isle et bonne, et y peut arriver beaucoup de marchands et de marchandises, car il y a par especial deux bons ports et aisés* (3). » C'était sur un de ces mouillages que nous nous dirigions alors. Nous doublions la pointe du *Papagayo*, et cinglions à pleines voiles en côtoyant le rivage. Une bande de terre, basse, sablonneuse, sans verdure et toute mamelonnée de buttes volcaniques, fuyait à notre gauche, tandis qu'à notre droite nous laissions derrière l'île des Loups marins et ses rochers solitaires. On distinguait déjà les bastions du château de Saint-Gabriel, et bientôt notre barque entra dans les passes de l'Arrecife pour venir s'amarrer devant la ville.

---

(1) Le détroit de *la Bocaña* sépare l'île de Lancerotte de celle de Fortaventure; sa largeur est de deux lieues.
(2) *La torre de Aguila*.
(3) *Hist. de la premiere descouv. et conquest.*, par Bontier et Le Verrier, pag. 134.

Le port d'Arrecife est sans contredit le meilleur de tout l'archipel canarien ; le trafic de la *barrile* (1) y attire des compagnies de commerçans des îles voisines, et les navires anglais, après avoir vendu leurs cotonnades dans les marchés de Ténériffe et de Canaria, y viennent chercher leur chargement. La ville s'accroît chaque jour; toutefois, ce n'est encore qu'un grand village. La campagne environnante est aride et sans eau; on y cultive la glaciale (2), dont on extrait la soude. Cette herbe est un véritable bienfait de la nature : on dirait que toute la rosée de la nuit s'est cristallisée sur ses feuilles pour conserver sa fraîcheur sur une terre que le soleil dévore; les lieux les plus secs semblent favoriser sa croissance; aussi, on la rencontre partout à Lancerotte, dans les champs de scorie et de lave, sur le sable du rivage et sur la cendre des volcans.

Pendant les deux mois que nous passâmes dans l'île, le port d'Arrecife fut le point de départ de toutes nos excursions : nous avions établi notre quartier-général dans une petite maisonnette que nous remplîmes bientôt de nos collections, car chaque course nous procurait quelque objet nouveau. Lorsque la chasse nous manquait, nous nous dédommagions sur la pêche, toujours abondante et variée dans ces mers poissonneuses. Quant à nos herborisations, elles ne furent pas d'abord très-fructueuses : Lancerotte n'a rien de verdoyant; on ne voit de l'herbe dans les champs qu'après les pluies d'automne; le sol, après la moisson, n'offre que des déserts de pierres, et ce n'est que de loin en loin qu'on rencontre quelques chétives plantes cachées dans les creux des rochers. Là, point de sources aux clairs ruisseaux; ni gazon, ni bosquet, ni ombrage; mais une campagne nue et sèche comme le Sahara. Les vergers sont situés dans des fosses circulaires creusées à travers la lave. Il a fallu enlever la couche de roche

---

(1) La soude naturelle.
(2) *Messembryanthemum cristallinum.*

dure pour arriver jusqu'à la terre végétale et pouvoir créer quelques plantations; encore les arbres, la plupart solitaires, sont entourés d'un mur qui les abrite du vent, et leurs branches ne s'élèvent guère au-dessus du niveau du sol. Tel est en général l'aspect de Lancerotte dans les districts du sud et de l'ouest. La terrible éruption de 1730 envahit environ les deux tiers de l'île; la lave incendia quatorze villages et submergea, sous un lac de feu (1), les plaines de *Mancha-Blanca*, *Mosaga*, *Tinajo*, *la Jeria*, *Mandache* et la plupart des districts du nord-ouest. Heureusement que les cendres volcaniques recouvrirent en partie cette grande inondation et qu'on sut profiter de cet avantage. Aux environs de *Conil*, de *S.-Bartholomé* et de *la Yaiza*, la vigne et le maïs prospèrent à merveille au milieu des scories pulvérisées; mais en parcourant le pays, à peine aperçoit-on la verdure; il faut pour cela descendre dans les cratères éteints, ou franchir les torrens de matières calcinées qui barrent la route.

Les montagnes de Famara, qui s'élèvent dans la partie septentrionale de l'île et lancent vers l'est le cap Farion, conservent quelques beaux restes de cette végétation atlantique qu'une grande catastrophe fit disparaître sur les autres points. Ne voulant pas nous engager de suite dans le pays brûlé, nous nous dirigeâmes vers le nord pour commencer nos explorations avec un jeune Lancerottain qui s'offrit de nous servir de guide (2); un chameau portait nos bagages, et nous suivions l'animal du désert monté sur des ânes *pur sang*. Qu'on me passe cette expression qui rend parfaitement ma pensée: les ânes des Canaries, ceux de Lancerotte et de Fortaventure surtout, ne sont pas abâtardis; on retrouve en eux les caractères de franche race et un certain air de sauvagerie qui tient encore au type primitif; pleins de vigueur et de pétulance, les chemins les plus rudes n'arrêtent pas leur fougue.

---

(1) Voy. la description de cette éruption, vol. II, 1ʳᵉ partie, *Géogr. descrip.*, pag. 190 et suiv.
(2) Ce joyeux compagnon était D. Joseph Gonzalez, aujourd'hui pharmacien au port d'Arrecife.

Celui que je m'étais procuré avait les allures d'un onagre et piaffait comme un cheval de manége.

Nous franchîmes rapidement les coteaux de Tahiché, et, après trois heures de marche à travers des plaines arides, nous arrivâmes à Téguize, aujourd'hui la ville de *San Miguel* et la capitale de l'île. Elle doit sa fondation à Maciot de Bethencourt et son nom à la fille de Guadarfia, l'ancien roi de Lancerotte. En 1406, Maciot avait succédé dans le gouvernement des îles conquises à Jean de Bethencourt, son cousin. Le nouveau seigneur des îles Fortunées voulut en galant chevalier que la ville capitale de ses domaines portât le nom de la dame de ses pensées, la belle et sensible Téguize, qu'il épousa ensuite. Les marquis de Lancerotte résidèrent dans cette ville jusqu'au commencement du dix-huitième siècle que l'apanage des Herrera passa par droit de succession dans la noble maison des marquis de Velamazan. Leur palais, incendié par les corsaires d'Alger en 1586, pillé par les Anglais en 1596, n'offre plus que des ruines. En 1618, Lancerotte eut à souffrir une autre invasion; les barbaresques, commandés par Soliman, marchèrent sur Téguize, s'emparèrent du château de Guanapaia qui défend la ville et mirent tout à feu et à sang (1). Ces disgrâces ont accéléré la décadence de l'ancienne capitale, et maintenant, que de nouveaux intérêts déversent sur Arrecife tous les produits du sol, Téguize n'est plus qu'une ville secondaire, sans importance commerciale et presque dépeuplée. Le palais seigneurial n'a plus rien qui rappelle l'antique splendeur dont il brillait, lorsque les Herrera et les Saavedra, animés d'un esprit guerroyeur, pénétraient avec leurs hommes d'armes jusque dans les états du roi de Fez et s'en retournaient dans leurs domaines enrichis des dépouilles des Maures (2). Toutefois, depuis le dernier incendie, on

---

(1) Voy. Viera, *Noticias*, tome II, pag. 328, 335, 364, et la 1ʳᵉ partie de notre second volume *sur les Entreprises des Isleños et les Représailles des Maures*, pag. 253.

(2) Voy. Viera, *Noticias*, tome II, pag. 177, 327 et 420, et les renseignemens que nous donnons dans la *Partie géogr.*, tome II, *sur les Entreprises des Isleños*, pag. 253.

a restauré l'église paroissiale, les moines habitent toujours leurs couvens, et la citadelle conserve encore quelques vieux canons. On nous montra sur la grande place la maison du célèbre Clavijo, le traducteur de Buffon, un des hommes les plus érudits de la monarchie espagnole. Clavijo naquit à Lancerotte; il était issu d'une famille illustre qui a compté parmi ses membres plusieurs savans du premier ordre, et notamment l'auteur des *Noticias* (1).

Nous déjeûnâmes chez les frères de Saint-Dominique et poursuivîmes ensuite notre route vers la montagne, dont nous désirions parcourir le sommet. Notre chamelier prit un chemin moins scabreux pour se rendre dans la vallée d'Haria, où nous devions le rejoindre. Les crêtes sur lesquelles nous parvînmes bientôt atteignent à peine 1,800 pieds d'élévation absolue; elles sont presque entièrement dépouillées de végétation; seulement aux alentours de la petite chapelle de Notre-Dame des Neiges (2) on trouve quelques rejets de vieux arbres, uniques restes des bois de lauriers qui couronnaient autrefois les cimes de *Chaché*. De ce point culminant, l'éruption de 1730 se dessine en nappe noire sur les terres que les volcans ont envahies, et toute la partie occidentale de l'île apparaît couverte de mamelons.

En descendant la montagne par le revers oriental, le pays prend un aspect tout-à-fait africain : on découvre sur cette bande les vallées de *Haria* et de *Magua* avec leurs maisons blanches entourées de dattiers, d'aloës et de figuiers comme les douhars des Arabes; plus loin, vers la

---

(1) Don Joseph Clavijo y Fajardo naquit à Lancerotte le 19 mars 1726: *El Pensador* (le Penseur), ouvrage périodique dont il avait entrepris la rédaction, le plaça de suite au rang des meilleurs écrivains de son époque; ses travaux de statistique sont encore des plus estimés. Outre sa belle traduction de Buffon, il me suffira de citer ici quelques autres de ses principaux ouvrages pour donner une idée de la vaste érudition du savant Canarien : le *Mercure historique et politique*, l'*État militaire de l'Espagne*, le *Tribunal des Dames*, poëme, la traduction d'*Andromaque*, du *Glorieux*, et celle du *Barbier de Séville* de Beaumarchais, qu'il eut assez d'influence pour faire représenter sur le théâtre de la cour. Voy. Viera, *Noticias*, tome IV, pag. 542.

(2) *Nuestra Señora de las Nieves*.

mer, les cratères de *la Corona* et de *Guatifay* s'élèvent au-dessus des amas de scories qui bordent la côte.

Nous n'avions pas trouvé un seul filet d'eau le long de la route pour étancher la soif qui nous tourmentait; aussi *Haria* fut pour nous une bienfaisante oasis. Grâce à notre obligeant compagnon, nous reçûmes l'accueil le plus franc dans une habitation champêtre où l'on nous avait préparé d'avance un logement, et nous profitâmes de ce bon gîte pour visiter tous les environs pendant les huit jours que nous passâmes dans le village. Les rochers de Famara et les vallées adjacentes nous fournirent beaucoup de plantes nouvelles et plusieurs oiseaux que nous n'avions encore rencontrés nulle part (1). Je n'entrerai pas ici dans les détails de nos différentes explorations; ils trouveront mieux leur place dans les parties de notre ouvrage consacrées spécialement à l'histoire naturelle; toutefois, j'anticiperai sur ces descriptions en disant un mot de notre expédition à *la Gracieuse*, qui eut lieu aussi pendant notre résidence à Haria. Des pêcheurs nous proposèrent de nous y conduire : nous franchîmes avant l'aurore le col de Famara et descendîmes par les versans du nord sur la plage de *las Salinas*. Nos mariniers furent exacts au rendez-vous; ils nous reçurent dans leur barque; et, après avoir traversé le canal *del Rio*, nous débarquâmes sur une petite île déserte d'environ quatre lieues de circuit, presque toute couverte de sable, de gravier et de coquilles. Les plantes ont pris racine sur ce sol rocailleux; de grands buissons de pourpier-marin, entremêlés d'autres chenopodées ligneuses, abondent sur la côte méridionale; mais en pénétrant dans l'intérieur, on ne trouve plus que des herbes clair-semées qui rampent sur la terre ou s'abritent de l'ardeur du soleil à l'ombre des rochers.

Afin de mettre mieux à profit la journée que nous devions passer à la Gracieuse, nous commençâmes simultanément nos explorations sur

---

(1) *Fringilla hispaniolensis; Fringilla senegala; Cursorius isabellinus; Pterocles arenarius.*

des points opposés, et convînmes de nous réunir ensuite sous la tente qui avait été dressée près de l'endroit où nous avions débarqué. Nos gens se remirent en mer pour continuer leur pêche; mon compagnon s'aventura vers la partie occidentale, et je pris seul la direction de la pointe de *Pedro Barba*, qui se prolonge à l'est.

Je voudrais pouvoir retracer ici tout ce que j'éprouvai de jouissance durant cette excursion : j'étais si heureux de me trouver seul, entièrement livré à mes réflexions, libre de toute contrainte, marchant et agissant à ma volonté; je chantais, riais, déclamais et prenais mes ébats comme un écolier en vacance. Oh! cette liberté d'action et de pensée que rien ne trouble, que nul motif de fâcheuse convenance ne vient contrarier, a quelque chose de bien séduisant pour le cœur de l'homme. Mais soyons franc, le charme que je goûtais dans la solitude s'évanouit au bout de quelques heures; cet isolement, cette vie indépendante, ce retour vers la sauvagerie ne furent chez moi qu'un instant de caprice. Le rôle de Robinson n'est pas facile à jouer.

La partie de l'île sur laquelle je régnais en souverain absolu pendant une demi-journée était abondante en gibier, et j'avais droit de vie et de mort sur tout ce monde là. Cependant j'en usais avec modération. Le désir d'observer les mœurs et les habitudes d'une foule d'oiseaux qui venaient se livrer sans crainte, l'emporta souvent sur celui de les sacrifier à mon bon plaisir. Sur la côte du nord, près d'une flaque d'eau saumâtre, j'avais aperçu un objet immobile, dont je ne pouvais de loin bien distinguer la forme, mais en m'approchant davantage je reconnus

Le héron au long bec emmanché d'un long cou :

si bien décrit par le bonhomme. Il faisait sentinelle le long du rivage en attendant la marée basse pour commencer son dîner. Debout sur un pied, le bec dans le jabot et la tête dans les épaules, l'oiseau taciturne semblait réfléchir sur les misères de la vie; mais dès qu'il me sentit un peu trop près de lui, il se releva sur ses échasses et prit son élan dans les airs pour s'abattre ensuite sur une butte à trois ou quatre cents pas plus loin. Je me dirigeai de ce côté, et j'eus encore le déplaisir de le voir passer hors de portée, au-dessus de ma tête, pour retourner à son premier poste et se remettre en faction. Nous jouâmes ainsi aux barres pendant un quart d'heure, jusqu'à ce que, ennuyé probablement de mon obstination, il prit son vol vers le large et fut chercher fortune dans les îles voisines (1).

Sur la plage coquillière de Pedro Barba, je trouvai plusieurs grands huîtriers et m'amusai quelques instans à les voir suivre la lame en courant pour s'emparer des insectes restés sur le sable. Ne voulant pas cette fois m'en tenir au seul rôle d'observateur, j'en abattis deux afin d'en constater l'espèce (2).

Je tuai aussi en côtoyant le rivage quelques hirondelles de mer, un puffin cendré, un goëland à manteau gris et plusieurs chevaliers (3).

Mon compagnon, que je retrouvai sous la tente, avait fait la guerre aux crabes et aux mollusques, et en rapportait une collection des plus variées. Nos pêcheurs étaient aussi de retour. Ces braves gens avaient recueilli tout ce qu'ils croyaient devoir nous intéresser ; ils étaient fiers de nous montrer les productions de ces parages, et arrivaient chargés de poissons, de coquillages et de polypiers. Un énorme sac de crustacés complétait le tribut qu'ils nous offrirent. Chacun étalait sa pêche, et bientôt la tente prit l'aspect d'un marché abondamment pourvu. Nous fîmes ensuite un repas d'ichtyophages ; des crabes et des langoustes bouillies, du poisson délicieux et des coquillages au dessert.

A la nuit tombante, les pêcheurs nous ramenèrent à Lancerotte et nous escortèrent jusqu'au village à la clarté des torches résineuses

---

(1) *Montaña Clara, Roque del Oeste* et *Alegranza.*
(2) *Hœmatopus niger.*
(3) *Sterna hirundo ; Procellaria puffinus ; Larus glaucus ; Totanus hypoleucos ;* et *Tringa gambetta.*

dont ils se servent pour leur pêche de nuit. Le lendemain de cette expédition nous fûmes visiter le volcan de *la Corona* et la grotte de *los Verdes*, immense labyrinthe où se réfugièrent neuf cents Lancerottains pendant l'invasion des Barbaresques en 1618 (1). De retour de cette expédition, nous reprîmes le chemin d'Arrecife en longeant la côte orientale; quelques jours après, nous parcourions les districts de l'ouest et les montagnes *del Fuego* (2); enfin, notre exploration de l'île se termina par une promenade aux ruines de *Zonzamas*. Mais, au lieu d'un de ces châteaux gigantesques qui firent l'admiration des compagnons de Bethencourt (3), nous ne trouvâmes qu'un mur cyclopéen formé de grands blocs de basalte entassés sans art. Ainsi, il faut s'en rapporter entièrement aux historiens de la conquête; tout a été aneanti : après avoir massacré le peuple, on a détruit les monumens.

Nous quittâmes Lancerotte pour Fortaventure et prîmes passage sur un bateau caboteur qui se rendait à *Puerto-Cabras*. La traversée ne fut pas longue : quatre heures suffirent pour arriver à notre destination. Puerto-Cabras est un autre marché de barrile et de grains; quelques maisons ont commencé à s'aligner le long d'une plage naguère déserte; les rues se forment, mais le pays est sans eau; pendant les trois quarts de l'année, la campagne, sèche et aride, présente le plus triste aspect, et le nom d'*Herbanie*, qu'on donna jadis à cette île, me sembla une dérision (4). Nous étions alors au mois de juillet, la chaleur était insupportable; cependant, nous nous mîmes en route pour l'intérieur et fûmes coucher à *Antigua*, gros bourg situé au centre de l'île et poste avancé des accapareurs de soude. Il y

---

(1) Viera, *Noticias*, tome II, pag. 364.
(2) Voy. la description géographique de ces districts et celle de la grande éruption de 1730, dans la 1ʳᵉ partie du second volume, *Descript. de l'île de Lancerotte*, pag. 179 et suiv.
(3) « *Ils ont les plus forts chasteaux, édifiés selon leur manière, qu'on pourroit voir nulle part.* » Bont. et Le Ver., *Hist. de la prem. descouv. et conquest.*, pag. 154.
(4) Voy. tome II, 4ᵉ partie, pag. 165 et 169.

avait là plusieurs Anglais qui nous reçurent dans une grange transformée en comptoir. Nous poussâmes ensuite nos excursions dans les environs (1), et la passion de la chasse me fit encore braver le soleil et la soif pendant toute une journée que je parcourus les plaines de *Tiscamanita* dans l'intention de tirer des outardes (2). Ces oiseaux vont toujours par couple : accoutumés à voir les ânes qu'on laisse errer dans la plaine, ils ne redoutent pas leur approche, même avec le cavalier, tandis qu'un piéton les effraie. J'étais parti d'Antigua avec un chasseur de profession; nous montions chacun un de ces baudets dont j'ai déjà fait connaître les allures, et trottions depuis une heure au milieu des champs, lorsque mon *Maxorero* (3) me fit remarquer deux outardes à cent pas de distance. « Faisons un détour à gauche, me dit-il tout bas, car si nous marchions droit dessus, elles nous échapperaient. » Je suivis son évolution et décrivis un arc de cercle qui nous rapprocha du gibier. Les outardes nous avaient aperçus; l'une s'était blottie derrière une pierre, et l'autre commençait à fuir quand le chasseur l'abattit. Au coup de feu, sa compagne prit le vol, mais j'étais préparé et ne la manquai pas. Ce double succès fut de bon augure : après les outardes vinrent les gélinottes (4) que nous surprîmes à leur abreuvoir, et vers le déclin du jour, en retournant au village, nous poursuivîmes les coure-vites (5). Ces jolis oiseaux, au collier nuancé, sont très-communs à Fortaventure; nous en fîmes lever un grand nombre qu'il nous fut facile de tirer au vol.

Le lendemain de cette partie de chasse, nous prîmes la route de *Betancuria*, l'ancienne capitale de l'île, fondée par Jean de Bethencourt (6). Cette ville gothique est située dans le fond d'un vallon entouré

---

(1) Voy. tome II, 4ᵉ partie, pag. 169 et suiv.
(2) *Otis hubara*, l'outarde de Barbarie.
(3) C'est le nom qu'on donne aux habitans de Fortaventure.
(4) La gélinotte des sables (*Pterocles arenarius*).
(5) Le coure-vite isabelle (*Cursorius isabellinus*).
(6) Voy. IIᵉ vol., 1ʳᵉ part., *Description de Fortaventure*, p. 171 et suiv.

d'escarpemens; la plupart de ses édifices datent du quinzième siècle; le noble baron y établit les coutumes de Normandie, et probablement qu'on parla français à Betancuria long-temps après que Fortaventure eut passé sous la domination espagnole. La paroisse actuelle, restaurée en 1539, a remplacé la petite église que le conquérant dota de divers ornemens à son retour de France (1405). « *Il fit apporter en la chappelle*, disent les historiens de l'époque, *des vestemens, une image de Nostre-Dame, et des paremens d'église, et un fort beau messel et deux petites cloches d'un cent pesant, et ordonna qu'on appellast la chappelle* Nostre-Dame de Bethencourt, *et fut messire Jean Le Verrier curé du pays et y vescut le demeurant de sa vie bien aise* (1). »

Don Diego Herrera, seigneur feudataire des quatre premières îles conquises, fit construire en 1455 le couvent de Saint-Bonaventure, où l'on voit encore son tombeau avec la pompeuse épitaphe que je vais traduire.

Ici repose le généreux chevalier Diego Garcia de Herrera, seigneur et conquérant des sept îles du royaume de Gran-Canaria et de Mar-Menor de Barbarie; treize de l'ordre de Santiago, du conseil du Roi Don Henri IV, de leurs majestés catholiques Don Fernand et Doña Isabelle, vingt-quatre de la cité de Séville; fondateur de ce couvent; fils des généreux seigneurs Pedro Garcia de Ferrera, maréchal de Castille, seigneur de la ville d'Ampudia, du château d'Ayala et sa vallée, grand menin de Guipuzcoa, du conseil du Roi, et de Doña Maria de Ayala y Sarmiento, sa femme. Il soumit à son vasselage neuf Rois de Ténériffe et deux de la grande Canarie, passa en Barbarie avec ses flottes, réduisit un grand nombre de Maures en esclavage, fit construire en Afrique la forteresse de Mar-Pequeña qu'il protégea et défendit contre l'armée du Xarife. Il soutint à la fois la guerre avec trois nations, les Portugais, les Gentils et les Maures, et obtint la victoire sans le secours d'aucun Roi. Il épousa Doña Inès Peraza de las Casas, maîtresse de ces îles, et mourut le 22 juin de mccclxxxv (2).

---

(1) *Hist. de la prem. descouv. et conquest.*, pag. 172.
(2) *Texte original.* Aqui yace el generoso Caballero *Diego Garcia de Herrera*, Señor, y Conquistador de estas siete islas, y Reyno de la gran Canaria, y del Mar-Menor de Berberia; Trece del orden

L'acte de possession de l'île de Ténériffe par le seigneur Don Diego, que j'ai relaté dans la Miscellanée précédente (1), peut donner une idée de l'esprit d'exagération qui dicta cette épitaphe. Toutefois, il est juste de dire que si Don Diego échoua dans ses tentatives sur Canaria et Ténériffe, ses entreprises en Afrique furent couronnées d'un plein succès. Il se rendit redoutable aux nations barbaresques de la côte occidentale; ses successeurs imitèrent son exemple, et pendant plus d'un siècle les premiers seigneurs de Fortaventure soutinrent avec avantage cette guerre de piraterie (2). Alors, les petits ports de l'île étaient garnis de galères bien équipées qui s'élançaient, sous la conduite des Saavedra, pour aller ravager les frontières des royaumes de Fez et de Saffi; mais plus tard, les Maures prirent leur revanche et vengèrent par l'incendie de *Betancuria* et de sanglantes représailles tous les outrages qu'ils avaient reçus (3).

Nous fîmes une courte résidence dans la ville gothique et continuâmes notre route vers la vallée de *Rio-Palma* pour visiter la chapelle de Notre-Dame de la Peña. On y vénère une vierge miraculeuse que Saint-Diego de Alcala, un des moines fondateurs du couvent de Bethencourie, retira, dit-on, du milieu d'un rocher. Cette madone a les yeux fermés, et l'on assure que sa cécité date seulement de la pre-

---

de Santiago; del consejo del Rey Don Enrique IV, y de los Señores Reyes Cathólicos Don Fernando, y Doña Isabél; Veintiquatro de la ciudad de Sevilla; fundador de este couvento; hijo de los Generosos Señores Pero Garcia de Ferrera, Mariscal de Castilla, Señor de la villa de Ampudia, y de casa de Ayala y su valle, Menino mayor de Guipuzcoa, del consejo del Rey, y de Doña Maria de Ayala y Sarmiento su muger. Rindió è hizo vasallos suyos nueve Reyes de Tenerife, y dos de gran Canaria. Pasó con sus armadas à Berberia : cautivò muchos Moros; hizo en Africa el Castillo de Mar-Pequeña, el qual sustentó y defendió contra el exercito del Xarife. Tuvo guerras en un mismo tiempo con tres Naciones, Portugueses, Gentiles, y Moros; y de todos fue vencedor, sin ayuda de ningun Rey. Casó con Doña Inès Peraza de las Casas, Señora de estas islas. Murió, à 22 de junio de MCCCCLXXXV.

(1) Pag. 182 et 183.
(2) Voyez le second volume, 1re partie, *des Entrepris. des Islen. sur la côte d'Afriq. et des représail. des Maures*, pag. 253.
(3) Idem.

mière invasion des Barbaresques. « La bonne vierge, me dit le sacristain que j'interrogeais sur ce fait, ne voulut pas voir San Diego maltraité par un Maure, et ferma les yeux. » Ce gardien de la sainte chapelle nous montra ensuite le fameux dattier du val de Palmas qui porte des dattes sans noyaux depuis que San Diego se cassa une dent en mangeant un de ses fruits. Le chanoine Viera, qui a fait aussi mention de l'arbre merveilleux, n'a pas craint d'observer qu'*il y a beaucoup de dattiers aux Canaries qui portent des fruits semblables, et qu'il n'est pas probable que les fruits de tous ces palmiers aient édenté le bienheureux cénobite* (1).

Nous quittâmes ce pays de miracles et retournâmes à *Puerto-Cabras*, où nous savions qu'un bâtiment devait mettre sous voile pour Canaria. En effet, quelques jours après nous nous embarquâmes sur le brigantin le *Sévère*, monté d'un nombreux équipage, comme tous ceux destinés à la grande pêche de la côte d'Afrique (2). Le *Sévère* allait se ravitailler au port de la Luz; il avait vendu à Fortaventure tout le poisson de sa dernière campagne, et son chargement consistait alors en bestiaux. C'était une vraie ménagerie : des poules, des moutons, des chiens, des chameaux entassés pêle-mêle, criant, piaillant, bramant à tue-tête, jusqu'à ce que le mal de mer eût imposé silence à toute la troupe. Nous filâmes d'abord rapidement en côtoyant les plages volcanisées de *Pozo Negro*, puis, doublant la pointe de *Jacomar*, nous vînmes mouiller dans la baie du *Gran-Tarajal*, où le patron de la barque avait donné rendez-vous à d'autres passagers. Je ne m'attendais guère à ce renfort. Il fallut encore loger à bord d'un petit bâtiment, de soixante tonneaux, déjà très-encombré, une vingtaine de pauvres familles qui s'en retour-

---

(1) « Pero es constante, que asi como hay muchas palmas en nuestras islas que producen sus datiles ó *Tàmaras* sin hueso, tampoco es verosimil que todas estas hubiesen ofendido la dentadura de aquel sauto. » *Noticias*, tome I, pag. 432.

(2) Voy. le second volume, 1re partie, *de la Pêche sur la côte occidentale d'Afrique*, pag. 229.

naient à la grande Canarie (1). Je comptai dans ce nombre plusieurs enfans à la mamelle dont les cris ne me paraissaient pas devoir se calmer de si tôt, et, pour compléter la cohue, les bestiaux, qui sentaient la terre depuis que nous avions jeté l'ancre, recommencèrent leur concert.

Nous laissâmes embarquer tout ce monde et profitâmes de deux heures de relâche pour parcourir les environs de la baie. Cette partie de l'île est presque déserte, et jusqu'à *la Florida*, petit village situé à deux lieues plus haut, ce ne sont que plaines de sable et marécages bordés de tamarix. Pourtant, nous trouvâmes encore là des commerçans anglais établis dans une méchante chaumière, où ils attendaient une caravane qui devait leur apporter de la soude de *Tamasita* et de *Tuineje*. Vers le soir, nous remîmes sous voile, et le *Sévère*, favorisé par une bonne brise, fila le long de la presqu'île de *Handia*, que nous regrettions de ne pouvoir explorer. Fortaventure avait changé d'aspect; ce n'était plus des côtes basses et uniformes; nous longions de hautes montagnes qui se découpaient sur le littoral en gorges anfractueuses. Au coucher du soleil, la brise fraîchit de plus belle; nous doublions alors la pointe de Handia, la plus occidentale de l'île, et, à mesure que la terre cessait de nous abriter, la mer et le vent semblaient se conjurer contre nous. Bientôt, la bourrasque éclata avec furie; l'horizon était menaçant, et les ténèbres de la nuit rendaient la scène plus terrible. De fortes rafales, en couchant le navire sur les flots, opérèrent à bord un épouvantable désordre. Les lames inondaient le pont; les passagers, réfugiés dans la cale, se ruaient parmi les bestiaux qu'on ne pouvait plus contenir; c'était un affreux tintamarre de plaintes et de hurlemens, que la voix impérieuse de la tempête dominait par intervalle. Chacun cherchait un

---

(1) Les familles canariennes étaient venues à Fortaventure pour se louer pendant la moisson, et retournaient alors dans leurs foyers.

refuge dans un recoin de la barque : les femmes et les enfans s'étaient blottis dans la chambre, et les chameaux, qu'on parvint à brider à force d'amarres, restèrent seuls accroupis de l'avant et reçurent sur le dos toute la bourrasque. Ma cabine n'était plus tenable ; l'odeur nauséabonde qui régnait dans la chambre, et les lamentables voix d'une douzaine de marmots, me firent gagner le pont afin de respirer le grand air. Le patron était à la barre : « Le vent est fort, me dit-il, mais la barque est solide. » En effet, le *Sévère* bondissait sur la lame comme un marsouin. Nous courions à sec de voile, la bourrasque nous poussait sur Canaria, et les matelots, arrimés le long du bastingage, plaisantaient sur les mésaventures des passagers. Je compris bien vite que j'avais affaire à des gens aguerris ; du reste, la tempête commençait à se calmer ; on orienta une mauvaise misaine, et au point du jour nous mouillâmes dans le port de la Luz.

A peine débarqués sur la plage de *la Isleta*, nous nous disposions à chercher un gîte en attendant des bêtes de charge pour faire transporter nos effets, lorsqu'on vint nous offrir à déjeûner de la part d'une dame canarienne que nous ne connaissions ni l'un ni l'autre. *Doña Maria Candelaria*, qui nous faisait cette invitation, résidait alors dans le voisinage pour jouir de l'air de la mer : vieille fille de joviale humeur, elle conservait encore, malgré ses soixante ans, toute la vivacité de la jeunesse. Toujours levée avant l'aurore, et cherchant des distractions sur cette plage où nous abordâmes, elle avait aperçu notre barque se dirigeant dans la baie. De la maison qu'elle habitait à quelques pas du rivage, elle nous vit sauter à terre avec tout l'attirail de campagne. Notre tournure étrangère, nos armes de chasse, nos ustensiles de pêche, les grands coffres qui renfermaient nos collections excitèrent sa curiosité : elle envoya aussitôt aux informations et fit jaser un passager qui nous avait connus à Fortaventure ; aussi, lorsque nous nous acheminâmes vers sa demeure pour nous rendre à son invitation, *Doña Maria* savait déjà toute notre histoire ; nos caravanes dans les îles voisines, la bourrasque de la nuit, les motifs de notre arrivée et les projets que nous méditions encore. « Vous devez être bien fatigués » de la tourmente, nous dit-elle, veuillez accepter ces restaurans, » et surtout point de façon, car vous ne trouverez rien autre chose le » long de cette côte. En vous faisant servir à déjeûner, je ne devance » que de quelques instans l'hospitalité que vous auriez été forcés de me » demander plus tard, car la ville est à une lieue d'ici et les chameaux » qui doivent transporter vos effets n'arriveront pas avant une heure. » Nous acceptâmes ce repas offert de si bon cœur : *Doña Maria* prit place à nos côtés, la conversation s'engagea aussitôt avec la plus grande confiance, et avant de quitter la table nous avions déjà conquis son affection. « J'aime les étrangers, nous disait-elle; je me suis postée sur » cette plage pour arrêter tous ceux qui arrivent et leur être utile au » besoin. Les deux tiers de ma vie ont été employés à ramasser des pias» tres; aujourd'hui, je dépense en distraction mon temps et ma for» tune. Cette existence indépendante m'a semblé préférable à la société » d'un mari. Je campe un peu partout, tantôt dans la campagne, tan» tôt sur le bord de la mer. » En effet, *Doña Maria* vivait en nomade, changeant de demeure à volonté; son esprit, sa gaîté et la franchise de ses manières lui avaient fait de nombreux amis; aussi sa recommandation nous fut-elle très-utile lorsque nous parcourûmes l'île. Mais il ne s'agit encore que de notre première entrevue; n'anticipons pas.

Les chameaux venaient d'arriver et nous prîmes congé de notre aimable hôtesse en la remerciant mille fois de son bon accueil. « Les » gens accoutumés à courir le monde, nous dit-elle en riant, ne sont » pas difficiles sur le gîte qui leur est offert. Mais à propos, nous » n'avons dans notre cité de *las Palmas* qu'une méchante auberge...... » je connais la maîtresse de ce logis, et j'espère qu'à ma prière elle vous » traitera de son mieux. *Tio Piedro!* ajouta-t-elle en s'adressant à notre » chamelier, venez prendre le billet que je vais écrire pendant que ces » messieurs font charger leur bagage. Vous les conduirez à l'endroit

» que je vous désignerai. » *Tio Pedro* obéit ; et un quart-d'heure après nous étions en route.

Tandis que nous cheminions le long de l'isthme qui joint *la Isleta* à la grande Canarie, je réfléchissais sur notre bonne fortune. Il y avait quelque chose de providentiel dans les événemens qui s'étaient succédé depuis notre départ de *Tarajal* : une barque, chargée comme l'arche du déluge, s'aventurant au milieu d'une nuit orageuse, une tourmente à faire crier merci, et pourtant nous étions débarqués sains et saufs sur la plage hospitalière. Deux heures s'étaient à peine écoulées depuis notre arrivée à terre et déjà nous avions rencontré une amie. Nous venions de franchir la porte de Sainte-Anne et pénétrions dans une ville populeuse, bien bâtie, ornée de maisons élégantes et d'édifices somptueux. Tout cela me semblait un enchantement. Les voyages maritimes peuvent seuls produire ces brusques transitions dans les scènes de la vie, ce passage subit d'une périlleuse existence au solide bien-être, car la confiance qu'inspire la terre s'accroît encore au souvenir des dangers de la mer. La veille, dans cette baie où notre barque s'était abritée un instant, nous avions eu sous les yeux l'image du désert, maintenant c'était le spectacle de la civilisation. Un calme plat avait succédé à la bourrasque, le ciel brillait d'un vif azur, et nous traversions la ville des Palmiers qu'éclairait déjà un soleil radieux, lorsque notre guide s'arrêta devant une maison qu'il nous désigna comme l'endroit où nous devions loger. Une jeune personne fort avenante reçut la lettre de *Doña Maria*, et après en avoir pris lecture : « La maîtresse du logis est à la campagne pour quelques jours, » nous dit-elle, mais je suis chargée pendant son absence de recevoir » les étrangers. Vous ne pouviez, messieurs, vous présenter ici avec » une meilleure recommandation ; *Doña Maria* sera satisfaite. » Puis, après ce premier début, elle nous invita à passer au salon et nous signala nos chambres à coucher, que nous trouvâmes fort propres et meublées avec élégance. La maison nous parut très-confortable ; la salle à manger surtout était d'une propreté rare dans une auberge. Nous nous informâmes des heures des repas afin de régler notre temps. « On prendra vos ordres, nous répondit l'aimable introductrice, nous » n'avons pas d'autres voyageurs. — A merveille! dans ce cas, puisque » nous ne gênons personne, nous reprendrons les usages de la mère- » patrie : déjeûner à onze heures et dîner à six. — Ce sera selon vos « désirs. » On ne pouvait y mettre plus de complaisance : elle était si bonne, *Patrocinita*.

Il y avait trois jours que nous étions installés dans notre nouveau domicile, usant largement des commodités du logis, lorsque le chamelier qui nous avait conduits et que nous rencontrâmes dans la rue vint détruire nos illusions. Ce brave homme nous annonça la prochaine arrivée de *Doña Maria*. « Elle décampe ce soir, nous dit-il; les » pêcheurs du port en sont bien fâchés, car elle ne marchande pas et » fait acheter tout ce qu'il y a de mieux. Ce sont des cadeaux pour ses » amis, et vous en recevez la meilleure part. — Comment, cette excel- » lente marée que tu nous apportes, c'est *Doña Maria* qui nous l'en- » voie? — Et sans doute, il est bien juste que sa maison soit pourvue la » première. — Sa maison! Nous ne sommes donc pas à l'auberge? — » Bah! à l'auberge, il n'en existe pas dans la ville. Vos seigneuries sont » chez *Doña Maria*. » Nous ne revenions pas de notre étonnement; la plaisanterie était délicieuse; mais pourtant, une fois désabusés sur le gîte que notre gracieuse hôtesse nous avait procuré par surprise, nous devions chercher à nous loger ailleurs. Notre position devenait fort embarrassante, et nous retournâmes au logis pour nous concerter sur le parti qu'il nous restait à prendre. Nouvelle surprise! *Doña Maria* venait d'arriver. Elle nous aborda d'un air riant : « Eh bien! mes » amis, comment vous trouvez-vous ici, nous dit-elle? Vous traite-t-on » convenablement, l'auberge fait-elle pour vous? *Patrocinita*, en l'ab- » sence de sa maîtresse, a-t-elle rempli son devoir? — Oui, madame, » nous ne pouvions trouver un meilleur gîte et surtout plus de préve-

» nance et d'attention; vous avez été au-delà de nos désirs, et votre
» demoiselle de compagnie a parfaitement joué son rôle. » A cette réponse inattendue *Doña Maria* se pinça les lèvres : « Allons, je le vois
» bien, on m'a vendue.... quelque indiscret.... quelque jaloux peut-être ;
» mais vous me pardonnerez ma petite ruse, ajouta-t-elle en minau-
» dant. Attirer chez soi deux hommes à leur insu, j'en conviens, c'est
» très-hardi pour une vieille fille. N'allez pas ébruiter cette affaire, au
» moins ; vous me perdriez ; c'est comme un rapt...... le corrégidor s'en
» formaliserait. » Puis, partant d'un grand éclat de rire : « Oh ! c'est
» impayable l'idée que j'ai eue là, continua-t-elle. Eh bien donc, vous
» êtes sérieux, vous me boudez.... Auriez-vous le projet de me quitter si
» vite? Me feriez-vous l'affront d'aller accepter l'hospitalité d'un autre,
» car dans ce pays vous n'avez que cette ressource. Il faut donc rester
» ici, puisque vous vous y trouvez bien. Vous le voyez, ma maison est
» assez vaste pour nous contenir tous ; vous ne me gênez en rien. Agis-
» sez donc sans façon. *Patrocinita* aura soin de votre ménage ; vous
» vous entendrez avec elle et je vous laisserai entièrement libres. Al-
» lons, vous acceptez, n'est-ce pas? Tout est dit, c'est affaire conclue. »
Comment résister à une offre aussi obligeante : la maison nous allait si
bien! *Doña Maria* nous avait gâtés..... nous acceptâmes, et bien nous
en fut. Je ne saurais assez faire l'éloge de cette excellente femme : pendant les trois mois que nous passâmes dans l'île, elle eut pour nous les
soins d'une mère : l'intérêt qu'elle nous témoigna, la bonté de son
cœur, sa franche amitié, ses attentions si délicates et si désintéressées,
nous retrempèrent à toutes les affections qui font le charme de la vie.

Nos projets d'excursions dans l'intérieur de l'île restèrent ajournés
jusqu'à nouvel ordre : la *Ciutad de las Palmas*, comme capitale de la
grande Canarie, méritait d'être visitée en détail ; sa population s'élève
à près de douze mille âmes. Un beau pont de pierre, qu'on a construit
sur le ravin de Giniguada, unit les deux faubourgs ; d'une part, celui
de *Triana*, que le commerce vivifie ; de l'autre, la *Vegueta*, où priment

le haut clergé, la magistrature et l'autorité militaire. Parmi les édifices qui décorent cette partie de la cité, on en remarque un d'un aspect triste et sévère : les laves noires qu'on a employées à sa construction jettent sur ses murailles une teinte lugubre. C'est là que siégeait autrefois l'inquisition (1). Le redoutable tribunal s'était logé à côté du collége, sans doute pour surveiller l'enseignement et le diriger à son gré. En 1820, lorsque le système constitutionnel vint renverser les vieilles institutions, à la première nouvelle de l'événement, les étudians montèrent au clocher de la chapelle qui domine la cour du Saint-Office et sonnèrent le glas des morts. C'était au milieu de la nuit : les habitans du quartier de la Vegueta, réveillés en sursaut aux coups redoublés du sinistre tocsin, croient qu'un incendie les menace et accourent vers le lieu qui donne l'alarme. « Ce n'est rien, leur crient des fenêtres du » clocher les malins jeunes gens, calmez votre effroi et réjouissez-vous ; » la voisine est morte ! Nous sonnons pour son enterrement. Vive la » constitution ! »

La cathédrale est un monument digne de sa renommée : l'architecture extérieure ressemble beaucoup à celle de l'église de Saint-Sulpice de Paris ; son aspect n'est pas moins imposant. On a remplacé l'an-

---

(1) Cette institution, établie aux îles Canaries dès l'an 1504, prit une grande autorité en 1567 lorsque les membres du Saint-Office, siégeant dans la cité de *las Palmas*, s'érigèrent en tribunal indépendant. (Voyez Viera, *Noticias*, tom. IV, pag. 208.) On voyait encore, il y a peu d'années, dans l'église de *los Remedios* de la Laguna (Ténériffe), trois tableaux représentant plusieurs exécutions. Parmi les victimes livrées aux flammes pour crime supposé de mahométisme, de magie et de judaïsme, figuraient un Guanche brûlé en 1557, un Maure en 1576, et deux Portugais, l'un en 1526 et l'autre en 1559 : les légendes indiquaient que ces malheureux avaient été exécutés dans la capitale de la grande Canarie. Le voyageur Ledru, qui a fait mention de ces tableaux, en décrit un en ces termes : « L'hérétique à » genoux, avec l'expression de la plus vive douleur, présente le livre contenant ses erreurs à un saint » de l'ordre des Carmes, qui le saisit par les cheveux et lui enfonce un poignard dans le cœur, tandis » qu'un autre moine, le casque en tête, donne le signal de l'exécution. » (Voy. *Voyage aux îles de Ténériffe, la Trinité*, etc., pag. 76.) Les toiles sur lesquelles on osa consacrer ces horribles scènes ont disparu ; les moines de Saint-Dominique les conservent, dit-on, dans leur couvent. Si quelque chose peut diminuer l'impression douloureuse que fait naître le souvenir de ces sanglans épisodes, c'est que, vers la fin du dix-septième siècle, l'inquisition était déjà devenue plus tolérante : méprisée et avilie long-temps avant sa chute, elle n'inspirait plus de terreur.

cienne façade par une autre de nouvelle construction, d'après les dessins de Don Diego Eduardo, architecte canarien du plus grand mérite; elle a près de cent quatre-vingts pieds de développement. Le corps de l'édifice date de 1500 (1): l'intérieur, d'un beau gothique, offre trois grandes nefs en longueur et quatre transversales, avec onze chapelles dans les alentours. Des groupes de colonnes du plus bel effet soutiennent la voûte; le chœur, le dôme, le maître-autel, la chaire, tout est magnifique et grandiose dans cette cathédrale. Parmi les riches ornemens qui la décorent, on remarque une lampe d'argent du poids de cinq cents marcs (2).

Le poète Cayrasco, mort en 1610, repose dans la chapelle de Sainte-Catherine, qu'il fit bâtir à ses frais: on lit sur son tombeau l'épitaphe suivante:

> Lyricen et vates toto celebratus in orbe
> Hic jacet inclusus, nomine ad astra volans (3).

---

(1) Le premier plan de l'édifice fut tracé par Diego Alonzo Motaude, célèbre architecte espagnol du quinzième siècle et qui vint à Canaria pour présider les travaux. On fixa ses émolumens à 60 *doblas*, qui, réduites au taux de notre monnaie, produisaient un salaire de 16 à 18 sous par jour. C'était bien moins que ce qu'on donne aujourd'hui à un simple manœuvre. (Voy. Viera, *Noticias*, t. IV, p. 285.)

(2) Cette superbe lampe a été faite à Gênes: elle coûta environ 24,000 francs à l'évêque Ximenès, qui en fit don à la cathédrale.

(3) On retrouvera cette épitaphe dans une note de ma description des forêts (Voy. tom. III, 1re part., pag. 140, *Géogr. bot.*), où il est aussi question du divin Cayrasco. Ce célèbre Canarien, que Cervantes reconnaissait pour son maître en poésie, fut prieur et chanoine de la cathédrale de Canaria. Ce fut en l'honneur de cette superbe basilique qu'il composa ces vers dans son *Temple militant*, Disc. II, pag. 10.

> Está un insigne templo suntuosisimo,
> Dédicado a la abuela del Rey Maximo,
> Y desde nuestro norte a los Antipodas
> Se tiene, y tendrá del fama notisima.

Son compatriote Viana, non moins vénéré des Islenos pour son poème sur la conquête des Canaries, lui adressa le sonnet que je reproduis ici:

> Escríbase en el bronce el protócolo
> De la vida de Santos que habeis hecho,
> Porque el tiempo jamás no vea deshecho
> Un libro tan divino, unico y solo;

Le chanoine Viera est enseveli au-dessous du maître-autel, dans les caveaux du panthéon des grands dignitaires de la cathédrale. J'ai déjà cité bien des fois cet illustre Isleño, non moins recommandable par son ardent patriotisme que par la variété de ses connaissances et la solidité de son jugement (1).

J'aimais à parcourir de nouveau cette vaste cathédrale que j'avais visitée cinq ans auparavant dans une première excursion à Canaria. La cérémonie de la bénédiction des Palmes que j'y avais vu célébrer ne s'était pas effacée de mon souvenir. L'intérieur du temple présentait l'aspect le plus pittoresque : le sol était jonché de verdure; des branches de lauriers d'Inde et de genêts, mêlées à d'autres plantes aromatiques, exhalaient les plus suaves parfums. Les Canariennes étalaient ce jour-là toute leur parure. Que de doux regards on saisissait sous leurs élégantes mantilles! Les éventails aux paillettes d'or vibraient dans leurs mains avec une rapidité merveilleuse ; ce jeu varié et soutenu était toujours accompagné de gracieux sourires : on eût dit un essaim d'oi-

> Y la fama, del uno al otro polo,
> Pregone con su tuba, trecho a trecho,
> Contra la invidia vil, y a su despecho,
> Que sois en ciencia el verdadero Apolo.
>
> Muestrese todo el mundo agradecido,
> Pues los santos lo están de vuestra obra,
> Y lauro y palma os den en este suelo,
> Por eloquente, grave, alto y subido,
> Por otro Orfeo, que à Canaria sobra,
> Y por Canario del empireo cielo.

(1) Don Joseph de Viera y Clavijo, archidiacre de Fortaventure, dignitaire de la cathédrale de Canaria et membre de l'académie d'histoire de Madrid, fut un écrivain des plus distingués. Son histoire des îles Canaries (*Noticias de la Hist. gen. de las islas Can.*) a fait le principal fondement de sa réputation. Toutefois, je citerai aussi plusieurs autres travaux de cet auteur qui, pour être moins connus, ne sont pas cependant sans mérite : d'abord un poème sur les aérostats, un autre sur les mois (*los Meses*), une excellente traduction des Géorgiques (inéd.), l'éloge de Philippe V, celui d'Alphonse Tostat, célèbre docteur de Salamanque au quinzième siècle, une traduction (inéd.) du Mithridate de Racine, les Vasconautes, poème burlesque (inéd.), enfin, un dictionnaire de l'histoire naturelle des îles Canaries (inéd.), ouvrage rempli d'observations curieuses et dont j'ai eu occasion de consulter quelques cahiers.

seaux de paradis, aux aîles diaprées, voltigeant sous un ciel de feu. C'était un ravissant tableau de belles femmes et de belles fleurs au milieu d'une illumination éclatante et d'une atmosphère embaumée Les palmes, qu'on agitait de toute part, produisaient un frémissement harmonieux : portés en grande pompe aux accords de la musique et des chants sacrés, ces superbes *rameaux* donnaient à la fête l'apparence d'un triomphe.

Le faubourg de la Vegueta contient plusieurs autres édifices remarquables : trois monastères (1), un hôpital et l'ancien collége de jésuites. Le tribunal de l'Audience royale et les prisons font face à la cathédrale, et non loin de là, sur la place que décore une fontaine publique, s'élève le palais épiscopal fondé en 1578 par l'évêque Don Christoval de la Vela, et réédifié trente ans après l'invasion des Hollandais par un de ses plus illustres successeurs, Don Christoval de la Cámara. Parmi le grand nombre de prélats qui ont occupé tour à tour le siége épiscopal (2), le vénérable Don Christoval de la Cámara mérite une mention particulière. Il naquit à Arciniega en 1583, et reçut sa première éducation chez les jésuites de Monterrey. Il étudia la théologie à Alcala, fut ensuite professeur à l'université de Salamanque et promu successivement à la dignité de chanoine magistral de Badajos, de Murcie et de Tolède. Philippe IV le nomma évêque des Canaries le 22 mai 1627 : sa consécration eut lieu dans la chapelle du collége de Doña Maria d'Aragon.

---

(1) Ces monastères sont ceux de Saint-Dominique, de Saint-Augustin et des Récolettes de Saint-Bernard. Les enfans trouvés sont déposés à l'hôpital de Saint-Martin. Le faubourg de Triana a aussi ses couvens de Saint-François et des religieuses de Saint-Bernard et de Sainte-Claire. L'hôpital de Saint-Lazare, destiné aux malheureux attaqués de l'horrible éléphantiasis, est situé dans ce quartier de la ville.

(2) Viera en compte cinquante-cinq depuis *Fray Bernardo*, premier évêque *in partibus* des *îles de la Fortune*, élu à Avignon en 1353, et qui ne vit jamais son diocèse, jusqu'à Don Fr. Joachim de Herrera, qui vint occuper le siége en 1779. (Voy. *Noticias*, vol. IV.) A partir de cette dernière date, il faut en ajouter encore un grand nombre, car les prélats durent peu aux Canaries. Depuis 1820 ces îles sont divisées en deux diocèses, et les évêques de Canaria ont été forcés de céder à leurs collègues de Ténériffe toute la partie occidentale de l'archipel.

Don Christoval de la Cámara n'avait alors que quarante-cinq ans son premier soin, en prenant possession de son siége, fut la réforme des abus qui s'étaient introduits dans les institutions ecclésiastiques, afin de faire prévaloir la saine morale et les devoirs sacrés qu'impose aux ministres du culte l'importante mission qu'ils sont appelés à remplir. Un concile diocésain fut convoqué le 29 avril 1629 dans la cité de las Palmas : toutes les autorités civiles et religieuses y assistèrent. On comptait, parmi les membres de cette immense assemblée, l'archidiacre de Canaria, seize chanoines, un prébendé, dix-huit curés, dix bénéficiers, vingt-sept ecclésiastiques fondés de pouvoir et les moines des différens ordres ; toutes les municipalités des autres îles y envoyèrent des députés. Le synode, présidé par l'évêque revêtu de ses habits pontificaux, se réunit en grande pompe dans l'enceinte de la cathédrale. Le prélat siégeait sur une haute estrade, il avait à sa droite le corrégidor de Canaria en grand costume, avec les députés *régidors* des principales villes. Les communautés religieuses et le clergé se placèrent selon leur rang : on nomma dix-sept juges synodaux, vingt-un examinateurs du clergé séculier, vingt-deux du régulier et un égal nombre de témoins. Avant d'ouvrir le synode, on célébra la messe du Saint-Esprit dans laquelle l'évêque officia ; le diacre chanta l'évangile : *Convocatis duodecim discipulis* ; on entonna le *Veni Creator* à grand orchestre, et tous les membres de l'assemblée firent leur profession de foi (1).

Les lois synodales proclamées pendant les six séances qui suivirent celle de l'installation forment cinquante et une constitutions remarquables par l'esprit de sagesse, de prudence et de profonde philosophie qui les dictèrent (2). Je citerai ici les principales d'après l'auteur des *Notices*.

---

(1) Viera, *Noticias*, tom. IV, pag. 117.
(2) Les constitutions synodales de l'évêque Don Christoval de la Cámara furent imprimées à Madrid en 1631 ; trois ans après, il en parut une autre édition.

Dans la première constitution (chap. 5), il est ordonné aux curés *de ne pas discourir sur des sujets difficiles et subtils, et encore moins sur des choses incertaines, sans preuves valables, ou fausses, scandaleuses, superstitieuses, non authentiques et qui prêtent à rire* (1).

La seconde constitution enjoint aux ministres de l'autel de ne recevoir aucun droit pécuniaire pour les baptêmes, mais d'accepter seulement *l'offrande du pain, du cierge et du chrémeau.*

La quatrième traite de la confession et défend expressément aux prêtres de confesser les femmes dans les maisons, ermitages et chapelles particulières, mais dans des confessionnaux publics *à grilles de séparation* (2). Ces devoirs religieux ne peuvent être remplis avant le jour, ni pendant les ténèbres, après le coucher du soleil.

La cinquième est consacrée à l'Eucharistie et défend de sortir le Saint-Sacrement pour les inondations, les sécheresses, les incendies et les invasions des ennemis.

La neuvième et la dixième constitutions traitent des coutumes des prêtres et règlent leur costume. « La barbe des prêtres, dit un des articles, est différente de celle des moines : ils doivent la porter *ronde, basse, égale, sans pointe ni moustaches, afin qu'elle n'empêche pas de recevoir le corps et le sang de Jésus-Christ* (3). Ils doivent marcher coiffés du bonnet et ne peuvent porter le grand chapeau à larges bords que de nuit, au soleil ou en temps de pluie. La soutane et le manteau seront de drap ou de serge; la soie est prohibée. Ils peuvent porter l'épée en voyage, mais jamais d'autres armes. Le jeu de paume leur est interdit. *Point de commérage* (4); qu'ils refusent les invitations,

---

(1) « No traten asuntos difíciles, curiosos, sutiles, ni menos cosas inciertas, falsas, supersticiosas, » escandalosas, no auténticas, que provoquen à risa, ó no conduzcan à la edificacion espiritual. »
(2) « Sino en confesonarios abiertos, con cancél, rallo, ó red en medio. »
(3) « Que sea redonda, baxa, pareja, sin punta ni vigotes, de manera que no les impida recibir el » Cuerpo y Sangre de Jesu Christo. »
(4) « Que no sean *comadreros*. »

évitent les noces et les messes nouvelles (*misas nuevas*); qu'ils ne se fassent pas chefs de bande, ne recherchent pas les procès, ni s'exercent à la chasse, ni élèvent des chiens. Qu'ils ne prisent pas dans l'église, sous peine d'excommunion majeure et de mille maravédis d'amende chaque fois.

La dixième constitution est encore plus explicite : elle défend aux prêtres de garder dans leur maison *des femmes suspectes*, *des fils naturels*. Il leur est interdit de se livrer au concubinage, d'entrer dans les couvens de nonnes.

Dans la dix-huitième, qui est consacrée aux processions, je trouve ce singulier article: « il est défendu aux femmes, durant la procession des disciplinantes, de se montrer en tunique, de se discipliner, ni même d'éclairer leur propre mari. Défense en outre de louer des gens pour se faire discipliner, *car il ne convient pas de remplir pour de l'argent un devoir aussi saint* » (1).

La vingt-deuxième détruit la coutume superstitieuse qui permettait aux veuves de ne pas toucher l'eau bénite, de cesser d'adorer la croix, de s'asseoir à l'évangile, de se tenir debout à l'élévation et de se couvrir de leur mantille pendant la première année de leur veuvage.

La vingt-cinquième ordonne de détruire les images difformes qui excitent plutôt le rire que le recueillement; elle défend de les porter sur le bord des ruisseaux et dans le voisinage des fontaines pour faire cesser la sécheresse. Les peintures représentant des miracles doivent être examinées attentivement et approuvées par le conseil ecclésiastique avant d'être exposées aux regards du public.

Après les délibérations du synode et la promulgation des lois qui en

---

(1) « No deben tener en sus casas mugeres sospechosas, ni hijos naturales, ni ser cuncubinarios, ni entrar en convento de Monjas. »

(2) « Que en las procesiones de disciplinantes no voyan las mugeres con tùnicas, ni se disciplinen, ni alumbren a sus propios maridos, ni alquilen personas para disciplinarse, *porque no es bien que cosa tan santa se haga por dinero.* »

émanèrent, le vénérable prélat monta en chaire et prononça un discours sur le texte : *Attendite vobis et universo gregi*, puis renvoya l'assemblée en lui donnant sa bénédiction.

Don Christoval de la Cámara, promu à l'évêché de Salamanque, après sept ans de pontificat aux Canaries, fut prendre possession de son nouveau siége, laissant dans son ancien diocèse l'exemple de ses vertus évangéliques et un nom encore vénéré (1).

Douze jours s'étaient écoulés depuis notre arrivée dans la cité des Palmiers et nous ne pensions guère à nous mettre en route pour recommencer nos courses, tant la société canarienne nous offrait de charme. Cependant une première promenade au mont *Lentiscal* vint réveiller notre ardeur voyageuse. Ce quartier de l'île, qui avoisine la capitale, ne présentait, il y a peu d'années, que des coteaux incultes, couverts de lentisques et d'oliviers sauvages, lorsqu'on se décida de l'exploiter. Maintenant, c'est une vallée riante, plantée de vignobles et parsemée d'habitations champêtres; au centre s'élève une montagne conique, *le pic de Bandama*, formidable volcan qui versa jadis de brûlantes laves et envahit tous les environs. Mais aujourd'hui la fournaise est éteinte ; une ère de fécondité a succédé aux siècles de tourmente, et la végétation la plus vigoureuse tapisse les flancs du cratère. En arrivant sur le sommet de la montagne, on est frappé d'étonnement à la vue de cet immense cirque. Qu'on se figure une enceinte évasée d'environ demi-lieue de diamètre et de plus de mille pieds de profondeur que couronne une bande de rochers noirs et calcinés, au-dessous des cultures en amphithéâtre et là bas une belle ferme entourée d'un champ de maïs, un verger abrité de tous les vents, serre chaude naturelle où les plantes croissent et prospèrent sous la bénigne influence d'une douce température, dans un sol arrosé

---

(1) « Il avait apparu sur notre horizon comme un astre bienfaisant. » Viera, *Noticias*, t. IV, p. 115.

par une source providentielle qui surgit du milieu des scories. On parvient dans le fond du cratère en suivant un sentier en zig-zag tracé sur les rebords des escarpemens. Nous ne revenions pas de notre surprise à la vue de ce site bizarre de forme et si original d'aspect : les berges du vallon volcanique nous entouraient de toute part, le ciel formait un cercle d'azur au-dessus de nos têtes, et le calme qui régnait dans cette campagne solitaire semblait inviter au repos. Nous passâmes une journée délicieuse dans *la Caldera de Bandama* (1), comme l'appellent les Canariens, et vers le soir nous retournâmes à la ville en suivant le cours sinueux du ruisseau de Giniguada.

Impatiens de visiter l'intérieur de l'île, nous repartîmes trois jours après, munis de plusieurs lettres de recommandation, et prîmes le chemin de Telde, où nous fîmes notre première halte. Telde est une ville d'environ 4,000 âmes, située au milieu d'une plaine fertile qu'arrosent plusieurs ruisseaux. Il nous fallut remonter pendant deux heures un ravin étroit et profond pour gagner Valsequillo. En sortant de cette longue gorge, nous arrivâmes à la base des montagnes centrales : les rameaux qui se détachaient des crêtes du *Saucillo* (2) venaient s'abattre en agrestes coteaux sur les bords du chemin. Notre guide nous dirigea sur la droite, en nous indiquant une verte colline comme le terme de notre course. C'était *la Vega de los Mocanes*, charmante *hacienda* (3), dont le maître nous avait cédé la jouissance pour quelques jours. Elle appartient à Don Francisco Maria de Léon, qui a fait preuve d'intelligence et de bon goût dans la distribution et l'ordonnance de cette jolie propriété. La maison champêtre est située sur un petit tertre au pied de la colline : de là on découvre tout le vallon ; des sentiers, ménagés avec art, conduisent jusqu'au sommet du morne ;

---

(1) La chaudière de Bandama.
(2) La hauteur absolue de ce morne culminant est de 5,306 pieds.
(3) C'est le nom que l'on donne aux propriétés rurales.

de toutes parts la vigne s'élève en gradins et serpente en guirlandes sur des assises qui se succèdent; les allées sont ombragées d'arbres fruitiers; deux bassins, alimentés par une source voisine, répandent la fraîcheur dans ce séduisant labyrinthe qu'embellissent encore des bosquets solitaires et des parterres émaillés de fleurs. Le jardinier de la maison me fit remarquer le nom d'*Hypólita* dessiné en bordure de thym. « C'est celui de la jeune épouse de Don Francisco, me dit-il en
» souriant; mon maître, qui est nouvellement marié, m'a chargé du
» soin du parterre, et j'espère qu'il sera content de moi. Doña Hypólita
» ne se doute pas de cette galanterie, c'est une surprise qu'on lui mé-
» nage. Nous voilà bientôt au temps des vendanges, et Don Francisco,
» que nous attendons à cette époque, ne peut manquer de venir avec
» *la señorita*, car elle aime ce séjour avec passion. » Le malin jardinier appuya beaucoup sur cette dernière phrase, et je compris que les nouveaux époux en étaient encore à la lune de miel.

Nous profitâmes de l'obligeance de Don Francisco et restâmes pendant une semaine dans sa jolie maisonnette. La vallée de Tenteniguada, que nous explorâmes en détail durant cette station, vint accroître les richesses de nos herbiers. De là nous nous acheminâmes vers la haute région pour parcourir les gorges anfractueuses de Texeda (1). *Le Saucillo, Bentayga, le Nublo et Artenara* sont autant de monts sourcilleux qui accidentent les crêtes de la Cumbre (2). Du sommet de ces pics escarpés, le ravin de Texada apparaît comme une crevasse qui a miné l'île jusque dans ses fondemens: en arrivant sur le bord de cette gorge, la terre semble fuir sous vos pas; la montagne est entamée, tailladée dans tous les sens; de longs rameaux se détachent de ce massif en ruines et vont s'abattre sur la côte du sud dans la vallée de l'*Aldea*. Cependant, à mesure qu'on descend vers Texada, le ravin prend un

---

(1) Voy. la description orographique de l'île de Canaria, tom. II, part. 1, *Géogr. descrip.*
(2) Idem.

aspect moins sauvage, et les eaux des torrens viennent fertiliser des lambeaux de terrain que l'industrie canarienne a su mettre en culture. On trouve encore là de beaux arbres, des champs et des pâturages. Nous passâmes trois jours dans un petit village chez de braves laboureurs, les meilleures gens du monde, et, reprenant ensuite la route de la Ciudad, nous visitâmes successivement cette série de vallées agricoles qu'on désigne sous le nom de *las Vegas* (1).

Le séjour de Texeda n'avait pas été favorable à mon compagnon : il était revenu avec la fièvre ; bientôt le mal empira, et pendant une semaine son état me donna de sérieuses craintes ; mais les soins de notre excellente hôtesse hâtèrent son rétablissement, et je profitai de sa convalescence pour reprendre le cours de nos excursions.

Cette fois ce fut vers *Tiraxana* que je dirigeai mes pas : ce district est caché au milieu des montagnes et réunit dans son enceinte les cultures les plus variées (2). Le bon curé de *Tunté*, chez lequel je logeais, me promena par monts et par vaux durant mon séjour dans son village. Les plages de *Maspaloma*, situées à deux lieues plus bas, au débouché du ravin de la *Galga*, vinrent m'offrir ensuite de nouvelles distractions. Je savais que les lagunes qui bordent cette côte étaient fréquentées par des oiseaux d'Afrique et j'allai les chasser dès le matin ; mais cet exercice altéra ma santé déjà affaiblie. Obligé de stationner pendant plusieurs heures au milieu des marécages et sous une température brûlante, je regagnais le soir la grange hospitalière harassé de fatigue et hors d'état de continuer mes courses. Toutes mes provisions étaient épuisées, et mon estomac délabré ne pouvait se faire au *gofio* des Isleños (3). Je laissai donc Maspaloma pour me rapprocher de *la Ciudad* en traversant les hameaux du *Carrizal* et d'*Aguimez* (4). Telde

---

(1) *La Vega de Santa Brigida* et de *San Matheo*.
(2) Voy. la description de *la Caldera de Tiraxana*, tom. III, part. 1, pag. 68 et 69, *Géogr. bot.*
(3) Voy. la cinquième Miscellanée, pag. 79.
(4) Voy. tom. II, part. 1, pag. 113, *Géogr. descrip.*

fut ma dernière étape, et je rentrai au gîte après trois semaines d'exploration, la peau bronzée comme un habitant du désert.

Quelques jours de repos suffirent pour me rétablir : mon collègue avait repris ses forces, et nous ne tardâmes pas à nous remettre en campagne pour visiter la partie orientale de l'île. Nous devions retrouver là de belles forêts (1), des vallées pittoresques (2), des populations importantes (3), et surtout l'accueil le plus cordial chez le brave colonel de Galdar. Je passe maintenant sur cet itinéraire et fais grâce au lecteur des détails topographiques pour arriver au dénouement.

Il y avait trois mois que nous courions le pays, retournant par intervalle dans notre résidence habituelle où *Doña Maria* nous recevait toujours avec le même empressement, lorsque nous songeâmes à faire nos dispositions pour passer à l'île de Palma. Dès que nous eûmes arrêté le jour du départ, *Doña Maria* encombra notre barque de provisions; nous en aurions eu pour aller dans l'Inde : c'étaient des corbeilles de fruits, des petits gâteaux pétris par la main des nonnes, puis du vin de Bandama, des dindons de Terror et des fromages de Barranco-Hondo. Au moment des adieux, cette excellente dame nous donna de nouvelles preuves de son attachement et de la bonté de son cœur. « Lorsque vous parcouriez nos montagnes, nous dit-elle, je me consolais de votre absence dans l'espoir de vous revoir; mais maintenant vous partez pour ne plus revenir!... Adieu!... C'est pour toujours!... » Cette séparation nous toucha jusqu'aux larmes. Nous embrassâmes notre estimable amie, et le soir nous étions sous voile.

L'appareillage eut lieu avec le bon vent, mais bientôt le calme vint arrêter notre marche, et le lendemain nous employâmes toute la journée pour remonter la côte orientale de Ténériffe avec une faible brise

---

(1) Voy. la description de la forêt de Doramas, tom. III, part. 1re, pag. 138 de la *Géogr. bot.*
(2) Voy. tom. II, part. 1, pag. 111, *Géogr. descrip.*
(3) Voy. idem.

de terre. Toutefois, ce cabotage n'était pas sans intérêt : nous rangions de très-près le rivage et repassions encore une fois devant les agrestes coteaux de Tacoronte et du Sauzal, nous apercevions de nouveau les vertes montagnes de l'Orotava, les superbes talus de la Rambla et d'Icod, en reconnaissant tour à tour, dans cette revue maritime, les mornes et les promontoires que nous avions gravis, les ravins qu'il nous avait fallu franchir et toutes les vallées que nous avions parcourues. Mais à la nuit tout rentra dans l'ombre : la brise s'établit fraîche et bonne, le patron mit le cap sur la Palma, et notre barque s'élança vers la haute mer.

« Si le temps dure, la traversée ne sera pas longue. » Celui qui s'exprimait ainsi, en s'adressant à moi, était un passager que j'avais déjà remarqué donnant la main à la manœuvre. L'accent de cet homme me frappa. « Vous êtes Français, lui demandai-je? — De Toulon, me » répondit-il; retenu en Espagne après le combat de Trafalgar; en- » suite prisonnier de guerre et envoyé au dépôt des îles Canaries. » Je serrai la main de mon compatriote et passai la soirée à écouter son histoire. Voici ce que j'en ai retenu :

« Je faisais partie de l'équipage de l'*Indomptable* en qualité de » timonier. Après le combat de Trafalgar, notre vaisseau vint » mouiller à l'entrée de Cadix avec les tristes restes de l'escadre : » nous avions deux cent cinquante blessés gisans sur les cadres; le » faux pont et la batterie basse en étaient encombrés. Au milieu de la » nuit, par un coup de vent désastreux, le vaisseau le *Bucentaure*, dé- » mâté et raz comme un ponton, vint se jeter sur les écueils, devant la » tour de Saint-Sébastien. Il nous fallut recueillir la majeure partie de » son équipage; ce qui porta notre contingent à quatorze cents hom- » mes entassés pêle-mêle sur un navire en mauvais état. Notre position » empirait à chaque instant, la mer devenait furieuse, la manœuvre » allait à la diable, car il n'y avait plus moyen de s'entendre au milieu » de la confusion qui régnait à bord. Dans un moment de répit, j'avais

» quitté le pont pour visiter nos blessés, lorsqu'en traversant la bat-
» terie je m'entendis appeler par un canonnier toulonnais que je trou-
» vais étendu dans son hamac et bandelé comme une momie. « Pays,
» me dit-il, un maudit éclat de bois m'a rafflé sans me prévenir : je
» suis écorché vif depuis la nuque jusqu'aux talons; les Esculapes
» m'ont frôlé comme un hunier et je meurs de soif. Un coup d'eau-de-
» vie, pays! un coup d'eau-de-vie! » J'avais heureusement sur moi ce
» qu'il demandait : j'aidai le pauvre garçon à soulever sa tête, et je crois
» qu'il aurait tout avalé d'un trait si je l'avais laissé faire. Comme je
» m'éloignais de lui en l'engageant à prendre patience : « Oh, ne crains
» rien, pays, me répondit-il : la carcasse est avariée, mais le cœur est
» fort. »

« Dans la matinée du 25 octobre, nous faillîmes échouer sur le dia-
» mant, à marée basse, et le commandant fit changer de mouillage.
» Cette évolution nous coûta une de nos deux ancres, et il fallut se
» résoudre à passer la nuit sur la seule amarre qui nous restait : trop
» faible pour résister à la force de la tempête, elle cassa à neuf heures
» du soir, et nous chassâmes sur la côte, en face du fort Sainte-Cathe-
» rine. Le navire toucha sur les roches et s'abattit sur le flanc. Dans
» cette cruelle situation, tout ce qu'il y avait à bord d'hommes valides
» vint se réfugier sur les gaillards. Le tumulte fut à son comble : plus
» de mille hommes entassés, pressés, suffoqués sur un espace qui pou-
» vait à peine en contenir deux cents : les uns accrochés aux cordages,
» les autres se torturant de mille manières pour se cramponner à la vie
» encore quelques instans; ceux-ci étouffés et foulés aux pieds, ceux-là
» précipités le long du bord ou dans la cale; puis, une mer en furie qui
» déferlait sur cette masse à demi expirante, éclaircissant les rangs et
» balayant le pont. C'était affreux! Je me tenais près de la grande écou-
» tille, au milieu des manœuvres qui entouraient un tronçon de mât.
» Tout-à-coup un horrible craquement se fit entendre, toute la mem-
» brure du vaisseau s'ébranla.... la quille venait de se défoncer, et l'eau,

» pénétrant de toute part, envahissait l'entrepont et la batterie basse.
» Alors les gémissemens confus de plusieurs centaines de voix, un long
» cri de détresse et de mort me glacèrent le cœur...... Tous nos pauvres
» blessés venaient d'être engloutis. J'en vis encore deux ou trois, les
» membres amputés de la veille, se traînant jusqu'au grand panneau
» pour tâcher de gagner le pont; mais ce fut en vain, le tourbillon les
» surprit avant d'atteindre l'échelle, et la mer impitoyable, en démo-
» lissant le vaisseau pièce à pièce, emporta les vivans et les morts.

» Je tins à bord jusqu'à minuit, et calculant alors que la marée
» devait être *étale*, je me disposais à abandonner le vaisseau, quand un
» coup de mer m'enleva. Bien qu'assez bon nageur, j'eus de la peine à
» me soutenir sur les flots, tant j'étais brisé par les secousses violentes
» que j'avais éprouvées depuis deux jours. Une pièce de bois vint à mon
» aide: un compagnon d'infortune s'y tenait déjà cramponné et je la
» saisis par l'autre bout. «Courage, ami! lui criai-je, poussons ensemble
» vers la côte, dans la direction du feu que j'aperçois là-bas.» Nous
» nageâmes ainsi environ dix minutes en nous soutenant sur notre
» frêle appui, lorsque le ressac nous fit faire les plongeons. «Fond de
» sable! nous sommes sauvés!» s'écria mon compagnon en revenant
» sur l'eau, et au même instant une seconde lame me lança sur la
» grève; mais mon homme avait disparu. Je me hâtai de m'éloigner
» du rivage de peur que la mer ne m'emportât de nouveau, et me diri-
» geai vers le feu qui m'avait servi de guide. C'était celui qu'avaient
» allumé dans la soirée, en entendant notre canon d'alarme, les soldats
» d'un poste de cavalerie espagnole établis dans une petite redoute, en
» avant du fort Sainte-Catherine. La nuit était des plus sombres et
» j'entendis marcher près de moi sans pouvoir rien distinguer: «Qui
» va là? — C'est moi, c'est moi, pays!» répondit à ma voix une espèce
» de fantôme qui m'étreignit dans ses bras. L'imagination presque en
» délire, à la suite d'un combat et des terribles incidens d'un naufrage,
» j'avoue que, sans être trop crédule, je crus voir devant moi l'ombre

» du canonnier toulonnais que j'avais laissé emmaillotté dans son
» hamac quelques heures avant l'affreuse catastrophe qui engloutit nos
» blessés. Mais c'était bien lui ; je le touchais, je lui parlais....... et pour-
» tant j'en doutais encore. « Pays ! me disait-il, quand j'ai entendu *les*
» *autres* du faux pont qui buvaient à la grande tasse, la peur de la
» mort a été plus forte que la douleur : j'ai rompu mes amarres, et en
» trois bonds je me suis élancé sur le gaillard par le panneau de l'avant ;
» puis, j'ai dit bonsoir à la barque. Ton coup d'eau-de-vie m'avait res-
» tauré : j'ai nagé vers la terre et me voilà... Mais ça cuit tout de même,
» pays ! » ajouta-t-il en me montrant ses épaules écorchées. Le pauvre
» diable était tout sanglant : je le pris sous le bras, et nous nous traî-
» nâmes ensemble jusqu'au fortin où les braves dragons espagnols se
» dépouillèrent de leurs manteaux pour nous couvrir ; ils partagèrent
» leur vin avec nous et avec les camarades qui vinrent se rallier autour
» du bivouac, et en sauvèrent plusieurs prêts à expirer sur la plage. Des
» quatorze cents hommes réunis la veille à bord de l'*Indomptable*,
» cent-soixante seulement purent gagner la terre : la mer dévora tout
» le reste. Mon compatriote le Toulonnais était un gaillard à la fleur de
» l'âge, d'une constitution de fer : il en fut quitte pour deux mois
» d'hôpital. Je ne vous raconterai pas les divers événemens qui se suc-
» cédèrent durant ma résidence au port de Sainte-Marie après ce mal-
» heureux naufrage, ni ma détention dans les cachots et toutes mes
» autres infortunes. Ces îles Canaries, où je fus envoyé en dernier lieu
» avec cinq cents Français prisonniers de guerre, devinrent pour moi
» une seconde patrie. Nous n'eûmes qu'à nous louer de l'humanité des
» habitans et du bon vouloir des autorités : le lieutenant du Roi, Don
» Marcelino Prat, mérite surtout une mention honorable ; notez-le sur
» votre carnet et ne l'oubliez pas. Ce digne homme fit en notre faveur
» tout ce qui dépendait de lui ; il acheta des outils à ceux d'entre nous
» qui pouvaient s'exercer à des métiers et leur permit de travailler en
» ville. Le gouverneur-général et le lieutenant-colonel Megliorini,

» major de la place de Sainte-Croix de Ténériffe, s'intéressèrent aussi
» pour nous. Quant à moi, le hasard me procura la connaissance d'un
» négociant qui trouva à m'occuper : depuis lors j'ai pris goût au com-
» merce, et me suis établi dans le pays. Les premières années ont été
» pénibles, mais maintenant ça ne va pas mal. »

L'histoire de l'ex-timonier de l'*Indomptable* est restée gravée dans ma mémoire, et je suis sûr de l'avoir transcrite ici presque mot à mot. Pendant ce récit, la brise s'était soutenue et continua de nous être favorable jusqu'au jour. A six heures du matin, notre barque vint mouiller devant *Santa-Cruz de la Palma*, la capitale de l'île. Le coup-d'œil de la terre aux premiers rayons du soleil était ravissant : les principaux édifices de la ville s'étendaient le long de la plage, et, au-dessus, divers groupes d'habitations s'élevaient sur les pentes d'une montagne escarpée où la roche basaltique confondait sa teinte bleuâtre avec la verdure des alentours. Palma est après Ténériffe l'île la plus montueuse de l'archipel canarien ; sa surface n'est pas moins tourmentée.

Il est au centre de l'île une vallée solitaire dont nous admirâmes l'imposant aspect : les habitans la nomment *la Caldera*; les rochers qui la cernent élèvent leurs crêtes sourcilleuses à cinq mille pieds environ au-dessus de l'abîme. Ce puissant massif forme une ligne de circonvallation d'environ six lieues d'étendue : des berges taillées à pic défendent vers l'orient et le nord les abords de l'enceinte ; à l'occident, le défilé d'*Adamacansis* présente une rampe scabreuse qui circule le long des précipices, mais on n'oserait s'engager dans ce sentier sans en bien connaître tous les détours. Du côté du sud, les montagnes s'écartent et laissent entre elles une profonde déchirure qui se prolonge jusque sur le littoral : c'est le ravin des Angoisses (*el barranco de las Angustias*), gorge étroite et dangereuse qu'il faut remonter pour pénétrer dans la Caldera.

Ce fut le 25 mai (1830) au matin que nous partîmes de *Santa-Cruz de la Palma.* Parvenus sur le plateau de Buenavista, une campagne riante s'ouvrit devant nous; à notre gauche, les fertiles coteaux de *Breña Alta* bordaient les pentes du vallon que nous traversâmes pour nous rapprocher du sommet de la montagne. A mesure que nous avancions, nous laissions derrière nous les champs et leurs plantations, et la nature, libre d'entraves, se montrait dans tout son luxe. Des forêts vierges ombrageaient les ravins et s'étendaient au loin en zône de verdure. Cette variété d'arbres et de plantes fut bientôt remplacée par des masses de bruyères, et nous parvînmes enfin sur les crêtes de la chaîne qui sépare l'île en deux régions et que nous franchîmes au col de la Cumbre. En descendant vers la bande occidentale à travers des bois de pins, les villages *del Paso* et de *los Llanos* furent les premiers que nous rencontrâmes; ensuite nous entrâmes sur le territoire d'*Argual* et de *Tazacorte*, pays plat, bien arrosé, où la culture de la canne à sucre vint me rappeler ces habitations coloniales que j'avais visitées aux Antilles.

Nous avions passé la nuit à Argual, et le lendemain, à l'aube du jour, deux guides, que nous nous étions procurés, faisaient déjà sentinelle à notre porte, prêts à se mettre en route pour la Caldera. Nous suivîmes nos conducteurs dans le ravin *des Angoisses*, dont le nom n'était guère fait pour nous rassurer sur les passages dangereux qu'il nous fallait franchir. La gorge s'enfonçait entre deux montagnes inabordables que couronnaient des rochers crénelés comme des remparts; mais, après une heure d'un trajet pénible, les bords du torrent cessèrent d'être praticables, et nous fûmes obligés de gravir sur la falaise que nous avions à notre droite pour atteindre une corniche de trois pieds de large qui suivait les contours de la montagne et dominait un précipice d'une horrible profondeur. De distance en distance, la corniche se trouvait interrompue; le guide qui était en avant franchissait alors les mauvais pas avec un aplomb admirable, et, présentant l'extrémité de sa lance à son confrère resté sur l'autre rebord, nous nous aidions de cette rampe pour passer après lui. A chaque instant les obstacles devenaient plus insurmontables; mais nos audacieux *Palmeros* marchaient avec une telle assurance et nous montraient tant de bonne volonté, qu'entraînés par leur exemple, nous poursuivîmes l'entreprise jusqu'au bout. Du reste, nous ne devions pas retourner à Argual par la même route, et nos gens nous promettaient des sentiers moins scabreux de l'autre côté du ravin. Déjà nous reprenions courage, lorsqu'à un détour le chemin se rétrécit encore et les deux montagnes devinrent si rapprochées qu'à peine apercevait-on le ciel entre leurs crêtes. Le dernier ouragan avait abattu dans cet endroit un des grands arbres qui couvraient les pentes de l'autre berge, et l'énorme tronc formait un pont suspendu sur l'abîme. Il n'y avait plus moyen de suivre la corniche; il fallait traverser le seul passage que le hasard venait nous offrir et garder l'équilibre des acrobates sur ce pont aérien. La vue plongeait avec effroi dans le torrent qui roulait au-dessous, en luttant contre les rochers. Nous nous risquâmes donc avec nos guides et arrivâmes sur l'autre bord sains et saufs. « Nous n'avons plus qu'une heure de mauvais chemin, me dit celui qui réglait la marche »; mais pendant cette heure notre vie tient à un fil. Enfin les deux berges commencèrent à s'élargir; nous descendîmes par un sentier tortueux jusque sur la rive du torrent, et parvînmes au pied d'un rocher qui se dressait en obélisque à l'entrée du défilé: contraints de faire un détour pour éviter ce bloc gigantesque, nous avançons encore quelques pas, et tout-à-coup la Caldera déroule autour de nous ses formidables remparts. Jamais spectacle plus sublime ne s'était offert à mes yeux: une pyramide de basalte pareille à celle que nous avions dépassée dominait au centre du vallon; des arbres majestueux avaient pris racine sur ses assises; plus loin, le plateau de *Tabuenta* couvert de fougères, de palmiers et de figuiers sauvages, apparaissait isolé au milieu de l'immense cirque comme une île de verdure, et sur les talus qui bordaient la montagne une forêt séculaire formait le plus bel ornement de ce vaste panorama. Nous établîmes notre bivouac sous un pin dont les immenses rameaux auraient abrité toute une caravane, et, du tertre où nous étions assis, l'air pur et frais qui circulait dans la Caldera nous apportait l'odeur balsamique des plantes. A une délicieuse soirée succéda la plus belle nuit : la partie du firmament que nous découvrions du fond du cirque formait un cercle étoilé au-dessus de nos têtes, et les hautes crêtes qui nous entouraient de toute part semblaient soutenir cette resplendissante coupole. Il faut avoir écouté le bruit lointain de la cascade, le murmure du torrent, le frémissement harmonieux du feuillage, avoir entendu le cri des chèvres se perdre d'écho en écho dans les gorges de la montagne pour bien apprécier le charme extatique que nous goûtâmes durant ces heures de repos. Cependant nos yeux, fatigués d'une longue veille, finirent par céder au sommeil, et nous nous endormîmes autour du foyer qu'avaient allumé nos guides. La brise du matin nous eût bientôt réveillés ; mais le majestueux tableau que nous avions admiré le jour précédent restait caché sous une masse de vapeurs. La brume couvrait toute la Caldera, et nous ne pouvions rien apercevoir à plus de vingt pas devant nous. Une plus longue exploration devenait impossible ou du moins très-hasardeuse : le départ fut donc résolu, et le défilé d'Adamacansis, que nous franchîmes à l'aide de nos conducteurs, vint nous ouvrir un chemin plus facile que celui de la veille. A huit heures du soir nous étions de retour à Argual.

Une semaine après cette rude expédition, j'en entrepris une autre sur les plus hautes crêtes de l'île. Du point culminant que je parvins à atteindre (1), l'effrayante Caldera m'apparut sous un nouvel aspect : les énormes blocs qui en accidentent le sol n'étaient plus à mes yeux que des buttes isolées dans les profondeurs de l'abîme, l'arbre immense qui m'avait prêté son abri se dessinait comme un buisson sur les bords

---

(1) A 7,234 pieds au-dessus du niveau de la mer.

d'un ruisseau, et ce ruisseau c'était le torrent impétueux que j'avais vu tomber en cascade et s'épancher en larges nappes sur les rochers du Thalweg.

Nos courses dans les différens districts de l'île de Palma durèrent plus d'un mois et nous offrirent, tour à tour, des sites nouveaux et de beaux restes de cette riche végétation qui dut s'étendre autrefois, depuis le sommet des mornes jusqu'au rivage de la mer; mais ces divers itinéraires, et les observations auxquelles ils donnèrent lieu, paraîtraient déplacés dans un simple récit. J'évite des descriptions qui reproduiraient en partie ce que j'ai déjà dit ailleurs, car ce seraient encore des montagnes, des forêts, des ravins, des rochers menaçans, des accidens de même forme et des situations analogues. Je garde donc pour les géologues et les géographes ce que j'aurais à dire sur la structure de l'île (1), et pour les botanistes tout ce qui a trait à la distribution des plantes de cette singulière contrée (2). Maintenant, il est temps de laisser ces rivages : la nostalgie commence à m'attaquer ; le souvenir de la patrie m'assiège et me tourmente...... Un navire fin voilier m'attend à Ténériffe...... Il faut partir !

« È della madre i dolorosi omei
» Non cesseran finchè non torni a lei ! (3) »

---

(1) Voy. *Géogr. descript.*, tom. ii, 1ʳᵉ part., pag. 12-13, 115 à 134, et la géologie de cette île, à la fin du même volume.
(2) Voy. *Géogr. bot.*, tom. iii, 1ʳᵉ part., pag. 25, 64 à 69, 143 à 145, 159 et 160.
(3)   « Les douloureux gémissemens de ma mère ne cesseront qu'à mon retour. »

SEIZIÈME MISCELLANÉE.

LE CAPITAINE PAOLO. — RETOUR EN EUROPE.

> « Il faut lever l'ancre et partir!
> » Au bruit du cabestan qu'on tourne avec courage,
> » Au son joyeux du fifre appelant l'équipage,
> » Voyez les marins tressaillir!
> » Les cris des matelots se mêlent, se confondent;
> » Du haut des mâts dressés les mousses leur répondent :
> » Il faut lever l'ancre et partir! »
> (Cooper, trad. du *Corsaire rouge*.)

« Au large! crie le capitaine Paolo à une chaloupe de la douane qui tente d'accoster le brick-goëlette sur lequel j'ai pris passage. — Capitaine, répond un officier du fisc, il faut suspendre votre départ, je suis chargé de vous visiter. — Pousse au large ou je te coule! reprend l'audacieux marin d'une voix tonnante; après le coucher du soleil, je ne reçois qu'à coups de canon. »

Pendant cette altercation, à un ordre de son chef, l'équipage se met en branle; le sifflet du contre-maître appelle tout le monde à la manœuvre, les ancres sont aux bossoirs; et le navire, sous ses voiles d'appareillage, n'attend plus qu'un dernier signal pour s'élancer sous la brise qui le balance.

« Allons, enfans, il nous faut de la toile; alerte! brasse stribord........! laisse tomber les huniers......! borde la misaine......! assez loffé, timonier...... bien, comme ça! »

Chaque fois que le porte-voix a résonné, l'équipage a bondi......; on se précipite aux drisses, aux écoutes.....; nous filons avec rapidité. Sainte-Croix de Ténériffe fuit derrière nous dans un reste de clarté, et la chaloupe de la douane, qui a regagné la terre, disparaît entre les lames du ressac.

Il faut voir le *Triomphant*, avec son allure de corsaire; comme il fend l'onde écumante! La brise fraîchit de plus belle; à chaque élancement, le navire semble redoubler de vitesse, et le bruit des flots, qui bouillonne autour de ses flancs, annonce une marche qui ne doit pas se ralentir de si tôt.

Dans cet instant, le capitaine, fier de son commandement, ne donnerait pas son brick-goëlette pour un vaisseau de haut-bord. Monté sur le couronnement de poupe, il veille à la manœuvre, promène par intervalle son regard prophétique autour de l'horizon, interroge le vent, observe le sillage, calcule la marche, et, en dépit de cet air de rudesse que donne le métier, un sourire décèle sa satisfaction. Puis, se tournant vers son fils : « Hé bien ! Paolito, lui dit-il, le vois-tu le marsouin ? il en détache, j'espère ! » C'est ainsi qu'il désignait toujours le *Triomphant* dans ses momens de bonne humeur.

Il était alors nuit close, et la lune ne tarda pas à éclairer notre route ; ses rayons, en se réfléchissant sur les flots, les firent briller de mille feux. Nous continuions à serrer le vent pour doubler la pointe d'Anaga : de fortes rafales se faisaient ressentir aux approches du promontoire, et l'on pouvait déjà prévoir du gros temps. Cependant les passagers n'ont pas quitté le pont depuis l'appareillage, chacun s'est blotti de son mieux sur le tillac et paraît livré à ses réflexions ; on s'est vu à peine, on a échangé quelques salutations, l'intimité ne doit venir que plus tard. J'avais l'expérience de ces sortes de voyages, je savais qu'à bord la société est un besoin, et que le hasard des rencontres y improvise les connaissances. Je me résignai donc à attendre le lendemain. J'aurais bien désiré pourtant démêler ces physionomies que le mal de mer commençait à fatiguer, mais l'obscurité m'en empêchait, et force me fut de reporter mes observations ailleurs.

La mer s'était soulevée, le ciel avait pris un aspect sinistre, de grosses gouttes de pluie furent les premières annonces du grain que nous allions essuyer. Aussitôt, tout ce monde, moitié chancelant, abandonna les gaillards pour se réfugier dans les couchettes. Pour moi, curieux dans cet instant critique de juger le chef et son équipage, je restai sur le pont. Le vent continuait de gronder à l'orage, et bientôt la bourrasque éclata.

Le capitaine Paolo ne démentit pas la bonne opinion que j'avais conçue de lui : debout sur son banc de quart, il suivait des yeux un nuage noir qui s'avançait sur nous. J'entendis tout à coup sa voix impérieuse dominer la tempête ; ses ordres furent brefs, rapides et suivis sur-le-champ de l'exécution.

« Attention, timonier...! hale bas le clin foc! cargue la brigantine! »

La goëlette, couchée sur le flanc, semblait s'enfoncer sous la lame et la tourmente redoublait de fureur. « Veille aux drisses! » cria de nouveau le capitaine en sautant à la barre. « Amène les huniers! »

A ce dernier commandement le navire parut soulagé. Le vent continua à souffler pendant quelques minutes, puis le silence lui succéda... le grain nous avait dépassés.

Nous en fûmes quittes pour une voile déchirée et un coup de mer qui balaya le pont. Les anciens du gaillard d'avant le reçurent bravement sans souffler ; les plus jeunes en plaisantèrent, et le vieux Paolo, que son poste avait mis à l'abri, en rit, je crois, dans sa barbe.

L'atmosphère revenue à son état normal, le nord-est, cette brise fraîche et régulière qui règne dans ces parages, s'établit de nouveau. Alors tout rentra dans l'ordre, on reborda la grand'voile, et le navire, sous sa première allure, reprit un élan soutenu.

« Vous avez été marin, me dit le capitaine d'un ton d'assurance en me frappant sur l'épaule. — Qui vous l'a dit? — La drisse du grand hunier que vous avez larguée aussitôt que je l'ai commandé. Merci, car il était temps, ajouta-t-il en regardant la mâture. » Le diable d'homme, rien ne lui échappait! « Oui, lui répondis-je, j'ai servi dans la marine impériale, mais depuis la paix je navigue en amateur. — J'étais bien sûr de ne pas m'être trompé; allons tant mieux! voilà le ciel qui s'éclaircit, nous venons de doubler le cap, et le *Triomphant* a fait son devoir; c'est assez pour cette nuit. Au surplus, il a les reins forts, le marsouin ! et vous pouvez dormir tranquille. Bon soir, à demain ! » En parlant ainsi il s'éloigna pour donner des ordres à son second.

Le hasard m'avait servi au-delà de mes espérances : je venais de conquérir l'amitié d'un homme que je désirais connaître à fond et dont la vie aventureuse me promettait peut-être d'intéressans épisodes. Le dévouement sans borne que les matelots paraissaient lui avoir voué, l'influence que ses moindres paroles exerçaient sur eux, l'incident qui avait hâté l'appareillage, tout m'intriguait depuis que j'avais mis le pied à bord du *Triomphant*. Je m'étais embarqué moi-même très-précipitamment, voulant profiter pour retourner en Europe d'un bâtiment dont l'aspect m'avait séduit. Je réfléchissais alors à ce brick si fin voilier, si bien gréé, à la mâture audacieuse, aux formes flibustières, ensuite à cet équipage de vingt-cinq hommes de choix, soumis à cette discipline volontaire assez rare parmi les marins méridionaux, et pourtant vivant entre eux, et même avec le chef, dans une espèce de fraternité et de confiance mutuelle. Il y avait dans tout cela quelque chose que je ne pouvais encore tout-à-fait m'expliquer. Je gagnai mon hamac, l'imagination bercée de mille conjectures et m'endormis au roulement des vagues, au craquement des charpentes, bruit étrange d'abord, mais auquel l'oreille s'accoutume bientôt et dont la répétition monotone finit toujours par assoupir les sens.

Le jour commençait à poindre lorsque je remontai sur le pont ; la mer était tranquille, une brise rafraîchissante caressait à peine le flot, et sous ses voiles de beau temps, la sémillante goëlette glissait sur l'onde comme un dauphin. Le soleil, en s'élevant à l'horizon, dissipa bientôt les vapeurs du matin pour se montrer au monde superbe et radieux. Alors, du côté d'occident, un cône éclatant de blancheur apparut dans les airs : c'était le pic de Teyde, dont le sommet couvert de neige semblait toucher les cieux ; une masse de nuages voilait le restant de l'île, seulement quelques montagnes un peu plus élevées perçaient à travers la brume. En parcourant des yeux le cercle immense que décrivait l'Océan, j'aperçus sous le vent les sommets de la ronde Canaria, et dans la direction du soleil, les côtes basses et prolongées de Fortaventure. Les gens de quart, accoutumés comme moi au spectacle des mers, n'étaient pas indifférens à celui qui se développait autour de nous. Le contre-maître, accoudé sur le bastingage, la tête presque hors du bord, son bonnet phrygien à la main, était là comme en extase. Je m'approchai de lui, et au léger mouvement de ses lèvres je fus de suite au fait. Il priait, le brave homme, et c'était en présence d'un des plus sublimes tableaux de la nature qu'il adressait ses actions de grâces au Dieu de l'univers. Non, je n'oublierai jamais cette tête, ce recueillement religieux, cette attitude contemplative, et si jamais j'imprime mes miscellanées en format de luxe, il me faudra une vignette pour maître Giacomo. Je m'éloignai en silence, et rôdant de l'avant à l'arrière, je cherchai à faire jaser quelque autre personne de l'équipage; car je m'étais réveillé avec mes souvenirs de la veille, et le capitaine Paolo n'était pas là.

Encore une bonne chance : le premier que j'accoste est un matelot d'une quarantaine d'années, à la rouge trogne et à l'air réjoui; il s'avance vers les bossoirs, prêt à expédier deux vieilles poules qui lui demandent grâce. Je reconnais aussitôt dans cet important personnage l'ami de tous, l'homme nécessaire par excellence, le cuisinier du *Triomphant* en un mot, ou bien, si l'on veut en langage plus technique, le maître cok. Que ne m'est-il permis maintenant de m'écarter de mon sujet pour dépeindre un des meilleurs types des Vatel de la mer? Mais j'espère ne pas laisser à un autre cette noble tâche, et faire un jour appel à mes souvenirs; rien ne sera oublié, je montrerai maître Carlone dans toute sa gloire, toujours plus actif au milieu des plus nombreuses occupations, toujours plus ingénieux avec le moins de ressources, suppléant à tout et conservant, au sein de ses importantes fonctions, cette bonhomie, ce caractère jovial qui attirait vers lui.

Maître Carlone faisait vite, bien et tout à la fois; il buvait sec, jasait volontiers et chantait souvent tandis qu'il tournait sa broche, assaisonnait ses plats ou goûtait ses sauces. On le voyait en même temps aller, venir, rire, gronder et parfois talocher son mousse; ses mets étaient de haut goût et toujours cuits à point et à l'heure. Son foyer était son élément, il lui avait voué une sorte de culte; quant aux autres, il les bravait. Les vents conjurés, l'Océan en fureur ne pouvaient rien contre sa philosophie et son imperturbable sang-froid. Je me souviens encore du jour qu'il cracha de mépris, et peut-être un peu de colère, contre une lame qui vint inonder sa cuisine. Mais où m'emportent mes réminiscences? Une simple digression ne saurait suffire pour énumérer toutes les qualités de mon maître cok. Je lui promets un article à part afin de le peindre tel que je l'ai vu pendant trois mois de joyeuse caravane, heureuse époque où j'eus le bonheur de vivre sous ses lois! Revenons sur nos pas.

J'ai dit qu'il s'avançait vers les bossoirs pour sacrifier au dieu des flots : il acheva en effet ses deux poules avec l'impassibilité caractéristique d'un praticien, et les jeta ensanglantées et encore palpitantes à la face du jeune mousse qui assistait à l'exécution. « Allons, petit, plume vite! » lui cria-t-il en riant de sa malice, et il courut à la cuisine pour attiser son feu et préparer ses grillades. Je m'approchai alors du facétieux personnage et la conversation s'engagea aussitôt. « Le capitaine Paolo n'a pas encore paru sur le pont; est-il levé? — Non, il s'est couché fort tard, mais l'heure du déjeuner le réveillera, me répondit-il avec un clignotement affecté. — C'est un hardi marin, que votre capitaine. — Oh! il peut s'en flatter. Que dites-vous de l'appareillage d'hier au moment que cette chaloupe voulut venir à bord? — Je n'ai pas moins admiré la détermination du chef que la promptitude de l'équipage. Les douaniers ont été bien désappointés. » La figure du maître cok s'épanouit et je compris que mon compliment l'avait charmé. — « Le capitaine Paolo est un vieux loup de mer qu'on n'attrape pas facilement, reprit-il d'un ton de confiance, en clignant de l'œil à sa manière. Ces maudits goëlands croyaient nous y prendre, mais heureusement que l'argent est facile à cacher, et eussent-ils monté à bord, qu'ils s'en seraient retournés les mains vides.—Ah! c'était à l'argent qu'ils en voulaient?—Et à quoi donc? Sauf quelques pipes de vin, notre cargaison n'est pas autre chose; celle que nous avons apportée aux Canaries a été vendue par dessus le bord. — C'est-à-dire en frustrant les droits, n'est-ce pas?—Oui, comme qui dirait par contrebande. Tout a été réalisé en argent, car c'est le meilleur échange; nous avons en outre quatre-vingt mille piastres fortes en belles et bonnes onces d'or, qui ont été remises au capitaine pour compte d'une des plus riches maisons juives de Gibraltar. Or, vous n'ignorez pas que l'exportation des espèces est prohibée, et comme le *Triomphant* est connu pour le plus fin contrebandier de la place, voilà ce qui a donné l'éveil aux goëlands. »

Ainsi tout s'expliquait, il n'y avait plus à en douter, j'étais à bord d'un smogleur, je naviguais en compagnie du fameux capitaine Paolo, depuis long-temps la terreur des gardes-côtes de la Péninsule espagnole. Le *Triomphant* était un de ces bricks-goëlettes de la compagnie des marins indépendans formée en grande partie de Génois et de Ragusais, mais admettant aussi dans leur union cosmopolite des hommes déterminés de toutes nations. A la paix générale, le système de commerce prohibitif et réciproque, adopté par tous les gouvernemens européens, avait donné l'idée de cette contrebande à main armée, que les anciens corsairiens appelaient de la *flibusterie légale*. Cette société militante, connue par les uns sous le nom de *Francs-Marins* et par d'autres sous celui d'*Indépendance maritime*, avait ses règlemens et sa discipline; elle prit naissance en 1815 et s'organisa à Gibraltar, sous la sauve-garde du pavillon britannique. Ce fut à la faveur de la situation de cette place, des franchises dont elle jouit, et de cet esprit machiavélique qui a toujours dirigé les Anglais dans leur politique commerciale comme dans les desseins de leur diplomatie, que les audacieux Liguriens s'élancèrent dans cette carrière d'attrayans dangers. Une fois hors de la surveillance des ports, ils se plaisaient à faire flotter l'ancien drapeau de leur république; ils exploitèrent pendant plusieurs années les côtes de Galice et de Biscaye, où ils avaient su se ménager de secrètes relations; des entreprises presque toujours couronnées de succès leur inspirèrent une nouvelle audace. L'Espagne tenta vainement de réprimer ce commerce sans loi, en lui opposant un reste de marine; les hardis smogleurs bravèrent ses mesures, s'armèrent en guerre, et, dans plus d'une rencontre, les bâtimens gardes-côtes furent maltraités.

Voilà ce que je savais déjà avant mon colloque avec le maître-cok, mais il m'était réservé d'en apprendre bien davantage.

Maître Carlone n'avait pas abandonné ses fourneaux pendant ces confidences, et le déjeûner qu'il venait de faire servir suspendit notre entretien. Le capitaine Paolo avait paru sur le pont, et je me hâtais de passer de l'arrière pour me mêler aux passagers qui commençaient à se montrer au grand jour. La partie du navire qu'occupait alors notre petite société présentait le coup-d'œil le plus animé : le capitaine, après avoir humé le vent, inspecté la voilure et consulté sa boussole, s'était assis à côté du timonier; à mesure que son monde se groupait autour de l'habitacle où l'on avait déposé les plats, il recevait d'un air affectueux les complimens des nouveaux venus et répondait successivement par des bonjours variés d'expressions, selon la qualité et l'allure des personnages. « *Soyez le bien levé, seigneur intendant,* » dit-il à un grand monsieur au teint basané, qui s'avançait drapé à l'espagnole, et la tête ceinte d'un foulard des Indes. Se tournant d'un autre côté et s'adressant à un gros carme qui se rendait à Madrid pour des affaires de l'ordre, il ajouta : « *Dieu vous garde, révérend père; eh bien, que vous dit l'appétit ce matin?* » Dans cet instant, une Andalouse, à l'œil vif et aux cheveux noirs, se montra au panneau de la chambre et captiva tous les regards. A cette heureuse apparition, le carme leva les yeux au ciel comme pour le remercier de la présence d'un ange, et sa figure s'illumina d'un coloris de feu. Le capitaine quitta aussitôt son siége pour présenter la main à dona Elvire, et lui faire prendre place au banc de quart : « *Buenos dias tenga osted, mi señora*, lui dit-il avec toute la galanterie d'un vieux Castillan. *Comment avez-vous passé la nuit?—Felismente*, répondit l'aimable femme, en accompagnant d'un gracieux sourire cette expression de son bonheur. Son jeune époux ne tarda pas à sortir de la chambre, et s'approcha du banc pour s'asseoir auprès d'elle, mais la place était déjà prise...... le moine nous avait tous devancés. Dona Elvire, en véritable Andalouse, recevait à plaisir et répondait par de piquantes saillies au feu roulant de propos flatteurs qu'on lui adressait de toute part. Ce ne fut d'abord que lieux communs de circonstance dont les termes sont de convention, mais qui dans cette occasion avaient presque une valeur réelle. *Je suis à vos pieds, madame!—Je vous baise les mains*. A ces premières salutations d'usage succédèrent des complimens plus explicites; ceux du carme surtout furent très-formels : *Heureux les yeux qui vous voient!* lui disait-il en baissant les siens de l'air le plus humble.

Cependant, le déjeûner, qui commençait à se refroidir, vint ralentir ces galanteries, et chacun tâcha d'avoir sa part des grillades du maître-cok, et de l'excellent gâteau qu'il nous tenait préparé depuis la veille.

Rien de plus original qu'un repas à bord d'un navire sous voiles : les personnes étrangères à la navigation ne sauraient se figurer tout ce que cette scène de la vie maritime offre de pittoresque et d'intéressant. C'est ordinairement sur le pont qu'on improvise la table à bord des bâtimens où la chambre a peu d'espace, et le nôtre était dans ce cas. Cette manière de manger en plein air avait alors ses agrémens et ses avantages; le ciel, d'une pureté diaphane, nous promettait un beau jour; un vent soutenu enflait nos voiles, et le *Triomphant* filait sans efforts sept milles à l'heure. Nous respirions avec délice l'air bienfaisant du matin, et la fraîcheur de la brise, en pénétrant nos pores, semblait dilater nos facultés. Les émanations salines fortifient la fibre, et donnent cette énergie que l'homme de mer possède à un si haut degré; c'est la meilleure hygiène à recommander aux passagers, qui d'ordinaire se laissent abattre par le malaise qui les tourmente, et restent plongés dans l'atmosphère nauséabonde des entre-ponts. Alors le mal empire, leurs forces sont brisées par cet état complet de prostration physique et morale, et ils ont à passer par les plus rudes épreuves.

Les nôtres avaient eu le bon sens d'abandonner leurs cabines, et, à la manière dont ils se comportèrent à ce premier repas, je prévis de suite qu'ils seraient vite *amarinés.* Chacun faisait bien son devoir : le révérend père s'acquittait du sien à merveille; tout à son affaire, il semblait avoir oublié l'Andalouse, et se servait toujours le premier, sans s'inquiéter des autres. Le pâté de maître Carlone était déjà réduit à sa plus simple expression, grâce à l'appétit du frère, lorsque le secrétaire de l'intendant s'avança pour mettre à profit la dernière tranche; mais le moine avait l'œil au morceau....; d'un tour de main il fit glisser sous son froc celui qu'il avait encore sur son assiette, et par un coup de fourchette adroitement lancé, il accrocha le reste du gâteau, au grand désappointement du pauvre bureaucrate.

Dieu prodigue ses biens
A ceux qui font vœu d'être siens.

Plusieurs bouteilles de vin de Ténériffe circulaient à la ronde et la généreuse liqueur redoublait la gaîté des convives. J'étais assis auprès du capitaine, et notre amitié de la veille était déjà de l'intimité avant la fin du repas.

En sortant de table, toute la société se divisa en petits groupes : le carme agaçait dona Elvire, et tandis que la fringante Andalouse lui tenait tête en folâtrant, son époux jouait aux cartes avec l'intendant et son secrétaire. De l'avant, maître Carlone mettait tout le monde en train ; on faisait cercle autour de lui, et à chacune de ses bouffonneries la bande joyeuse éclatait en bruyans transports.

Le capitaine Paolo, qui s'était retiré à l'écart pour fumer sa pipe plus à l'aise, venait de m'inviter à goûter son rhum. « C'est mon digestif d'habitude, me dit-il en me versant rasade ; allons, à vos bons désirs ! — A l'indépendance maritime ! » lui répondis-je en acceptant son toast. Les yeux du vieux corsaire brillaient comme deux éclairs. « Oui, reprit-il aussitôt, et la guerre à ceux qui veulent le monopole ! » Les gouvernemens, en exerçant une odieuse fiscalité, ont rendu la » contrebande excusable ; car dès-lors la contravention à la loi n'a plus » été qu'une juste représaille sur des droits arbitraires. » J'aurais bien pu répliquer à cette argumentation tranchante, et trouver des raisons en faveur du fisc ; mais je préférai laisser mon hardi smogleur faire de l'opposition à sa manière. « Un jour, continua-t-il, les puissances ma» ritimes, pénétrées de ces vérités, reviendront sur leurs pas et abdi» queront leurs priviléges. Des traités de réciprocité, fondés sur des » tarifs consciencieux, rétabliront l'équilibre entre tous les intérêts, » alors seulement le commerce secret cessera avec les prohibitions qui » l'ont fait naître. Tous mes vœux depuis long-temps sont pour cette » heureuse réforme ; mais je crains fort qu'il ne soit pas réservé à notre » siècle d'en jouir. » Le capitaine cessa un instant de parler pour vider son verre, et je profitai de cette pause pour hasarder quelques mots. « Que d'obstacles et de dangers, lui dis-je, ne vous aura-t-il pas fallu » surmonter pour réussir dans la carrière où vous vous êtes lancé ! — » Un peu d'audace, de la détermination au besoin, beaucoup d'acti» vité, voilà le principal, me répondit-il avec insouciance, la bonne » fortune ensuite a fait le reste.—Mais le sort vous sera-t-il toujours » favorable, et ne vous conviendrait-il pas de prendre du repos ? une » seule disgrâce peut vous faire perdre tout le fruit de vos courses. » Le capitaine me regarda fixement, puis après un moment de silence, il me parla à peu près en ces termes :

« Vous avez deviné ma pensée : vous allez la connaître toute entière.
» Il est vrai qu'on court de mauvaises chances au métier que j'ai fait :
» des attaques à main armée sur un poste défendu par des douaniers
» récalcitrans; une rencontre avec un bâtiment de guerre supérieur
» en forces et bon voilier, peuvent vous entraîner dans de graves con-
» flits. Les revers, en pareils cas, sont toujours suivis de conséquences
» funestes, car en Espagne les lois sont sévères pour ces flagrans délits.
» J'ai souvent réfléchi à tout cela, et l'horizon alors s'est rembruni
» devant moi. Lorsque rien dans le ciel n'annonce encore un sinistre,
» le bruit des flots décèle l'orage; il en est peut-être ainsi de la tour-
» mente qui commence à agiter le cœur, et vous savez que nous autres
» marins nous croyons à ces pressentimens comme aux avis du destin.
» Cependant, je dois l'avouer, si j'étais seul au monde, le courage qui
» m'a fait braver tant de périls ne se refroidirait pas de si tôt, et je me
» laisserais aller encore à cette vie aventureuse qui a pour moi tant
» d'attraits; mais j'ai à répondre de l'avenir d'un fils que j'aime par
» dessus tout. Le métier ne m'a pas perverti, et les gens de bien ne
» sauraient me refuser un peu de leur estime. Une heureuse sympathie
» de caractère a jusqu'ici préservé mon petit Paul de tout dangereux
» contact; je ne le hasarderai pas davantage, et j'espère après ce voyage
» le conduire dans une meilleure route. — Vous renoncez donc à la
» contrebande, capitaine? — Oui, par ordre supérieur; c'est presque
» dire par force, ajouta-t-il en riant. Ma position est changée aujour-
» d'hui : l'Espagne se plaignait depuis long-temps des entreprises des
» flibustiers de Gibraltar, qui exploitaient impunément ses côtes; les
» succès nous avaient rendus audacieux : nous avions poussé la témé-
» rité jusqu'à établir nos marchés à terre, sous la protection de nos
» canons. Dans une de ces descentes, mon pauvre frère eut l'impru-
» dence de s'écarter avec deux de nos gens, et fut cerné par les soldats

» du fisc. Ces trois braves, retranchés dans une méchante masure,
» tinrent bons pendant quelques heures contre la forte escouade qu'on
» avait dirigée contre eux; mais, forcés de céder au nombre, ils furent
» pris et fusillés sur place. J'étais mouillé avec deux autres bricks com-
» pagnons dans une petite baie de la côte de Biscaye, voisine du lieu de
» l'événement. En apprenant cette fâcheuse nouvelle, notre parti fut
» bientôt pris; nous débarquâmes tout notre monde, et marchâmes
» sans coup férir sur un poste de douane qu'on venait de renforcer. A
» la première décharge, les goëlands prirent le vol, laissant deux des
» leurs étendus sur le champ de bataille : un troisième tomba en notre
» pouvoir. Malheureux douanier!...... Il fut amené à bord d'un des
» bricks; un conseil de guerre s'installa à l'instant, et le pauvre diable
» fut pendu à un bout de vergue.—Pendu! m'écriai-je avec surprise en
» interrompant le capitaine. — Oui, continua-t-il avec le plus grand
» sang-froid, trois pour trois, la représaille était juste en quelque sorte.
» Cependant on fut, je crois, un peu trop expéditif après la victoire,
» j'aurais voulu qu'on montrât plus de générosité; mais l'exaspération
» des équipages était à son comble; mon frère était chéri de tous, et
» peut-être que le nom qu'il portait influa sur la décision du conseil.
» Comme parent d'un de nos morts, je m'abstins de prendre part à la
» délibération; mon second me remplaça, et je lui fis promettre de
» voter pour la vie du douanier.... Malheureusement la majorité l'em-
» porta. Du reste, tout se fit dans les règles: le procès-verbal fût signé
» et envoyé à l'alcade du lieu. Cependant cette audace irréfléchie vint
» entraver nos opérations; l'affaire fit grand bruit : l'Espagne redoubla
» de vigilance. Plusieurs navires de sa flottille s'armèrent contre nous,
» et bientôt les chances de succès devinrent très-incertaines. De son
» côté, l'amirauté de Londres, cédant aux vives remontrances du gou-
» vernement espagnol, réprima des armemens qui compromettaient
» le pavillon britannique, et l'administration de Gibraltar se vit obli-
» gée de se conformer aux ordres supérieurs. On limita nos équipages

» et notre artillerie. Le jack aux couleurs d'Angleterre nous fut dé-
» fendu; en un mot, toutes les mesures furent prises pour sauver la
» responsabilité des agens de la place, et prévenir dorénavant des
» coups de main trop hardis. Privés de cette sauve-garde de natio-
» nalité qui nous avait été si favorable, il fallut recourir aux moyens
» de nous soustraire aux entraves qu'on nous imposait; nous nous
» pourvûmes donc de nouvelles expéditions, en achetant des consuls
» étrangers le droit à d'autres pavillons. Pour moi, j'en choisis un tout
» pacifique; vous allez en rire, sans doute, c'était la sainte bannière de
» Jérusalem, que l'agent consulaire du pape me vendit pour cent pias-
» tres. La franchise de l'étendard aux croix rouges est respectée de
» toute la chrétienté; le gouvernement pontifical ne délivre chaque
» année que fort peu de licences; les capitaines qui en sont nantis ont
» seuls le droit de transporter en Palestine les fidèles qui font le pèleri-
» nage du saint tombeau, et ce fut sous le prétexte de cette dévote
» mission que je sortis de Gibraltar pour ma dernière campagne. Ce
» fut aussi à cette époque que j'achetai le bâtiment que je commande
» aujourd'hui. Le *Triomphant* m'avait plu: il avait servi de mouche à
» l'escadre de lord Cochrane, lorsque ce célèbre aventurier s'était voué
» à la cause de la république du Chili. Ce brick-goëlette faisait mon
» affaire, il pouvait armer sur son pont quatorze caronades de bon
» calibre, il venait de doubler le cap Horn, et la supériorité de sa
» marche était bien connue. Quinze mille piastres m'en firent raison:
» c'était donné. Mon chargement s'effectua comme de coutume; il
» consistait en tabac et autres marchandises prohibées. J'appareillai
» par un joli vent d'est et un beau clair de lune. A la manière dont
» mon marsouin se comporta d'abord, j'eus à me louer de mon acquisi-
» tion. Au sortir de la rade, je fis mettre en panne pour attendre les
» bateaux compagnons qui, trompant la vigilance de la place, ne tar-
» dèrent pas à me joindre avec le restant de mon monde et le complé-
» ment de mon artillerie. Le transbordement fut bientôt fait, et je pris

» la bonne bordée avec mes soixante-dix bons pèlerins. Au jour nais-
» sant nous nous trouvions à la sortie du détroit, lorsque le cri du
» matelot de vigie vint me prévenir que nous étions en vue d'un des
» sloops du port de Cadix, chargés de la surveillance de la côte. Aussitôt
» qu'il nous aperçut il hissa son pavillon, et nous mit le cap dessus
» pour nous reconnaître. Un si faible ennemi ne pouvait m'épou-
» vanter, et voulant lui réserver une mystification, je fis mettre en
» travers pour l'attendre. J'avais dans ma cargaison une caisse de ces
» feutres blancs, à grands bords, depuis long-temps en usage chez les
» Espagnols : je donnai ordre à une trentaine de mes gens de s'en
» coiffer, et d'endosser ces cabans de drap brun que nos marins portent
» en hiver. Sous ce grotesque accoutrement mes lurons n'avaient pas
» mal l'air de pèlerins; et pour compléter la mascarade, je leur fis dis-
» tribuer en guise de bourdons, des gaffes et des piques d'abordage au
» bout desquels on suspendit des bidons. Notre artillerie était masquée,
» et le reste de l'équipage fut disposé aux pièces, prêt à agir dans le cas
» que l'événement prît une tournure sérieuse. Le sloop fut bientôt sous
» notre volée, et le porte-voix du commandant se fit entendre. « Le
» nom du navire, et sa destination », nous cria-t-on, en nous inter-
» pellant d'un ton d'autorité. — Le *Pauvre Pécheur*, allant en pèleri-
» nage à la Terre-Sainte : et j'appuyai cette réponse d'un coup de canon
» dont le boulet coupa une des drisses du sloop. En même temps la
» sainte bannière de Jérusalem se déploie sur notre arrière. C'était le
» signal convenu : l'artillerie est aussitôt démasquée, et mes trente
» pèlerins s'élancent d'un bond sur le bastingage, brandissant leurs
» bourdons et grimaçant comme des possédés. A ce spectacle inat-
» tendu, l'équipage du sloop reste stupéfait; le chef, honteux d'avoir
» été joué, veut donner des ordres, mais une panique générale s'em-
» pare de ses gens, qui manœuvrent en grande hâte pour gagner
» le port, comme si tous les diables étaient à leurs trousses. Pour
» moi, je les laissai s'éloigner sans plus de malencontre, mes damnés

» matelots se contentant de les poursuivre par des houras prolongés.

» Cette aventure, qui avait mis tout mon monde en belle humeur,
» manqua me devenir funeste. Les gardes-côtes, auxquels j'avais été
» signalé, jurèrent de venger l'insulte faite à un des leurs, et j'eus
» besoin de redoubler de vigilance pour tromper des ennemis acharnés
» à ma poursuite. Nous arrivâmes sur la côte de Galice par une de ces
» bourrasques d'hiver si fréquentes dans ces parages; et là une autre
» contrariété nous attendait. Une rixe s'engagea entre mes Génois et
» l'équipage d'un brick ragusais, parti avant moi de Gibraltar. Le
» capitaine de ce navire revendiqua l'exécution d'un des articles de
» notre code qui interdisait la concurrence dans un même lieu entre
» bâtimens compagnons, et voulut m'obliger d'abandonner le mouil-
» lage. Je promis de respecter les ordonnances, mais je refusai de
» remettre en mer par un temps forcé. Mes raisons ne purent le con-
» vaincre, et il fallut décider l'affaire à coups de canon: Gênes aujour-
» d'hui déclare la guerre à Raguse! lui criai-je avant de commencer le
» branle-bas. — Accepté! répondit-il, et les drapeaux des deux répu-
» bliques furent hissés des deux côtés. Après dix minutes de combat
» presque bord à bord, mon antagoniste, fort maltraité, me céda la
» place. Cette échauffourée, qui nous coûta à chacun quelques hommes,
» nuisit un peu aux intérêts de notre trafic, car il était urgent de hâter
» nos opérations. Cinq jours s'étaient à peine écoulés depuis notre arri-
» vée, que nous étions déjà sous voile pour regagner le détroit, que
» nous embouquâmes par un temps brumeux. Arrivés à la hauteur de
» Tarifa, nous tombons sur un brick de guerre prêt à nous passer au
» vent : c'était le *Jason*, de la marine royale d'Espagne, qui sans doute
» nous attendait au retour. L'engagement devint sérieux, et sans le
» feu de ma mousqueterie et une volée de faveur qui lui occasionna une
» avarie majeure, je crois qu'il m'eût fallu baisser pavillon devant une
» artillerie supérieure et bien servie. Je profitai du désordre que jeta
» dans sa manœuvre le contre-temps qu'il venait d'éprouver pour faire

» larguer toutes mes voiles et disparaître au milieu du brouillard. Le
» soir de ce dernier combat, j'étais ancré dans le port de refuge, heu-
» reux d'en être quitte à si bon marché; je n'avais perdu que cinq
» hommes, mais plusieurs blessés réclamaient de prompts secours.

» Ainsi finit cette campagne commencée si joyeusement; je ne tardai
» pas à désarmer. Le voyage que nous allons achever ensemble est le
» seul que j'aie entrepris depuis. Une remise de fonds dans laquelle
» j'étais intéressé m'a conduit aux Canaries, où, par un reste d'habi-
» tude, j'ai débarqué quelques ballots de marchandises que la douane
» n'a pas enregistrés; mais le métier ne va plus et j'y renonce. Ce repos
» que vous me conseilliez tout à l'heure est maintenant le seul but où
» j'aspire : il faut savoir s'arrêter à propos. »

Le capitaine cessa de parler : son récit m'avait intéressé, et je brûlais
d'envie de connaître ses autres aventures dans leurs moindres détails.
Il comprit mes désirs, et se plut souvent à les satisfaire; aussi ce voyage,
dont j'ai conservé tous les souvenirs, me sembla-t-il trop court. Le capitaine Paolo joignait à un courage à toute épreuve une volonté inflexible;
et pourtant, avec un caractère si décidé, il savait se plier aux mutabi-
lités du sort; il avait conservé, au sein d'une vie orageuse, une franchise et une loyauté bien rares dans les gens de sa profession. Cet homme
singulier était né à Vareggio, petit village de la côte de Gênes, voisin du
hameau où Christophe-Colomb reçut le jour. Courant les mers dès son
enfance, son éducation avait été toute nautique; mais, doué d'un esprit
naturel et d'une imagination ardente, de nombreux voyages dans les
deux hémisphères lui avaient donné ce savoir de fait qui vaut parfois
mieux que la science. Quoiqu'il approchât de la soixantaine lorsque je
le connus, il conservait encore toute l'énergie et la force de la jeunesse;
aimant la conversation, il ne s'y livrait sans réserve que lorsqu'on
avait gagné sa confiance; alors il s'animait au souvenir de ses courses,
et l'audacieux marin se montrait à découvert, toujours plus intrépide
au milieu du danger le plus éminent, et conservant dans les circon-

stances les plus critiques cette présence d'esprit qui maîtrise la fortune et commande le succès. Distrait de ses réminiscences, le capitaine Paolo n'était plus que l'homme pacifique, désintéressé et affectueux pour tous.

Le dixième jour de notre traversée, nous étions en vue du cap Spartel, et, quelques heures après, les côtes d'Andalousie se développaient devant nous; nous rangions de près la côte d'Afrique, en nous avançant rapidement dans le détroit. Dona Elvira, les yeux tournés vers Cadix, semblait s'animer d'une nouvelle vie. Nous venions de dépasser Tanger aux blanches maisons, et la tour de Tarifa se montrait déjà à notre gauche, lorsque tout-à-coup le capitaine me dit d'un air de triomphe: « C'est ici que j'ai combattu le *Jason!* »

On commençait à distinguer vers l'Orient le rocher fortifié de la place; encore quelques instans et nous allions arriver! Une expression de bonheur se peignit sur tous les visages; dona Elvira, toujours plus enjouée, me parut encore plus belle; le moine était rubicond; il avait porté trois santés au matelot qui le premier avait aperçu la terre, et avait bu ensuite plusieurs rasades à la mère-patrie; il allait et venait de l'avant à l'arrière, embrassant tout le monde, sans oublier l'aimable Andalouse qu'il rencontra sur son passage. Maître Carlone, la joie du *Triomphant*, voulut à son tour compléter la fête; monté sur un tonneau, il se mit à râcler d'un méchant violon, et l'équipage en chœur répondit au refrain du gracieux ménestrel. Mais il fallut mettre fin à ces folies, le capitaine ordonna les dispositions du mouillage, et bientôt l'ancre tomba dans la rade de Gibraltar.

FIN DE LA DEUXIÈME PARTIE DU PREMIER VOLUME.

TABLE DES MATIÈRES

CONTENUES DANS CE VOLUME.

AVANT-PROPOS.

Avertissement sur la rédaction exclusive des Miscellanées canariennes par l'un des auteurs . . . . Pag. 3

PREMIÈRE MISCELLANÉE.

NAVIGATION. — *Sommaire*. Départ de Marseille. — Appareillage d'une bombarde provençale. — Bourrasque. — Vents contraires. — Navigation le long des côtes d'Espagne. — Détroit de Gibraltar. — La Méditerranée et l'Océan. — Distractions à bord. — Scène maritime. — Réflexions. — Vue de Madère. — Calme. — Affalage sur la côte d'Afrique. — Situation critique de la bombarde. — Les Maures. — Heureux dénouement. — Vue du pic de Ténériffe. — Cri de Terre! — Arrivée dans la rade de Sainte-Croix. . . . . . Pag. 5

DEUXIÈME MISCELLANÉE.

SAINTE-CROIX. — *Sommaire*. I. Chacun sa manière de peindre. — Description du climat des Fortunées. — Sainte-Croix pendant une belle nuit. — Mascarades. — Représentation théâtrale : l'*Amphitryon de Molière*. — Théâtre ambulant. — Marche grotesque au clair de lune. — Soirée chez le gouverneur du château de Saint-Christophe. — Bal. — II. Histoire du château. — Arrivée de Don Alonzo de Lugo, l'*Adelantado*. — Plantation de la croix. — Fondation de la forteresse. — Attaque de l'amiral Blake. — Incendie des galions d'Espagne. — Courageuse défense de Don Estevan de la Guerra. — Bravoure de la châtelaine. — Dampier. — Attaque de l'amiral Genings. — Ses prétentions. — Réponse énergique de Don Antonio de Ayala. — Catastrophe de l'intendant Juan de Cevallos. — Vengeance du capitaine-général. — III. L'obélisque de la Vierge. — Réflexions. — L'état-major d'une frégate anglaise. — Conversation des officiers à la sortie du bal. — L'*Alameda*. — Le môle. — Attaque de Nelson. — Sa disgrâce. — Embarquement des Anglais . . . . . . Pag. 15

TROISIÈME MISCELLANÉE.

LA LAGUNA. — *Sommaire*. Route de Sainte-Croix à la Laguna. — *Camino de los Coches*. — Nouvelle chaussée. — Repos à *la Venta de la Cuesta*. — Rencontres. — Les *arrieros* et les *panaderas*.—Les paysanes et les revendeuses.—Complimens.—Caravane de chameaux. — Les *Neveros*. —Cavalcade. — Les dames en *balandillas*. — Les *barriqueros* et les Anglais. —Observations sur les mœurs et coutumes.—Costumes des habitans. — Entrée de la Laguna. —Aspect de la cité. — Vieux manoirs. — Végétation urbaine. — Fondation de la Laguna. — Couvent de *San Diego del Monte*. — Couvent de *San Francisco*.— Concessions. —Tombeaux. — Priviléges.—Place de l'Adelantado. — *Cabildo* ou municipalité. — Maison du corrégidor. — Armoiries. — L'archange Saint-Michel. — Réjouissances publiques des temps passés. —Fêtes funèbres. — Esprit religieux. — Les bulles.—Mandement du tribunal de *la Santa-Cruzada*.—Réflexions.—Sermon. Pag. 27.

QUATRIÈME MISCELLANÉE.

Les Écoles, les Colléges, l'Université. — *Sommaire*. I. Premier aperçu sur l'instruction publique. — Écoles primaires (*de primeras letras*). — Le Magister. — Méthode d'enseignement.—La table de Pythagore.—Les Romains et les Carthaginois. — Les *Amigas* (écoles de jeunes filles). — Commandemens de Dieu. — Le hm! hm! — Fondation du lycée de l'Orotave.—L'évêque Linares.—Intolérance du prélat.—L'établissement scolastique de l'Orotave supprimé par ordre du roi Ferdinand. — Histoire de l'université de la Laguna. — Patronage du seigneur de Grimon. — Autorisation du Saint-Siége. — Sanction royale. — Premiers succès des frères de Saint-Augustin. — Intrigues des Dominicains. — Décret de suppression. — Expulsion des jésuites. — Rétablissement de l'université. — Don Pedro Bencomo et le marquis de la Villanueva del Prado. — Organisation. —Nouvelles intrigues. —Plan d'études du ministre Calomarde. — Décret de Ferdinand VII.—Les universités abolies.—*La Tauromachie* (note).—Réouverture des cours. —II. Le jeune bachelier.—Portrait. —Visite à l'université de San Fernando.—Intérieur du cloître. — Tombeau de Nuñez de la Péña. — Grande salle. — Tableaux de Louis de la Cruz. — Bibliothèque. — Cabinet d'histoire naturelle. — Les instrumens de physique. — Système d'enseignement. — Tribunal de censure. — Arrivée des étudians. — Le docteur Pavot. — III. Réception du petit bachelier. — Le conseil universitaire. — Thèse. — Oppositions. —Conclusions. — Cérémonie. . . . . Pag. 47

CINQUIÈME MISCELLANÉE.

Excursion.—*Sommaire*. I. Départ de la Laguna.—Hospitalité des paysans et fermiers. —Portrait des curés. —La forêt de *las Mercedes*. —Description. —Montagnes d'Anaga. — Beau point de vue. — Vallée de Taganana. — Réception chez le vieux Menrique. — Promenade pittoresque.—L'église du village.—Vue de la côte.—Réflexions.—II. Départ de Taganana. — Vallée d'Afour. —Végétation. —Domaine du colonel Don Thomas de Castro.—Val de Taborno.—*Risco de Chinamada*.—Gorge du Batan.—Aspect du pays. —Falaises d'Adaar.—La pointe d'Hidalgo.—Arrivée chez l'alcade.—Première entrevue. —Le sauf-conduit. —Réception.—Souper.— La brune Gertrude.—Description du repas. — La chambre à coucher. — Lit monstre. — III. Départ de la ferme. — Itinéraire. — Le curé de Texina. — Bon accueil. — Suite de l'excursion. — Tacoronte vu des hauteurs de Guamaza. — Route de Tacoronte à l'Orotave. — Coup d'œil de la vallée. — Arrivée à *la Villa*. . . . . Pag. 67

SIXIÈME MISCELLANÉE.

Séjour a l'Orotava.—*Sommaire*. Réflexions sur les voyages.—Le carnet de notes.—Description de la vallée et de la ville. — Fondation de l'Orotave. — Caractère et genre de vie des habitans. — L'église de la Conception. — Paroisse de Saint-Jean. — Le *Cuadro de Animas*. — Couvent de Saint François. — Intérieur. — Le Père Rosado. — Couvent des Dominicains.—Couvent des Augustins.—Le Prieur Irlandais.—Monastère de Sainte-Claire. —Monastère des sœurs de Saint-Dominique.—Premier incendie.—Les sœurs assiègent le collége des jésuites et l'emportent de vive force.—Réédification du monastère. — Second incendie. — Distractions de l'auteur à l'Orotave. — *La Casa Franchi*. — Description et situation de ce manoir. — Juan *el Herreno*. — Jardins. — Vieux dragonier. — *Las doce Casas*. — Beaux sites dans la vallée. — *Agua Mansa*, *Realejos* et *La Rambla de Castro*.—Port de l'Orotave.—Jardin botanique.—Arrivée de l'*Astrolabe*.—Rencontre du commandant d'Urville et des naturalistes de l'expédition . . . . Pag. 85

SEPTIÈME MISCELLANÉE.

La Momie.—*Sommaire*. Réflexions sur la conquête.—Extermination des Guanches.— Les grottes sépulcrales. — Embaumemens. — Cérémonies. — Choix des Catacombes. — Agilité des Troglodites.—Les Orseilleurs.—Intrépidité de Manuel.—Il trouve une grotte de Guanches. — Exploration périlleuse. — Rencontre d'une momie. — Poltronnerie des compagnons de Manuel. — Descente dans le ravin. — Incident. — La momie voyageuse . . . . Pag. 103

HUITIÈME MISCELLANÉE.

La Vierge de Candelaria. — *Sommaire*. Tradition canarienne. — Apparition de la Vierge sur la plage de Chimisay.—Premier miracle.—Les pasteurs guanches épouvantés. —Arrivée du prince Acaymo sur le lieu de l'événement.—Second miracle.—Triomphe de la Vierge.—Adoration dans la grotte de Chinguaro.—Fernand Peraza : Histoire d'Anton le Guanche. — Il se fait ermite. — Nouveaux miracles. — Sancho de Herrera dérobe la sainte image. — Double miracle. — La Vierge est rapportée à Ténériffe. — Arrivée des conquérans. — La Madone de Candelaria est proclamée patrone-générale. — Fête de la Purification. — Encore des miracles. — Différentes translations de la Vierge. — Elle retourne seule à son ancienne grotte. — La Madone passe sous la tutelle des moines de Saint-Dominique. — Disputes pour sa possession. — Décret de l'empereur Charles-Quint. — Nouvelles tribulations de la Vierge. — Les neuvaines et les présens. — Le clergé revendique la tutelle.—Les moines triomphent. — Chapelle de *San Blas*. — Fondation du couvent de Candelaria. — Donations, offrandes, trésor de la Vierge. —

Monument élevé en l'honneur de la patrone. —Fête officielle du 2 février. — Affreux désastre pendant la fête. — Réédification de la sainte chapelle. — Fête du 10 août. — Description.—Les *Romeros*.—Dévotions des pélerins.—Procession solennelle.—Pantomime, danse et chant des Romeros. — Dernière catastrophe : l'ouragan emporte le château, la sainte chapelle, la Vierge et ses trésors.—Plus de miracles ! . . . Pag. 113

NEUVIÈME MISCELLANÉE.

L'Ouragan.—*Sommaire*. Premiers pronostics.—Aspect du ciel.—Commencement de la bourrasque.—Tempête dans la rade de Sainte-Croix.—Naufrages.—Débordement des ravins. — Destruction du bastion de Saint-Michel. — Désastres dans l'intérieur de l'île. — Lettre de mon ami Auber. — Affreux détails. — Excursion. — Vallée submergée, villages engloutis. — Débâcle du château de Candelaria et de la chapelle de la Vierge. — Naufrage de la *Belle Gabrielle*. — Rapport d'un matelot. — Générosité des Anglais. — Secours demandés à l'évêque.—Réponse du prélat. . . . . Pag. 125

DIXIÈME MISCELLANÉE.

La Fête de Saint-Pierre de Guimar. — *Sommaire*. Départ des Romeros pour la fête.—La cavalcade s'avance vers la haute région.—Marche sur le sommet des montagnes centrales. — Station dans le *Llano de Manja*. — Terreur des guides. — Histoire de l'âne noir. — Repas sur la montagne.—Défilé del Paso.— Coup-d'œil de la vallée de Guimar.— Arrivée au bourg. — Préparatifs de la fête. — Arcs de triomphe. — Bosquets, parterre et vergers improvisés. — Banderolles et animaux suspendus.— Illumination.— Bal.— Soirée. —Rêveries.—Réjouissances publiques.— Luttes. — Combats de coqs.— Les Romeros se remettent en route. — Excursion. — Grotte de Chinguaro. — Itinéraire par l'Esperanza et les Rodeos. . . . . Pag. 133

ONZIÈME MISCELLANÉE.

Garachico. — *Sommaire*. I. Route de l'Orotave à la Rambla par les escarpemens de la côte. — Ilots du Burgado.—Cascades de la Gordejuela.— La Rambla de Castro. — Autre itinéraire.— Les deux *Realejos*.—Ruisseau de la Laura.—Montée de Tigayga.— Aspect de la vallée.—Vue du pic. — Ravins. — Coup-d'œil pittoresque de la ville d'Icod et de ses environs. — Côte de Garachico. — Falaises du Guincho. — Vignobles. — Pays brûlé. — II. Garachico dans ses beaux jours. — Description. — Éruption de 1706. — Affreuse catastrophe. — Destruction de la ville et du port. — Réédification commencée. — État présent. — III. Le couvent de Saint-François. — Intérieur du cloître. — Passe-temps des moines.—Bienveillance du père provincial.—Déjeûner chez les nonnes de Sainte-Claire.— Départ de Garachico. — Itinéraire par le Daute, Buenavista et le Palmar. — Vue de la vallée de Santiago des crêtes de Bolico. — Volcanisation. — Ravin de Yeneché. — *Las Bandas del Sur*. — Vallon d'Adeje. — Arrivée à Chasna . . . . Pag. 143

DOUZIÈME MISCELLANÉE.

Excursion au pic de Ténériffe. — *Sommaire*. Départ de Chasna. — Route dans la montagne. — Gorge d'Oucanca. — Sources de l'*Agua-Agria*. — Vue du pic du col de la Dégollada. — Descente dans le grand cirque. — Halte à la source de la Piedra. — Vent du sud-est. — Température. — Les cytises, les chèvres et les abeilles. — Rencontre de trois bergers. — Renseignemens. — Costume des pasteurs. — Physionomie. — Incertitude des guides. — Fausse route. — Obstacles et accidens. — Marcos et sa bête. — Montagne des ponces. — Arrivée à *la Estancia*. — État de l'atmosphère. — Bivouac. — Souper. — Bonne humeur des guides et de Marcos. — Veillée. — Réflexions sur le Tasse. — Départ de *la Estancia*. — Pénible montée. — *Altavista*, mal pays del *Teyde* et *la Rambleta*. — Vieux cratère. — Ascension du Piton. — Point culminant. — Superbe spectacle. — L'Océan, les sept îles et les nuages. — Description du cratère supérieur. — Réflexion. — Descente. — Grotte de la Neige. — Retour à Chasna . . . . Pag. 153

TREIZIÈME MISCELLANÉE.

L'Herborisation. — *Sommaire*. Aspect général de l'île de Ténériffe. — Zônes de végétations. — *Villaflor*. — Excursion au Sombrerito. — Le curé de Chasna. — Tradition historique sur *Villaflor*. — Température de la haute région. — Plantes. — Chemin de *la Cumbre*. — Le pic d'Almendro. — Passage dangereux. — Sang-froid du curé. — Le rosier d'Armide et observations sur les roses. — Le fringille du Teyde. — Gorges du Tauze. — Marcos au rendez-vous. — Poltronnerie. — Marche pendant la nuit. — Le *TùPalahá!* ou le chant des Isleños. . . . . Pag. 165

QUATORZIÈME MISCELLANÉE.

La Casa-Fuerte. — *Sommaire*. Annonces de l'hiver. — Départ de Chasna. — Souvenirs. — Sommaire d'une Miscellanée. — Aspect du vallon d'Adeje. — Première histoire. — Fondation de la *Casa-Fuerte*. — Domaine seigneurial de Don Juan Bautista Ponte, Fonte y Pajes. — Alliances. — Administration actuelle. — Le lieutenant-châtelain. — Intérieur de la forteresse. — Le vieux bastion. — Artillerie pour rire. — Salle d'armes. — Antiquailles. — Noble bannière. — Garnison *ad honores*. — Réflexion et réminiscence. — Notre-Dame de la Garde et Scudéry. — *La Masmorra*. — Intérieur du manoir. — Distribution. — Salle à manger. — Portraits de famille. — Peintures allégoriques. — Thèses théologiques soutenues en l'honneur des patrons. — Chambre des archives. — Titres de noblesse. — Plein pouvoir et vasselage. — Procuration du marquis de Belgida, possesseur actuel. — Légende de noms, titres et qualités (note). — Acte de possession de l'île de Ténériffe par Diego de Herrera. — Deux manières d'écrire l'histoire. — Réflexions. — Manuscrits . . . . Pag. 173

QUINZIÈME MISCELLANÉE.

Excursion dans l'archipel Canarien. — *Sommaire.* Départ de Ténériffe. — Patron Hojeda et son équipage.— Navigation.— Détroit de la Bocaña.—Aspect de Lancerotte.— Arrivée au port d'Arrecife. — Commerce. — Excursion dans l'île. — Cultures.—Ville de San Miguel.—Annales historiques.—Montagnes de Famara.—Vallée d'Haria.—Excursion à la Gracieuse. — Solitude. — Exploration. — Pêche, chasse, herborisation. — Repas d'ichtyophages. — Retour à Lancerotte. — Nouvelles courses. — Ruines de Zonzamas. — Traversée d'Arrecife à Puerto-Cabras. — Fortaventure. — Voyage dans l'intérieur. — Antigua. — Chasse aux outardes. — *Betancuria.* — Chapelle de Notre-Dame de Bethencourt. — Couvent de Saint-Bonaventure. — Épitaphe de Don Diego de Herrera. — Vallée de Rio-Palma.— Vierge miraculeuse.— Embarquement à bord du *Sévère.*— Chargement de la barque. — Relâche dans la baie du grand Tarajal. — Appareillage. — Bourrasque pendant la nuit. — Arrivée au port de la Luz. — Rencontre et invitation de *Doña Maria Candelaria.*—Portrait de cette dame.—Déjeûner.—Conversation.—Observation sur les voyages maritimes. — Entrée dans la ville des Palmiers. — Installation dans une auberge supposée. — *Patrocinita.* — Le chamelier indiscret. — Visite de *Doña Maria.* — Hospitalité.— Description de la cité. — Les étudians et le tribunal de l'inquisition. — La cathédrale. — Tombeau du poète Cayrasco.—Fête de la bénédiction des Palmes. — L'évêque Don Christoval de la Câmara.—Assemblées synodales.— Constitutions. —Exploration de l'île.—*La Caldera de Bandama.* — *La Vega de los Mocanes.*—Beau séjour.—Haute région.—Gorge de Texeda.—*Tiraxana.*—Lagunes de Maspalomas.—Mauvais climat.— Retour à *la Ciudad.*—Nouvelles courses.—Adieux de *Doña Maria.*— Départ pour l'île de Palma. — Cabotage le long des côtes de Ténériffe. — Rencontre d'un ancien prisonnier français. — Conversation sur le tillac. — Récit du naufrage de l'*Indomtable* après le combat de Trafalgar.—Sauvetage de l'équipage du *Bucentaure.* — Horrible tempête. — Affreuse confusion. — Situation désastreuse. — Le canonnier toulonnais et le coup d'eau-de-vie.—Les blessés engloutis.—Le narrateur parvient à se sauver.—Rencontre inespérée. — Générosité des dragons espagnols.—Arrivée des prisonniers français aux îles Canaries. — Bon accueil et bienveillance des autorités.— Mouillage de *Santa-Cruz de la Palma.* — Aspect de la ville. — Excursion à *la Caldera.* — Itinéraire jusqu'à *Argual.* — Départ pour la Caldera. — Escarpement de la route. — Intrépidité des guides. — Mauvais pas. — Nouveaux obstacles.—Entrée dans l'enceinte.—Description.—Bivouac.—Superbe nuit. —Retour à Argual.—Autre excursion.—Vue de la Caldera des sommets de l'île.—Départ pour Ténériffe . . . . Pag. 185

SEIZIÈME MISCELLANÉE.

Le capitaine Paolo. (Retour en Europe.)—*Sommaire.* Appareillage de la rade de Sainte-Croix. — Les douaniers désappointés.— Le capitaine Paolo à son banc de quart. — Le *Triomphant* sous voile.—Les passagers.—Manœuvre pendant un grain.—Incident.—

Réflexions et conjectures. — Belle matinée. — Aspect de l'horizon. — La prière de maître Giacomo. — Portrait de maître-cok. — Conversation. — Les doutes de la veille réalisés. — Notice sur les flibustiers de Gibraltar. — Réveil des passagers. — Salutations. — L'aimable Andalouse et le moine. — Déjeûner sur le pont. — Observation sur le mal de mer. — Appétit du moine. — Confidences du capitaine Paolo. — Ses opinions sur la contrebande et ses désirs de retraite. — Il raconte ses aventures. — Une descente sur la côte de Biscaye. — Engagement. — Mort de trois flibustiers. — Représailles. — Le douanier pendu. — Mesures sévères. — Les flibustiers arment sous d'autres pavillons. — Le capitaine Paolo prend la bannière de Jérusalem. — Il achète le *Triomphant* et se remet en mer. — Sortie de Gibraltar. — Rencontre d'un bâtiment garde-côte. — Mascarade. — Les flibustiers-pélerins. — Mystification des douaniers espagnols. — Arrivée sur la côte de Galice. — Droit de priorité contesté. — Échauffourée avec un brick ragusais. — Retour au port. — Combat du *Triomphant* et du *Jason*. — Heureux dénouement. — Esquisse biographique sur le capitaine Paolo. — Attérage dans le détroit. — Réjouissance à la vue de terre. — Conclusion . . . Pag. 227

FIN DE LA TABLE.

Jean de Bethencourt.

VUE D'UNE PLACE DU PORT DE L'OROTAVA
(Ile de Ténériffe.)

VUE D'UNE PARTIE DE LA VALLÉE D'OROTAVA
prise aux environs du port.

dans le district d'Icod el Alto.

VUE DES ROCHERS DE BURRAOO PRÈS DU PORT DE L'OROTAVA
Ile de Ténériffe.

Partie historique   Pl. 6.

VUE DE L'ENTRÉE DE Ste CROIX DE TÉNÉRIFFE
du côté de la rade.

Partie historique. Pl. 6.

VUE DE L'ENTRÉE DE S.ᵗᵉ CROIX DE TÉNÉRIFFE
du côté de la rade.

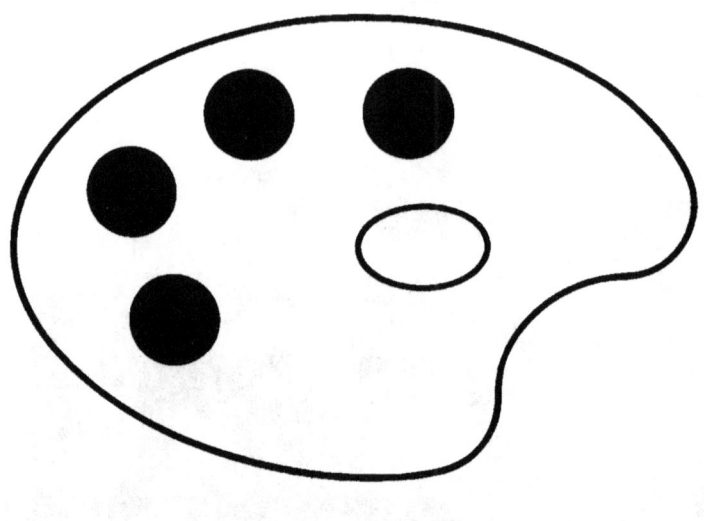

Original en couleur
NF Z 43-120-8

Marchand de Charbon de Ténériffe.

Habitant de l'Ile de Fer dansant le Tango.

Marchand de Charbon de Ténériffe.

Habitant de l'île de Fer dansant le Tango.

Moine de St François.

Revendeuse du port d'Orotava.

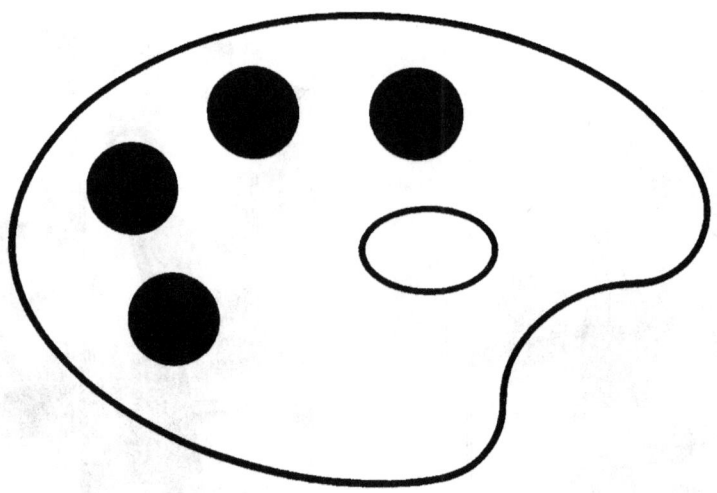

Original en couleur
NF Z 43-120-8

Moine de St François.

Revendeuse du port d'Orotava.

Partie historique.   Pl. 9.

VUE DE L'HABITATION DU GOUVERNEUR D'ICOD DE LOS VINOS PRÈS DE LA VILLE DE CE NOM.
(Ile de Ténériffe)

VUE DU BOURG DE GUIMAR DANS L'ILE DE TÉNÉRIFFE.

Partie historique. Pl. 11

VUE DE LA PLAGE DE PRIMERA TIERRA SUR LA CÔTE SEPTENTRIONALE DE LA GRANDE CANARIE.

Partie historique   Pl. 12.

CIUDAD DE LAS PALMAS CAPITALE DE LA GRANDE CANARIE.
Vue de l'Isthme de Guanarteme.

VUE DE L'ANCIEN HERMITAGE DE Sᵗᵃ MARIA DE BRAVA.
(Ile de Ténériffe.)

Partie historique. Pl. 14.

VUE DE LA ISLETA ET DU PORT DE LA LUZ
prise de l'isthme de Guanarteme.
(Grande Canarie.)

VUE DE LA VALLÉE DE LA LAGUNA PRISE DU TANQUE-GRANDE.

Partie historique.   Pl. 16.

VUE DE LA PARTIE MÉRIDIONALE DE SAINTE CROIX DE TÉNÉRIFFE.
prise de la rade.

Partie historique.

VUE DES CASCADES DE LA GORDEJUELA.
près du port de l'Orotava.

Partie historique. Pl. 19.

VUE DU PIC ET DE LA VALLÉE DE LA LAGUNA
Prise à l'entrée de la forêt de Las Mercedes.

VILLAGE DE LA MATANZA
sur la route de S.te Croix à Orotava.
(Ténériffe)

VUE D'UNE PARTIE DE LA VILLE DE GARACHICO
(Ile de Ténériffe.)

Partie historique. Pl. 22.

VUE DE LA CÔTE DE LAS AGUAS PRÈS DE GARACHICO.
(Ile de Ténériffe.)

Partie historique
Pl. 23

FORÊT D'AGUA GARCIA.
(Dans l'Ile de Ténériffe.)

Partie historique. Pl. 24.

VUE D'UNE PARTIE DE LA VALLÉE DE GUIMAR.
(Ile de Ténériffe)

VUE DU PORT PRINCIPAL DE L'ILE DE GOMERE.

VUE DU JARDIN D'ACCLIMATATION DE TÉNÉRIFFE.
dans la Vallée d'Orotava.

Partie historique   Pl. 27.

VUE DU PIC DE TEYDE ET DE LA MONTAGNE DE TYGAYGA.
Prise du Jardin Machado.
(Villa de l'Orotava . Ténériffe)

Partie historique   Pl. 25

VUE D'UNE PARTIE DE LA VILLE & DE LA VALLÉE DE L'OROTAVA
(Ile de Ténériffe)

Paris historique. Pl. 29.

VUE D'LOCH LE SOT VENUS.
et du Pic de Tenerife

VUE D'UNE PARTIE DE LA VILLE D'ICOD.
et des Coteaux du Lomo de la Vega.
(Ténériffe)

SOUVENIR DE LA CALDERA.

(Ile de Palma, 30 Mai 1830.)

VUE DU RAVIN DE BADAJOS,
Prise de la Gorge du Cabouco,
district de Guimar (Ténériffe)

VUE DU BOURG D'ADEXE
et des Rochers d'Hio et d'Orovan
Ténériffe

Partie historique   Pl. 34.

Partie historique. Pl. 53.

SOURCE DE LOS SAUCES PRÈS DE LA RIRE.
(Bande Méridionale de Teneriffe.)

Partie historique.
Pl. 36.

VUE DU PIC DE TEYDE
prise d'Icod el Alto.
(Ténériffe.)

VUE DU RAVIN DES GROTTES DES MOINES

(Las Cuevas de los Frayles)
Grande Canarie.

Partie historique. Pl. 38.

VUE DU PONT DE LA CIUDAD.
Prise de l'embouchure du ravin de Guiniguada.
(Grande Canarie.)

Partie historique.   Pl. 30.

VUE DE LA GROTTE DE HERCULANO.
et de la Chapelle de la Vierge.
dans le ravin de *Bhenauga*
(Teneriffe)

Partie historique.　　　　　　　　　　　　　　　　　　　　　　　Pl. 40.

VUE DE GALDAR.
(Grande Canarie.)

Partie historique.
Pl. 41.

(Teneriffe.)

Partie historique.　　　　　　　　　　　　　　　　　　　　　　　　　　　　　　　　　Pl. 44.

VUE DE LAGUNE DE TÉNÉRIFFE,
dans la partie Méridionale de Ténériffe.

J.J. Williaume pinx.　　　　　106. Adrien Rideur.　　　　Schorel Sculp.

Milicien de la grande Canarie se rendant à la Revue.

Intérieur d'une habitation de Paysans
dans l'île de Ténériffe.

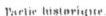

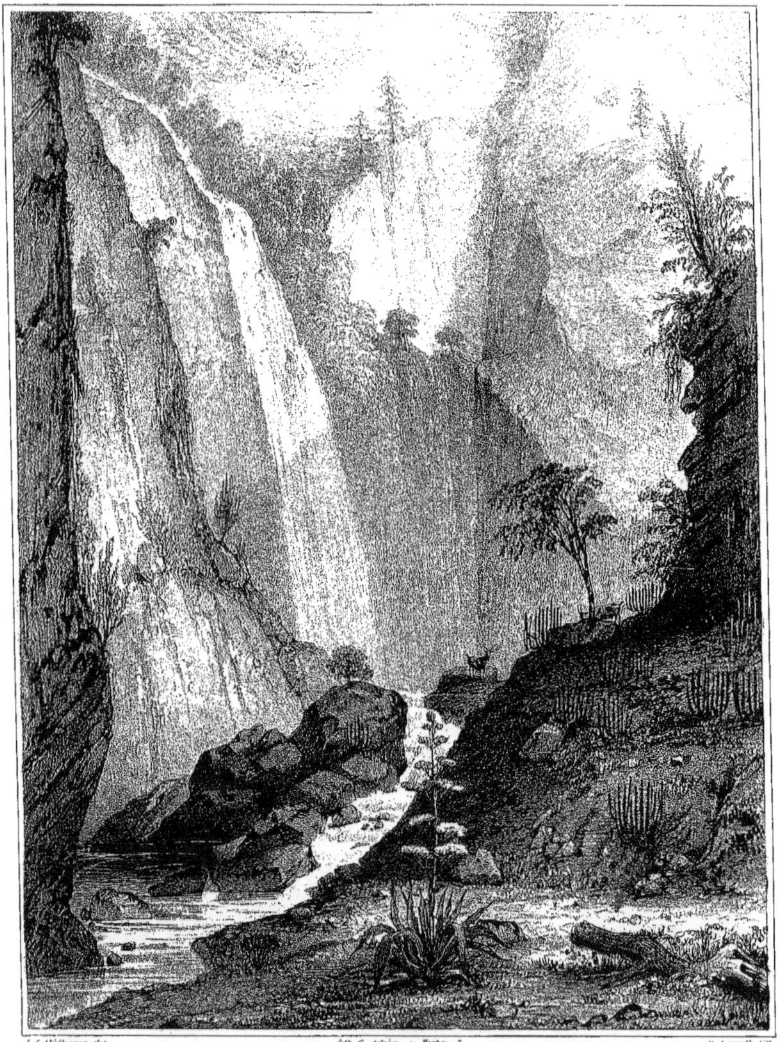

J. J. Williams del. lith. C. Adrien, r. Richer, 7. E. Lassalle lith.

VUE DU RAVIN DE LAS AGUAS

district de Guimar.

(Ténériffe)

Partie historique. Pl. 47.

VUE DE LA VALLEE DE ALMIAR.
(Grande Canarie.)

Partie historique

Pl. 46.

VUE DE LA VALLÉE DE SAN IAGO ET DES VIGNES DE VLAGA
(Ténériffe)

Partie historique. Pl. 40.

VUE D'UN GRAND RAVIN
dans le district de Icod el Alto.
(Teneriffe.)

VUE DU VILLAGE DE CHASNA
et du morne de Sombrerito.
(Ténériffe.)

VUE DE LA RÉGION DES BRUYÈRES
et de la Vallée du Palmar. (Ténériffe.)

Partie historique   Pl. 59.

VUE DE LA RÉGION DES BRUYÈRES,
au-dessus de la vallée d'Orotava (Ténériffe)

VUE DE LA CAPITALE DE LA GRANDE CANARIE
(La Ciudad de Las Palmas.)

VUE DU VILLAGE T'ADEXE

VUE DE LA CIUDAD DE LAS PALMAS
(Prise du côté des Champs)

Femmes des îles Canaries en négligé.

Habitant de Fortaventura. Paysans de Ténériffe.

Cathédrale de la grande Canarie.

Orseilleur

Paysanne Canarienne

Partie historique.   Pl. 58.

Brigantin Canarien pêchant sur la côte d'Afrique.

Pêche de nuit dans la baie de Sainte Croix de Ténériffe.

Femmes Canariennes.

Grande Canarie.   Fortaventura et Lancerotte.

www.ingramcontent.com/pod-product-compliance
Lightning Source LLC
Chambersburg PA
CBHW070451170426
43201CB00010B/1297